普通高等教育土建学科专业"十一五"规划教材
全国高职高专教育土建类专业教学指导委员会规划推荐教材

建筑工程计价与投资控制

(工程监理专业)

本教材编审委员会组织编写
主编 华 均
主审 徐 南

中国建筑工业出版社

图书在版编目（CIP）数据

建筑工程计价与投资控制/本教材编审委员会组织编写；
华均主编.—北京：中国建筑工业出版社，2006
普通高等教育土建学科专业"十一五"规划教材
全国高职高专教育土建类专业教学指导委员会规划推荐
教材．工程监理专业
ISBN 978-7-112-08578-1

Ⅰ．建… Ⅱ．①本… ②华… Ⅲ．建筑工程—工
程造价—高等学校：技术学校-教材 Ⅳ．TU723.3

中国版本图书馆 CIP 数据核字（2006）第 064700 号

本教材依据全国高职高专教育土建类"工程监理专业教育标准和培养方法及主干课程教学大纲"的要求编写，以建筑工程为对象，以建筑工程计量、计价和投资控制的基本方法为主要内容，突出工程监理职业实践能力的培养和职业素质的提高。

全书共九章，内容包括：建筑工程计价概述、建筑工程定额、建筑安装工程费用组成、建筑工程定额计价、建筑工程工程量清单计价、建筑工程前期阶段和施工阶段的投资控制。书中包括大量的案例，注重理论与实践的结合。

本书可作为高职高专学校土建类建筑工程监理、建筑工程造价、建筑工程管理等相关专业的教学用书，也可作为从事工程造价管理、企业管理工作相关人员的参考书。

* * *

责任编辑：张 晶 朱首明
责任设计：董建平
责任校对：张树梅 王金珠

普通高等教育土建学科专业"十一五"规划教材
全国高职高专教育土建类专业教学指导委员会规划推荐教材
建筑工程计价与投资控制
（工程监理专业）
本教材编审委员会组织编写
主编 华 均
主审 徐 南

*

中国建筑工业出版社出版、发行（北京西郊百万庄）
各地新华书店、建筑书店经销
北京密云红光制版公司制版
北京蓝海印刷有限公司印刷

*

开本：787×1092 毫米 1/16 印张：16½ 字数：402 千字
2006 年 8 月第一版 2011 年 4 月第七次印刷
定价：23.00 元
ISBN 978-7-112-08578-1
（15242）

版权所有 翻印必究
如有印装质量问题，可寄本社退换
（邮政编码 100037）

教材编审委员会名单

主　任： 杜国城

副主任： 杨力彬　胡兴福

委　员： （按姓氏笔画排序）

华　均　刘金生　危道军　李　峰　李海琦

武佩牛　战启芳　赵来彬　郝　俊　徐　南

序　言

我国自1988年开始实行工程建设监理制度。目前，全国监理企业已发展到6200余家，取得注册监理工程师执业资格证书者达10万余人。工程监理制度的建立与推行，对于控制我国工程项目的投资、保证工程项目的建设周期、确保工程项目的质量，以及开拓国际建筑市场均具有十分重要的意义。

但是，由于工程监理制度在我国起步晚，基础差，监理人才尤其是工程建设一线的监理人员十分匮乏，且人员分布不均、水平参差不齐。针对这一现状，近四五年以来，不少高职高专院校开办工程监理专业。但高质量教材的缺乏，成为工程监理专业发展的重要制约因素。

高职高专教育土建类专业教学指导委员会（以下简称"教指委"）是在教育部、建设部领导下的专家组织，肩负着指导全国土建类高职高专教育的责任，其主要工作任务是，研究如何适应建设事业发展的需要设置高等职业教育专业，明确建设类高等职业教育人才的培养标准和规格，构建理论与实践紧密结合的教学内容体系，构筑"校企合作、产学结合"的人才培养模式，为我国建设事业的健康发展提供智力支持。在建设部人事教育司的具体指导下，教指委于2004年12月启动了"工程监理专业教育标准、培养方案和主干课程教学大纲"课题研究，并被建设部批准为部级教学研究课题，其成果《工程监理专业教育标准和培养方案及主干课程教学大纲》已由中国建筑工业出版社正式出版发行。通过这一课题的研究，各院校对工程监理专业的培养目标、人才规格、课程体系、教学内容、课程标准等达成了广泛共识。在此基础上，组织全国的骨干教师编写了《建筑工程质量控制》、《建筑施工组织与进度控制》、《建筑工程计价与投资控制》、《工程建设法规与合同管理》、《建筑设备工程》5门课程教材，与建筑工程技术专业《建筑识图与构造》、《建筑力学》、《建筑结构》、《地基与基础》、《建筑材料》、《建筑施工技术》、《建筑工程测量》7门课程教材配套作为工程监理专业主干课程教材。

本套教材的出版，无疑将对工程监理专业的改革与发展产生深远的影响。但是，教学改革是一个不断深化的过程，教材建设也是一个推陈出新的过程。希望全体参编人员及时总结各院校教学改革的新经验，不断吸收建筑科技的新成果，通过修订完善，将这套教材做成"精品"。

全国高职高专教育土建类专业教学指导委员会

2006年6月

前　言

本教材主要依据全国高职高专教育土建类专业教学指导委员会编写的"工程监理专业教育标准和培养方案及主干课程教学大纲"的要求进行编写，力求突出工程监理职业实践能力的培养和职业素养的提高。在工程实践中，作为一名监理工作人员，把建设工程投资控制在合同限额内，保证投资管理目标的实现，以提高工程建设投资效益，是进行建设工程项目管理的中心任务之一。要想做好本项工作，就必须掌握建筑工程计量、计价以及投资控制的基本方法。

从 2003 年 7 月 1 日起，我国开始正式推广工程量清单计价办法，到现在已经实施一年多了，虽然各地实施的工程量清单计价进度不一样，但采用工程量清单计价方式的工程数量呈快速增长趋势。与此同时，采用施工图预算报价方式还将在一定时期内存在。工程量清单计价法是一种综合单价法，综合单价的计算过程必须以基础定额和消耗量定额为基础，只有掌握好基础定额和消耗量定额及其应用，才能进行科学而规范的工程量清单计价与工程报价。从目前情况看，学习全国统一的建筑工程基础定额和消耗量定额的工程量计算规则仍然是学生学习工程预算的基础。基于这种思想，在工程量计量与计价的教学上，一方面要求学生掌握施工图预算计价体系，另一方面从发展的角度上看，也必须要求学生完全掌握工程量清单计价体系。

本教材根据建标〔2003〕206 号文件《建筑安装工程费用项目组成》、《建设工程工程量清单计价规范》（GB 50500—2003）、《建筑工程建筑面积计算规范》（GB／T 50353—2005），以各地目前主要实施的建筑工程消耗量定额等相关文件为依据编著。本书一方面介绍了依据建筑工程消耗量定额及当地的估价表编制施工图预算报价方式，另一方面也介绍了依据工程量清单和消耗量定额编制工程量清单报价的方法。

本教材的主要内容包括建筑工程计价概述、建筑工程定额、建筑安装工程费用组成、建筑工程定额计价、建筑工程工程量清单计价、建筑工程前期阶段和施工阶段的投资控制、竣工结算与竣工决算。书中包含大量的案例，注重理论与实际的结合。本书有以下特点：

1. 内容及体系全新。为适应现在建设工程招投标及工程造价管理改革的需要，本书较详尽地阐述了建筑工程传统的定额计价方法，也新增了工程量清单计价的内容，以适应目前两种报价模式并行的实际需要。

2. 实用性强。本书有很强的实用性和可读性，适合高等职业技术培训的需要。为培养学生的综合动手能力，本书编写了完整的传统定额计价实例和工程量清单计价实例，并附有插图，易学易懂。

本书由湖北城市建设职业技术学院华均主编，由石家庄铁路职业技术学院刘良军任副主编。大连水产学院职业技术学院孙久艳编写第一章、第二章；华均编写第三章、第六章和第八章；刘良军编写第四章、第五章；新疆建设职业技术学院马永军编写第七章、第九章；全书由徐州建筑职业技术学院徐南主审。

  本书为高职高专工程监理专业的系列教材之一，也可作为建筑工程管理、建筑经济等专业的教材和工程造价管理人员、企业管理人员在工程计量与计价方面业务学习参考之用。本书在编写过程中，参考了大量的文献资料，在此向它们的作者表示衷心的感谢。同时感谢四川建筑职业技术学院胡兴福对本书提出了宝贵的修改意见。限于编者的水平和时间仓促，书中难免存在不妥之处，敬请各位同行专家和广大读者批评指正。

目　录

第一章　建筑工程计价概述 ……………………………………………………… 1
　第一节　工程造价概述 ………………………………………………………… 1
　第二节　建筑工程计价 ………………………………………………………… 5
　第三节　建设工程投资构成 …………………………………………………… 9
　思考题 ………………………………………………………………………… 18

第二章　建筑工程定额 …………………………………………………………… 19
　第一节　建筑工程定额概述 …………………………………………………… 19
　第二节　施工定额 ……………………………………………………………… 24
　第三节　人工、材料和机械台班单价 ………………………………………… 33
　第四节　建筑工程消耗量定额 ………………………………………………… 40
　思考题 ………………………………………………………………………… 50

第三章　建筑安装工程费用 ……………………………………………………… 52
　第一节　建筑安装工程费用组成及内容 ……………………………………… 52
　第二节　建筑安装工程费用的计算方法 ……………………………………… 56
　第三节　建筑安装工程计价程序 ……………………………………………… 61
　思考题 ………………………………………………………………………… 64

第四章　建筑工程工程量的计算 ………………………………………………… 65
　第一节　建筑面积的计算规则 ………………………………………………… 65
　第二节　土石方工程 …………………………………………………………… 71
　第三节　桩与地基基础工程 …………………………………………………… 76
　第四节　砌筑工程 ……………………………………………………………… 77
　第五节　混凝土及钢筋混凝土工程 …………………………………………… 83
　第六节　厂库大门、特种门、木结构工程 …………………………………… 98
　第七节　金属结构工程 ………………………………………………………… 99
　第八节　屋面及防水工程 ……………………………………………………… 101
　第九节　防腐、保温、隔热工程 ……………………………………………… 103
　第十节　装饰装修工程量计算 ………………………………………………… 103
　第十一节　建筑工程施工技术措施项目 ……………………………………… 110
　第十二节　装饰装修工程施工技术措施项目 ………………………………… 118
　第十三节　施工组织措施费 …………………………………………………… 120
　第十四节　工程量计算实例 …………………………………………………… 121
　思考题 ………………………………………………………………………… 128

第五章　建筑工程定额计价 ……………………………………………………… 129

第一节　建筑工程定额计价概述……………………………………… 129
　　第二节　建筑工程定额计价的编制……………………………………… 130
　　第三节　建筑工程定额计价的编制实例……………………………… 135
　　思考题…………………………………………………………………… 147
第六章　工程量清单计价……………………………………………………… 148
　　第一节　工程量清单计价概述…………………………………………… 148
　　第二节　工程量清单计价费用组成……………………………………… 151
　　第三节　分部分项工程量清单的编制…………………………………… 154
　　第四节　分部分项工程量清单计价……………………………………… 166
　　第五节　措施项目清单的编制与计价…………………………………… 175
　　第六节　其他项目费、规费与税金……………………………………… 179
　　第七节　工程量清单计价格式与计价实例……………………………… 183
　　思考题…………………………………………………………………… 193
第七章　建筑工程前期阶段的投资控制……………………………………… 195
　　第一节　项目设计阶段的投资控制……………………………………… 195
　　第二节　项目招投标阶段的投资控制…………………………………… 200
　　思考题…………………………………………………………………… 207
第八章　建筑工程施工阶段的投资控制……………………………………… 208
　　第一节　施工阶段投资控制概述………………………………………… 208
　　第二节　已完工程量计量………………………………………………… 212
　　第三节　工程变更的控制………………………………………………… 214
　　第四节　工程索赔控制…………………………………………………… 217
　　第五节　工程结算款的确定与支付……………………………………… 224
　　第六节　投资偏差分析…………………………………………………… 234
　　思考题…………………………………………………………………… 237
第九章　竣工结算与竣工决算………………………………………………… 238
　　第一节　竣工结算………………………………………………………… 238
　　第二节　竣工决算………………………………………………………… 241
　　思考题…………………………………………………………………… 243
附录：某小区住宅楼设计图纸………………………………………………… 244
参考文献………………………………………………………………………… 256

第一章 建筑工程计价概述

【本章学习提要】 通过本章的学习，应明确建筑工程计价是指依据国家相关政策合理确定和有效控制工程造价。掌握工程造价和工程造价管理的含义，及工程造价管理的内容；了解建设项目划分与工程造价组合；熟悉建筑工程计价特征，掌握施工图预算计价法和工程量清单计价法；掌握建设工程投资构成等。

第一节 工程造价概述

一、工程造价的含义

工程造价的直意就是工程的价格。工程，泛指一切建设工程，其范围和内涵具有很大的不确定性；造价，是指进行某项工程建设所花费的全部费用。

工程造价有两种含义，其一，工程造价是指建设一项工程的全部固定资产投资费用。显然，这一含义是从投资者——业主的角度来定义的。投资者选定一个投资项目，为了获得预期的效益，就要通过项目评估进行决策，然后进行设计招标、工程招标，直至竣工验收等一系列投资管理活动。在投资活动中所支付的全部费用形成了固定资产。所有这些开支就构成了工程造价。从这个意义上说，工程造价就是工程投资费用，建设项目工程造价就是建设项目固定资产投资。其二，工程造价是指工程价格。即为建成一项工程，在土地市场、设备市场、技术劳务市场，以及承包市场等交易活动中所形成的建设工程价格。显然，工程造价的第二种含义是以工程这种特定的商品作为交易对象，通过招投标、承发包或其他交易方式，最终由市场形成的价格。在这里，工程的范围和内涵既可以是涵盖范围很大的一个建设项目，也可以是一个单项工程，甚至可以是整个建设工程中的某个阶段，如建筑安装工程、装饰工程，或是其中的某个组成部分。随着经济发展中技术的进步、分工的细化和市场的完善，工程建设的中间产品也会越来越多，工程价格的种类和形式也会更加丰富。

通常把工程造价的第二种含义认定为工程承发包价格。应该肯定，承发包价格是工程造价中一种重要的，也是最典型的价格形式。它是在建设市场通过招投标，由需求主体投资者和供给主体建筑商共同认可的价格。鉴于建筑安装工程价格在项目固定资产中占有50%~60%的份额，又是工程建设中最活跃的部分，而建筑企业是建设工程的实施者和重要的市场主体地位，工程承发包价格被界定为工程价格的第二种含义，很有现实意义。但是，如上所述，这种界定对工程造价的含义理解较狭窄。

所谓工程造价的两种含义是以不同角度把握同一事物的本质。从建设工程的投资者来说，面对市场经济条件下的工程造价就是项目投资，是"购买"项目要付出的价格；同时也是投资者在作为市场供给主体时"出售"项目时订价的基础。对于承包商、供应商和规划、设计等企业来说，工程造价是他们作为市场供给主体出售商品和劳务的价格的总和，或是特指范围的工程造价，如建筑安装工程造价。

工程造价的两种含义都是对客观存在的概括。它们既共生于一个统一体，又相互区别。最主要的区别在于需求主体和供给主体在市场追求的经济利益不同，因而管理的性质和管理目标不同。从管理性质看，前者属于投资管理范畴，后者属于价格管理范畴。但二者又互相交叉。从管理目标看，作为项目投资或投资费用，投资者在进行项目决策和项目实施中，首先追求的是决策的正确性。投资是一种为实现预期收益而垫付资金的经济行为，项目决策是重要一环。项目决策中投资数额的大小、功能和价格（成本）比是投资决策的最重要的依据。其次，在项目实施中完善项目功能，提高工程质量，降低投资费用，按期或提前交付使用，是投资者始终关注的问题。因此降低工程造价是投资者始终如一的追求。作为工程价格，承包商所关注的是利润和高额利润，为此，他追求的是较低工程成本和较高的工程造价。不同的管理目标，反映他们不同的经济利益，但他们都要受支配价格运动的那些经济规律的影响和调节。他们之间的矛盾正是市场的竞争机制和利益风险机制的必然反映。

区别工程造价的两种含义的理论意义在于，为投资者和以承包商为代表的供应商在工程建设领域的市场行为提供理论依据。当政府提出降低工程造价时，是站在投资者的角度充当着市场需求主体的角色；当承包商提出要提高工程造价、提高利润率，并获得更多的实际利润时，他是要实现一个市场供给主体的管理目标。这是市场运行机制的必然。不同的利益主体绝不能混为一谈。同时，两种含义也是对单一计划经济理论的一个否定和反思。区别两重含义的现实意义在于，为实现不同的管理目标，不断充实工程造价的管理内容，完善管理方法，更好地为实现各自的目标服务，从而有利于推动全面的经济增长。

二、建设工程项目划分与工程造价组合

（一）建设工程项目的划分

为了建设工程管理和确定工程造价的需要，建设工程项目按传统的工程造价编制层次可划分为建设项目、单项工程、单位工程、分部工程和分项工程五个基本层次。见图1-1所示。

1. 建设项目

建设项目是指在一个或几个场地上，按照一个总体设计进行施工的各个工程项目的整体。建设项目可由一个工程项目或几个工程项目所构成。建设项目在经济上实行独立核算，在行政上具有独立的组织形式。如新建一个工厂、矿山、学校、农场，新建一个独立的水利工程或一条铁路等，由项目法人单位实行统一管理。

2. 工程项目（单项工程）

工程项目是建设项目的组成部分。工程项目又称单项工程，是指具有独立的设计文件、竣工后可以独立发挥生产能力并能产生经济效益或效能的工程。如工业建筑中的车间、办公楼和住宅。能独立发挥生产作用或满足工作和生活需要的每个构筑物、建筑物是一个工程项目。

3. 单位工程

单位工程是工程项目的组成部分。单位工程是指竣工后不能独立发挥生产能力或使用效益，但具有独立设计的施工图纸和组织施工的工程。如土建工程（包括建筑物、构筑物）、电气安装工程（包括动力、照明等）、工业管道工程（包括蒸汽、压缩空气、煤气

等)、暖卫工程（包括采暖、上下水等）、通风工程和电梯工程等。

4. 分部工程

分部工程是单位工程的组成部分。它是按照单位工程的各个部位或按工种进行划分的。如土（石）方工程、桩与地基基础工程、砌筑工程、混凝土及钢筋混凝土工程等。

5. 分项工程

分项工程是分部工程的组成部分。它是将分部工程进一步更细地划分为若干部分。如土方工程可划分为基槽挖土、混凝土垫层、砌筑基础、回填土等。

（二）工程造价组合

工程造价的计算是分部组合而成的。这一特征和建设项目的划分及其组合性有关。一个建设项目是一个工程综合体。这个综合体可以分解为许多有内在联系的独立和不能独立的工程。如图1-1所示。

从计价和工程管理的角度，分部分项工程还可以分解。由此可以看出，建设项目的这种组合性决定了计价的过程是一个逐步组合的过程。这一特征在计算概算造价和预算造价时尤为明显，所以也反映到合同价和结算价。

其计算过程和计算顺序是：分部分项工程单价→单位工程造价→单项工程造价→建设项目总造价。

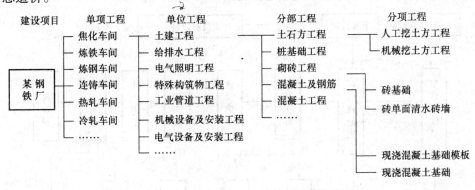

图 1-1 建设项目分解示意图

三、工程造价管理

工程造价管理的核心内容就是合理确定和有效地控制工程造价。其范围涉及工程项目建设的项目建议书和可行性研究、初步设计、技术设计、施工图设计、招投标、合同实施、竣工验收等阶段全过程的工程造价管理。

1. 工程造价的合理确定

所谓工程造价的合理确定，就是在建设程序的各个阶段，合理确定投资估算、概算造价、预算造价、承包合同价、竣工结算价、竣工决算价。

（1）在编制项目建议书，进行可行性研究阶段，一般可按规定的投资估算指标、类似工程的造价资料、现行的设备材料价格并结合工程的实际情况，编制投资估算。投资估算是判断项目可行性、进行项目决策的主要依据之一。经有关部门批准后，投资估算即可作为拟建项目列入计划和开展前期工作控制造价的依据。

（2）在初步设计阶段，设计单位要根据初步设计的总体布置、建设项目、各单项工程的主要结构形式和设备清单,采用有关概算定额或概算指标等,编制初步设计概算。经有关部门批准后的初步设计概算,即可作为确定建设项目造价、编制固定资产投资计划、签订建设项目承包合同和贷款合同,以及实行建设项目投资包干的依据,从而使拟建项目的工程造价确定在最高限额范围以内。

(3) 在施工图设计阶段,根据设计的施工图,以及各种计价依据和有关规定,编制施工图预算,用以核实施工图设计阶段预算造价是否超过批准的初步设计概算。

(4) 在招投标阶段,对以施工图预算为基础的招投标工程,合理确定的施工图预算即作为签订建筑安装工程承包合同价的依据;对以工程量清单为基础的招投标工程,经评审的投标报价,可作为签订建安工程承包合同价的依据和办理建筑安装工程价款结算的依据。

(5) 在工程实施阶段,要按照承包方实际完成的工程量,以合同价为基础,同时考虑影响工程造价的设备、材料价差、设计变更等因素,按合同规定的调整范围和调价方法对合同价进行必要的修正,合理确定结算价。

(6) 在竣工验收阶段,根据工程建设过程中实际发生的全部费用,编制竣工决算,客观合理地确定该工程建设项目的实际造价。

建设程序和各阶段工程造价确定示意图见图1-2。

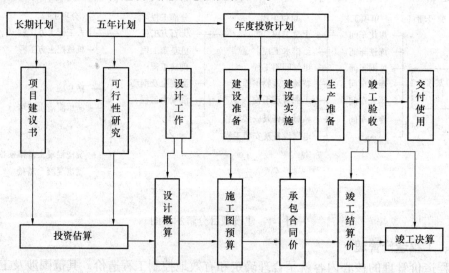

图1-2 建设程序和各阶段工程造价确定示意图

2. 工程造价的有效控制

所谓工程造价的有效控制,就是在优化建设方案、设计方案和施工方案的基础上,在建设程序的各个阶段,采用一定的科学有效的方法和措施,把建设工程造价所发生的费用控制在合理范围和核定的造价限额以内,随时纠正其发生的偏差,以保证工程造价管理目标的实现。具体说,要用投资估算价选择设计方案和控制初步设计概算造价;用初步设计概算造价控制技术设计和修正概算造价;用概算造价或修正概算造价控制施工图设计和施工图预算造价。力求合理使用人力、物力和财力,取得较好的投资效益。

工程造价的有效控制应遵循如下原则:

（1）工程建设全过程造价控制应以设计阶段为重点。建设工程全寿命费用包括工程造价和工程交付使用后的经常开支费用（含经营费用、日常维护修理费用、使用期内大修理和局部更新费用）以及该项目使用期满后的报废拆除费用等。工程造价控制贯穿于项目建设全过程，但各阶段工作对建筑工程投资的影响是不同的，必须重点控制影响显著的阶段。目前我国设计费用一般为工程造价的1.2%左右，但对工程造价的影响度却占30%～75%以上。显然，工程造价控制的关键在于施工前的投资决策和设计阶段，而在项目作出投资决策后，其关键就在于设计，设计质量对整个工程建设的效益是至关重要的。但长期以来，我国普遍把控制工程造价的主要精力放在施工阶段，审核施工图预算，结算建筑安装工程价款，算细账，事倍功半。当前，要有效控制工程造价就必须把控制重点转到建设前期阶段即设计阶段上来，以取得事半功倍的效果。

（2）变被动控制为主动控制，提高工程造价控制效果。以往人们一直把控制理解为目标值与实际值的比较，以及当实际值偏离目标值时，分析其产生偏差的原因，并确定下一步的对策。这种立足于调查——分析——决策基础之上的偏离——纠偏——再偏离——再纠偏的控制方法，只能发现偏离，不能使已产生的偏离消失，不能预防可能发生的偏离，这种控制虽有意义但属于被动控制，其管理效能有限。当系统论和控制论研究成果应用于工程项目管理之后，对工程造价的控制即从被动转为主动，做到事先主动地采取决策措施进行"控制"，尽可能地减少以至避免目标值与实际值的偏差，这种主动的、积极的控制方法称为主动控制，较单纯的被动控制前进了一大步。

（3）加强技术与经济相结合，控制工程造价。要有效地控制工程造价，应从组织、技术、经济、合同和信息管理等多方面采取措施。组织措施包括明确项目组织结构，明确造价控制者及其任务，明确管理职能分工；技术措施包括重视设计多方案优选，严格审查监督初步设计、技术设计、施工图设计、施工组织设计，深入技术领域研究节约投资的可能；经济措施包括动态地比较工程造价的计划值和实际值，严格审核各项费用支出，采取奖励节约投资的措施等。

第二节 建筑工程计价

一、建筑工程计价特征

（一）计价的概念

计价，就是指计算建筑工程造价。

建筑工程造价即建筑工程产品的价格。建筑工程产品的价格是由直接费、间接费、利润及税金组成，这与一般工业产品是相同的。但两者的价格确定方法大不相同，一般工业产品的价格是批量价格，如某种规格型号的计算机价格6980元/台，则成百上千台该规格型号计算机的价格均是6980元/台；甚至全国一个价。而建筑工程产品的价格则不能这样，每一栋房屋建筑都必须单独定价，这是由建筑产品的特点所决定的。

建筑产品有建设地点的固定性、施工的流动性、产品的单件性，施工周期长、涉及部门广等特点，每个建筑产品都必须单独设计和独立施工才能完成，即使使用同一套图纸，也会因建设地点和时间的不同，地质和地貌构造的不同，各地消费水平的不同，人工、材料单价的不同，以及各地规费收取标准的不同等诸多因素影响，带来建筑产品价格的不同。所以，建筑产品价格必须由特殊的定价方式来确定，那就是每个建筑产品必须单独定价。当然，在市场经济条件下，施工企业的管理水平不同、竞争获取中标的目的不同，也会影响到建筑产品价格高低，建筑产品的价格最终是由市场竞争形成的。

（二）工程造价特点

1. 工程造价的大额性

能够发挥投资效用的任何一项工程，不仅实物形体庞大，而且造价高昂。动辄数百万、数千万、数亿、数十亿，特大的工程项目造价可达百亿、千亿元人民币。工程造价的大额性使它关系到有关各方面的重大经济利益，同时也会对宏观经济产生重大影响。这就决定了工程造价的特殊地位，也说明了造价管理的重要意义。

2. 工程造价的个别性、差异性

任何一项工程都有特定的用途、功能、规模。因此对每一项工程的结构、造型、空间分割、设备配置和内外装饰都有具体的要求，所以工程内容和实物形态都具有个别性、差异性。产品的差异性决定了工程造价的个别性差异。同时每项工程所处地区、地段都不相同，使这一特点得到强化。

3. 工程造价的动态性

任何一项工程从决策到竣工交付使用，都有一个较长的建设期间，而且由于不可控因素的影响，在预计工期内，许多影响工程造价的动态因素，如工程变更，设备材料价格，劳动价格以及费率、汇率会发生变化。这种变化必然会影响到造价的变动。所以，工程造价在整个建设期中处于不确定状态，直至竣工决算后才能最终确定工程的实际造价。

4. 工程造价层次性

造价的层次性取决于工程的层次性。一个建设项目往往含有多个能够独立发挥设计效能的单项工程（车间、写字楼、住宅楼等）。一个单项工程又是由能够各自发挥专业效能的多个单位工程（土建工程、电气安装工程等）组成。与此相适应，工程造价有3个层次：建设项目总造价、单项工程造价和单位工程造价。如果专业分工更细，单位工程（如土建工程）的组成部分——分部分项工程也可以成为交换对象，如大型土方工程、基础工程、装饰工程等，这样工程造价的层次就增加分部工程和分项工程而成为5个层次。即使从造价的计算和工程管理的角度看，工程造价的层次性也是非常突出的。

5. 工程造价的兼容性

造价的兼容性首先表现在它具有两种含义（如前所述）。其次表现在造价构成因素的广泛性和复杂性。在工程造价中成本因素非常复杂，其中为获得建设工程用地支出的费用、项目可研和规划设计费用、与政府一定时期政策（特别是产业政策和税收政策）相关的费用占有相当的份额。再次，盈利的构成也较为复杂，资金成本较大。

（三）工程造价的计价特征

工程造价的特点，决定了工程造价的计价特征。了解这些特征，对工程造价的确定与控制是非常必要的。

1. 单件性计价特征

产品的个体差别性决定每项工程都必须单独计算造价。

2. 多次性计价特征

建设工程周期长、规模大、造价高，因此按建设程序要分阶段进行，相应地也要在不同阶段多次性计价,以保证工程造价确定与控制的科学性。多次性计价是个逐步深化、逐步细化和逐步接近实际造价的过程。其过程如图1-3所示。

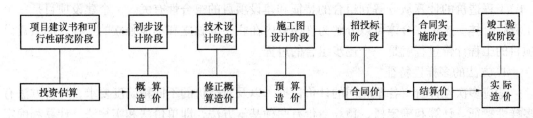

图1-3 多次性计价特征
注:连线表示对应关系,箭头表示多次计价流程及逐步深化过程。

(1)投资估算。在编制项目建议书和可行性研究阶段,对投资需要量进行估算是一项不可缺少的组成内容。投资估算是指在项目建议书和可行性研究阶段对拟建项目所需投资,通过编制估算文件预先测算和确定的过程。也可表示估算出的建设项目的投资额,或称估算造价。就一个工程项目来说,如果项目建议书和可行性研究分不同阶段,例如分规划阶段、项目建议书阶段、可行性研究阶段、评审阶段,相应的投资估算也分为4个阶段。投资估算是决策、筹资和控制造价的主要依据。

(2)概算造价。指在初步设计阶段,根据设计意图,通过编制工程概算文件预先测算和确定的工程造价。概算造价较投资估算造价准确性有所提高,但它受估算造价的控制。概算造价的层次性十分明显,分建设项目概算总造价、各个单项工程概算综合造价、各单位工程概算造价。

(3)修正概算造价。指在采用三阶段设计的技术设计阶段,根据技术设计的要求,通过编制修正概算文件预先测算和确定的工程造价。它对初步设计概算进行修正调整,比概算造价准确,但受概算造价控制。

(4)预算造价。指在施工图设计阶段,根据施工图纸通过编制预算文件,预先测算和确定的工程造价。它比概算造价或修正概算造价更为详尽和准确。但同样要受前一阶段所确定的工程造价的控制。

(5)合同价。指在工程招投标阶段通过签订总承包合同、建筑安装工程承包合同、设备材料采购合同,以及技术和咨询服务合同确定的价格。合同价属于市场价格的性质,它是由承发包双方,也即商品和劳务买卖双方根据市场行情共同议定和认可的成交价格,但它并不等同于实际工程造价。按计价方法不同,建设工程合同有许多类型。不同类型合同的合同价内涵也有所不同。按现行有关规定的三种合同价形式是:固定合同价、可调合同价和工程成本加酬金确定合同价。

(6)结算价。指在合同实施阶段,在工程结算时按合同调价范围和调价方法,对实际发生的工程量增减、设备和材料价差等进行调整后计算和确定的价格。结算价是该结算工程的实际价格。

(7)实际造价。指竣工决算阶段,通过为建设项目编制竣工决算,最终确定的实际工程造价。

以上说明,多次性计价是一个由粗到细、由浅入深、由概略到精确的计价过程,也是一个复杂而重要的管理系统。

3. 组合性特征

工程造价的计算从分解到组合的特征和建设项目的组合性有关。一个建设项目是一个工程综合体。这个综合体可以分解为许多有内在联系的独立和不能独立的工程，那么建设项目的工程计价过程就是一个逐步组合的过程。

4. 方法的多样性特征

适应多次性计价有各不相同的计价依据，以及对造价的不同精确度要求，计价方法有多样性特征。计算和确定概、预算造价有两种基本方法，即单价法和实物法。计算和确定投资估算的方法有设备系数法、生产能力指数估算法等。不同的方法利弊不同，适应条件也不同，所以计价时要加以选择。

5. 依据的复杂性特征

由于影响造价的因素多、计价依据复杂，种类繁多。主要可分为7类：

(1) 计算设备和工程量依据。包括项目建议书、可行性研究报告、设计文件等。

(2) 计算人工、材料、机械等实物消耗量依据。包括投资估算指标、概算定额、预算定额等。

(3) 计算工程单价的价格依据。包括人工单价、材料价格、材料运杂费、机械台班费等。

(4) 计算设备单价依据。包括设备原价、设备运杂费、进口设备关税等。

(5) 计算其他直接费、现场经费、间接费和工程建设其他费用依据，主要是相关的费用定额和指标。

(6) 政府规定的税、费。

(7) 物价指数和工程造价指数。

依据的复杂性不仅使计算过程复杂，而且要求计价人员熟悉各类依据，并正确利用。

二、施工图预算计价法

施工图预算计价法即按定额计价方法，是在我国计划经济时期及计划经济向市场经济转型时期，所采用的行之有效的计价方法。

施工图预算计价法中的直接费单价只包括人工费、材料费、机械台班使用费，它是分部分项工程的不完全价格。我国现行有两种计价方式：

(一) 单位估价法

单位估价法是根据国家或地方颁布的统一预算定额规定的消耗量及其单价，以及配套的取费标准和材料预算价格，根据施工图纸计算出相应的工程数量，套用相应的定额单价计算出定额直接费，再在直接费的基础上计算各种相关费用、利润和税金，最后汇总形成建筑产品的造价。用公式表示为：

$$建筑工程造价 = [\Sigma(工程量 \times 定额单价) \times (1 + 各种费用的费率 + 利润率)] \times (1 + 税金率) \quad (1-1)$$

$$装饰安装工程造价 = [\Sigma(工程量 \times 定额单价) + \Sigma(工程量 \times 定额人工费单价) \times (各种费用的费率 + 利润率)] \times (1 + 税金率) \quad (1-2)$$

(二) 实物估价法

实物估价法是先根据施工图纸计算工程量，然后套基础定额，计算人工、材料和机械台班消耗量,将所有的分部分项工程资源消耗量进行归类汇总,再根据当时、当地的人工、材料、机械单价,计算并汇总人工费、材料费、机械使用费,得出分部分项工程直接费。在此基础上再计算其他直接费、间接费、利润和税金,将直接费与上述费用相加,即可得到单位工程造价(价格)。

施工图预算计价所依据的预算定额是国家或地方统一颁布的,视为地方经济法规,必须严格按照执行;一般来讲,不管谁来计算,由于计算依据相同,只要不出现计算错误,其计算结果是基本相同的。

按定额计价方法确定建筑工程造价,由于用预算定额规范消耗量、有各种文件规定人工、材料、机械单价及各种取费标准,在一定程度上防止了高估冒算和压级压价,体现了工程造价的规范性、统一性和合理性。但对市场的竞争起到了抑制作用,不利于促进施工企业改进技术、加强管理、提高劳动效率和市场竞争力。

三、工程量清单计价法

工程量清单计价法,是我国刚提出的一种工程造价计价模式。对这种计价模式,国家仅统一项目编码、项目名称、计量单位和工程量计算规则(即"四统一"),由各施工企业在投标报价时根据企业自身情况自主报价,在招投标过程中形成建筑产品价格。

工程量清单计价应采用综合单价法计价。综合单价应包括完成工程量清单中一个规定计量单位项目所需的人工费、材料费、机械使用费、管理费和利润并考虑风险因素的影响。

《建设工程工程量清单计价规范》(GB 50500—2003)规定:分部分项工程量清单的综合单价,应根据本规范规定的综合单价的组成,按设计文件或参照附录 A、附录 B、附录 C、附录 D、附录 E 中的"工程内容"确定。

第三节 建设工程投资构成

一、我国现行建设工程投资构成

我国现行建设工程总投资构成见图 1-4。

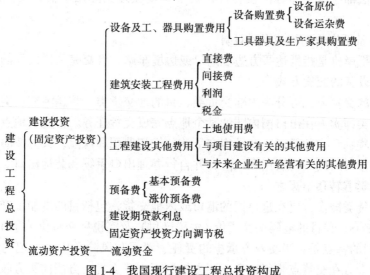

图 1-4 我国现行建设工程总投资构成

二、设备、工器具购置费用构成

设备、工器具购置费用是由设备购置费用和工具、器具及生产家具购置费用组成。在工业建设工程中，设备、工器具费用与资本的有机构成相联系，设备、工器具费用占投资费用的比例大小，意味着生产技术的进步和资本有机构成的程度。

（一）设备购置费的构成和计算

设备购置费是指为建设工程购置或自制的达到固定资产标准的设备、工具、器具的费用。所谓固定资产标准，是指使用年限在一年以上，单位价值在国家或各主管部门规定的限额以上。例如，1992年财政部规定，大、中、小型工业企业固定资产的限额标准分别为2000元、1500元和1000以上。新建项目和扩建项目的新建车间购置或自制的全部设备、工具、器具，不论是否达到固定资产标准，均计入设备、工器具购置费中。设备购置费包括设备原价和设备运杂费，即：

设备购置费 = 设备原价或进口设备抵岸价 + 设备运杂费

上式中，设备原价系指国产标准设备、非标准设备的原价。设备运杂费系指设备原价中未包括的包装和包装材料费、运输费、装卸费、采购费及仓库保管费、供销部门手续费等。如果设备是由设备成套公司供应的，成套公司的服务费也应计入设备运杂费之中。

1. 国产标准设备原价

国产标准设备是指按照主管部门颁布的标准图纸和技术要求，由设备生产厂批量生产的，符合国家质量检验标准的设备。国产标准设备原价一般指的是设备制造厂的交货价，即出厂价。如设备系由设备成套公司供应，则以订货合同价为设备原价。有的设备有两种出厂价，即带有备件的出厂价和不带有备件的出厂价。在计算设备原价时，一般按带有备件的出厂价计算。

2. 国产非标准设备原价

非标准设备是指国家尚无定型标准，各设备生产厂不可能在工艺过程中采用批量生产，只能按一次订货，并根据具体的设备图纸制造的设备。非标准设备原价有多种不同的计算方法，如成本计算估价法、系列设备插入估价法、分部组合估价法、定额估价法等。但无论哪种方法都应该使非标准设备计价的准确度接近实际出厂价，并且计算方法要简便。

3. 进口设备抵岸价的构成及其计算

进口设备抵岸价是指抵达买方边境港口或边境车站，且交完关税以后的价格。

（1）进口设备的交货方式

进口设备的交货方式可分为内陆交货类、目的地交货类、装运港交货类。

内陆交货类即卖方在出口国内陆的某个地点完成交货任务。在交货地点，卖方及时提交合同规定的货物和有关凭证，并承担交货前的一切费用和风险；买方按时接受货物，交付货款，承担接货后的一切费用和风险，并自行办理出口手续和装运出口。货物的所有权也在交货后由卖方转移给买方。

目的地交货类即卖方要在进口国的港口或内地交货，包括目的港船上交货价，目的港船边交货价（FOS）和目的港码头交货价（关税已付）及完税后交货价（进口国目的地的指定地点）。它们的特点是：买卖双方承担的责任、费用和风险是以目的地约定交货点为分界线，只有当卖方在交货点将货物置于买方控制下方算交货，方能向买方收取货款。这类交货价对卖方来说承担的风险较大，在国际贸易中卖方一般不愿意采用这类交货方式。

装运港交货类即卖方在出口国装运港完成交货任务。主要有装运港船上交货价（FOB），习惯称为离岸价；运费在内价（CFR）；运费、保险费在内价（CIF），习惯称为到岸价。它们的特点主要是：卖方按照约定的时间在装运港交货，只要卖方把合同规定的货物装船后提供货运单据便完成交货任务，并可凭单据收回货款。

采用装运港船上交货价（FOB）时卖方的责任是：负责在合同规定的装运港口和规定的期限内，将货物装上买方指定的船只，并及时通知买方；负责货物装船前的一切费用和风险；负责办理出口手续；提供出口国政府或有关方面签发的证件；负责提供有关装运单据。买方的责任是：负责租船或订舱，支付运费，并将船期、船名通知卖方；承担货物装船后的一切费用和风险；负责办理保险及支付保险费，办理在目的港的进口和收货手续；接受卖方提供的有关装运单据，并按合同规定支付货款。

(2) 进口设备抵岸价的构成

进口设备如果采用装运港船上交货价（FOB），其抵岸价构成可概括为：

进口设备抵岸价 = 进口设备的货价 + 国外运费 + 国外运输保险费 + 银行财务费 + 外贸手续费 + 进口关税 + 增值税 + 消费税 + 海关监管手续费

1) 进口设备的货价：一般可采用下列公式计算：

$$货价 = 离岸价(FOB 价) \times 人民币外汇牌价 \quad (1-3)$$

2) 国外运费：我国进口设备大部分采用海洋运输方式，小部分采用铁路运输方式，个别采用航空运输方式。

$$国外运费 = 离岸价 \times 运费率 \quad (1-4)$$

或

$$国外运费 = 运量 \times 单位运价 \quad (1-5)$$

式中，运费率或单位运价参照有关部门或进出口公司的规定。

3) 国外运输保险费：对外贸易货物运输保险是由保险人（保险公司）与被保险人（出口人或进口人）订立保险契约，在被保险人交付议定的保险费后，保险人根据保险契约的规定对货物在运输过程中发生的承保责任范围内的损失给予经济上的补偿。计算公式为：

$$国外运输保险费 = (离岸价 + 国外运费) \times 国外保险费率 \quad (1-6)$$

4) 银行财务费：一般指银行手续费，计算公式为：

$$银行财务费 = 离岸价 \times 人民币外汇牌价 \times 银行财务费率 \quad (1-7)$$

银行财务费率一般为 0.4% ~ 0.5%。

5) 外贸手续费：指按外经贸部规定的外贸手续费率计取的费用，外贸手续费率一般取 1.5%。计算公式为：

$$外贸手续费 = 到岸价 \times 人民币外汇牌价 \times 外贸手续费率 \quad (1-8)$$

式中，到岸价(CIF) = 离岸价(FOB) + 国外运费 + 国外运输保险费 \quad (1-9)

6) 进口关税：关税是由海关对进出国境的货物和物品征收的一种税，属于流转性课税。计算公式为：

$$进口关税 = 到岸价 \times 人民币外汇牌价 \times 进口关税率 \quad (1-10)$$

7) 增值税：增值税是我国政府对从事进口贸易的单位和个人，在进口商品报关进口后征收的税种。我国增值税条例规定,进口应税产品均按组成计税价格,依税率直接计算应纳税额,不扣除任何项目的金额或已纳税额。

$$进口产品增值税额 = 组成计税价格 \times 增值税率 \quad (1-11)$$

$$组成计税价格 = 到岸价 \times 人民币外汇牌价 + 进口关税 + 消费税 \quad (1-12)$$

增值税基本税率为17%。

8) 消费税:对部分进口产品(如轿车等)征收。计算公式为:

$$消费税 = \frac{到岸价 \times 人民币外汇牌价 + 关税 \times 消费税率}{1 - 消费税率} \quad (1-13)$$

9) 海关监管手续费:是指海关对发生减免进口税或实行保税的进口设备,实施监管和提供服务收取的手续费。全额收取关税的设备,不收取海关监管手续费。

$$海关监管手续费 = 到岸价 \times 人民币外汇牌价 \times 海关监管手续费率 \quad (1-14)$$

4. 设备运杂费

(1) 设备运杂费的构成

设备运杂费通常由下列各项构成:

1) 国产标准设备由设备制造厂交货地点起至工地仓库(或施工组织设计指定的需要安装设备的堆放地点)止所发生的运费和装卸费。

进口设备则由我国到岸港口、边境车站起至工地仓库(或施工组织设计指定的需要安装设备的堆放地点)止所发生的运费和装卸费。

2) 设备包装和包装材料器具费(在设备出厂价或进口设备价格中如已包括了此项费用,则不应重复计算);

3) 供销部门的手续费,按有关部门规定的统一费率计算;

4) 建设单位(或工程承包公司)的采购与仓库保管费,是指采购、验收、保管和收发设备所发生的各种费用,包括设备采购、保管和管理人员工资、工资附加费、办公费、差旅交通费、设备供应部门办公和仓库所占固定资产使用费、工具用具使用费、劳动保护费、检验试验费等。这些费用可按主管部门规定的采购保管费率计算。

(2) 设备运杂费的计算

设备运杂费按设备原价乘以设备运杂费率计算。其计算公式为:

$$设备运杂费 = 设备原价 \times 设备运杂费率 \quad (1-15)$$

其中,设备运杂费率按各部门及省、市等的规定计取。

一般来讲,沿海和交通便利的地区,设备运杂费率相对低一些;内地和交通不很便利的地区就要相对高一些,边远省份则要更高一些。对于非标准设备来讲,应尽量就近委托设备制造厂运送,以大幅度降低设备运杂费。进口设备由于原价较高,国内运距较短,因而运杂费比率应适当降低。

(二) 工具、器具及生产家具购置费的构成及计算

工器具及生产家具购置费是指新建项目或扩建项目初步设计规定所必须购置的不够固定资产标准的设备、仪器、工卡模具、器具、生产家具和备品备件的费用。其一般计算公式为:

$$工器具及生产家具购置费 = 设备购置费 \times 定额费率 \quad (1-16)$$

三、建筑安装工程费用的组成

依据中华人民共和国建设部及财政部,2003年10月15日联合颁布的关于印发《建筑

安装工程费用项目组成》的通知（建标〔2003〕206号），我国现行建筑工程费用由直接费、间接费、利润和税金四部分等构成（具体费用构成详见第三章，按工程量清单计价规范的费用组成详见第六章）。

四、工程建设其他费用组成

工程建设其他费用，是指从工程筹建起到工程竣工验收交付使用止的整个建设期间，除建筑安装工程费用和设备及工、器具购置费以外的，为保证工程建设顺利完成和交付使用后能够正常发挥效用而发生的各项费用。

工程建设其他费用，按其内容大体可分为三类：第一类指土地使用费；第二类指与工程建设有关的其他费用；第三类指与未来企业生产经营有关的其他费用。

（一）土地使用费

任何一个建设项目都固定于一定地点与地面相连接，必须占用一定量的土地，也就必然要发生为获得建设用地而支付的费用，这就是土地使用费。它是指通过划拨方式取得土地使用权而支付的土地征用及迁移补偿费，或者通过土地使用权出让方式取得土地使用权而支付的土地使用权出让金。

1．土地征用及迁移补偿费

土地征用及迁移补偿费，是指建设项目通过划拨方式取得无限期的土地使用权，依照《中华人民共和国土地管理法》等规定所支付的费用。其总和一般不得超过被征土地年产值的20倍，土地年产值则按该地被征用前3年的平均产量和国家规定的价格计算。其内容包括：

（1）土地补偿费。征用耕地（包括菜地）的补偿标准，按政府规定，为该耕地年产值的若干倍，具体补偿标准由省、自治区、直辖市人民政府在此范围内制定。征用园地、鱼塘、藕塘、苇塘、宅基地、林地、牧场、草原等的补偿标准，由省、自治区、直辖市人民政府制定。征收无收益的土地，不予补偿。

（2）青苗补偿费和被征用土地上的房屋、水井、树木等附着物补偿费。这些补偿费的标准由省、自治区、直辖市人民政府制定。征用城市郊区的菜地时，还应按照有关规定向国家缴纳新菜地开发建设基金。

（3）安置补助费。征用耕地、菜地的，每个农业人口的安置补助费为该地每亩年产值的2~3倍，每亩耕地安置补助费最高不得超过其年产值的10倍。

（4）缴纳的耕地占用税或城镇土地使用税、土地登记费及征地管理费等。县市土地管理机关从征地费中提取土地管理费的比率，要按征地工作量大小，视不同情况，在1%~4%幅度内提取。

（5）征地动迁。包括征用土地上的房屋及附属构筑物、城市公共设施等拆除、迁建补偿费、搬迁运输费，企业单位因搬迁造成的减产、停工损失补贴费，拆迁管理费等。

（6）水利水电工程水库淹没处理补偿费。包括农村移民安置迁建费，城市迁建补偿费，库区工矿企业、交通、电力、通信、广播、管网、水利等的恢复、迁建补偿费，库底清理费，防护工程费，环境影响补偿费用等。

2．土地使用权出让金

土地使用权出让金，指建设项目通过土地使用权出让方式，取得有限期的土地使用权，依照《中华人民共和国城镇国有土地使用权出让和转让暂行条例》规定，支付的土使用权出让金。

明确国家是城市土地的唯一所有者，并分层次、有偿、有限期地出让、转让城市土地。第一层次是城市政府将国有土地使用权出让给用地者，该层次由城市政府垄断经营。出让对象可以是有法人资格的企事业单位，也可以是外商。第二层次及以下层次的转让则发生在使用者之间。

城市土地的出让和转让可采用协议、招标、公开拍卖等方式。

（二）与项目建设有关的其他费用

根据项目的不同，与项目建设有关的其他费用的构成也不尽相同，在进行工程估算及概算中可根据实际情况进行计算。一般包括以下各项：

1. 建设单位管理费

建设单位管理费是指建设项目从立项、筹建、建设、联合试运转、竣工验收、交付使用后评估等全过程管理所需的费用。内容包括：

（1）建设单位开办费。指新建项目为保证筹建和建设工作正常进行所需办公设备、生活家具、用具、交通工具等购置费用。

（2）建设单位经费。包括工作人员的基本工资、工资性补贴、职工福利费、劳动保护费、劳动保险费、办公费、差旅交通费、工会经费、职工教育经费、固定资产使用费、工具用具使用费、技术图书资料费、生产人员招募费、工程招标费、合同契约公证费、工程质量监督检测费、工程咨询费、法律顾问费、审计费、业务招待费、排污费、竣工交付使用清理及竣工验收费、后评估等费用。不包括应计入设备、材料预算价格的建设单位采购及保管设备材料所需的费用。

建设单位管理费按照单项工程费用之和（包括设备工、器具购置费和建筑安装工程费用）乘以建设单位管理费率计算。

建设单位管理费率按照建设项目的不同性质、不同规模确定。有的建设项目按照建设工期的规定的金额计算建设单位管理费。

2. 勘察设计费

勘察设计费是指为本建设项目提供项目建议书、可行性研究报告及设计文件等所需要的费用。内容包括：

（1）编制项目建议书、可行性研究报告及投资估算、工程咨询、评价以及为编制上述文件所进行勘察、设计、研究试验等所需要费用；

（2）委托勘察、设计单位进行初步设计、施工图设计及概预算编制等所需费用；

（3）在规定范围内由建设单位自行完成的勘察、设计工作所需费用。

勘察设计费中，项目建议书、可行性研究报告按国家颁布的收费标准计算，设计费按国家颁布的工程设计收费标准计算；勘察费一般民用建筑6层以下的按 3~5 元/m^2 计算，高层建筑按 8~10 元/m^2 计算，工业建筑按 10~12 元/m^2 计算。

3. 研究试验费

研究试验费是指为建设项目提供和验证设计参数、数据、资料等所进行的必要的试验费用以及设计规定在施工中必须进行试验、验证所需费用。包括自行或委托其他部门研究试验所需人工费、材料费、试验设备及仪器使用费等。这项费用按照设计单位根据本工程项目的需要提出的研究试验内容和要求计算。

4. 建设单位临时设施费

建设单位临时设施费是指建设期间建设单位所需临时设施的搭设、维修、摊销费用或租赁费用。

临时设施包括临时宿舍、文化福利及公用事业房屋与构筑物、仓库、办公室、加工厂以及规定范围内的道路、水、电、管线等临时设施和小型临时设施。

5. 工程监理费

工程监理费是指建设单位委托工程监理单位对工程实施监理工作所需费用。根据原国家物价局、建设部《关于发布工程建设监理费用有关规定的通知》等文件规定，选择下列方法之一计算：

（1）一般情况应按工程建设监理收费标准计算，即按所监理工程概算或预算的百分比计算；

（2）对于单工种或临时性项目可根据参与监理的年度平均人数按 3.5~5 万元/（人·年）计算。

6. 工程保险费

工程保险费是指建设项目在建设期间根据需要实施工程保险所需的费用。包括以各种建筑工程及其在施工过程中的物料、机器设备为保险标的的建筑工程一切险，以安装工程中的各种机器、机械设备为保险标的的安装工程一切险，以及机器损坏保险等。根据不同的工程类别，分别以其建筑、安装工程费乘以建筑、安装工程保险费率计算。民用建筑（住宅楼、综合性大楼、商场、旅馆、医院、学校）占建筑工程费的 0.2%~0.4%；其他建筑（工业厂房、仓库、道路、码头、水坝、隧道、桥梁、管道等）占建筑工程费的 0.3%~0.6%；安装工程（农业、工业、机械、电子、电器、纺织、矿山、石油、化学及钢铁工业、钢结构桥梁）占建筑工程费的 0.3%~0.6%。

7. 引进技术和进口设备其他费用

引进技术及进口设备其他费用，包括出国人员费用、国外工程技术人员来华费用、技术引进费、分期或延期付款利息、担保费以及进口设备检验鉴定费。

（1）出国人员费用。指为引进技术和进口设备派出人员在国外培训和进行设计联络、设备检验等的差旅费、生活费。

（2）国外工程技术人员来华费用。指为安装进口设备，引进国外技术等聘用外国工程技术人员进行技术指导工作所发生的费用。这项费用按每人每月费用指标计算。

（3）技术引进费。指为引进国外先进技术而支付的费用。这项费用根据合同或协议的价格计算。

（4）分期或延期付款利息。指利用出口信贷引进技术或进口设备采取分期或延期付款的办法所支付的利息。

（5）担保费。指国内金融机构为买方出具保函的担保费。这项费用按有关金融机构规定的担保费率计算（一般可按承保金额的 0.5% 计算）。

（6）进口设备检验鉴定费用。指进口设备按规定付给商品检验部门的进口设备检验鉴定费。这项费用按进口设备货价的 0.3%~0.5% 计算。

8. 工程承包费

工程承包费是指具有总承包条件的工程公司，对工程建设项目从开始建设至竣工投产全过程的总承包所需的管理费用。具体内容包括组织勘察设计、设备材料采购、非标设备设计制造与销售、施工招标、发包、工程预决算、项目管理、施工质量监督、隐蔽工程检查、验收和试车直至竣工投产的各种管理费用。该费用按国家主管部门或省、自治区、直辖市协调规定的工程总承包费取费标准计算。如无规定时，一般工业建设项目为投资估算的6%~8%，民用建筑（包括住宅建设）和市政项目为4%~6%。不实行工程承包的项目不计算本项费用。

（三）与未来企业生产经营有关的其他费用

1. 联合试运转费

联合试运转费是指新建企业或新增加生产工艺过程的扩建企业在竣工验收前，按照设计规定的工程质量标准，进行整个车间的负荷或无负荷联合试运转发生的费用支出大于试运转收入的亏损部分。费用内容包括：试运转所需的原料、燃料、油料和动力的费用，机械使用费，低值易耗品及其他物品的购置费用和施工单位参加联合试运转人员的工资等。试运转收入包括试运转产品销售和其他收入。不包括单台设备调试费及试车费用。联合试运转费一般根据不同性质的项目按需要试运转车间的工艺设备购置费的百分比计算。

2. 生产准备费

生产准备费是指新建企业或新增生产能力的企业，为保证竣工交付使用进行必要的生产准备所发生的费用。费用内容包括：

（1）生产人员培训费，包括自行培训、委托其他单位培训的人员的工资、工资性补贴、职工福利费、差旅交通费、学习资料费、学习费、劳动保护费等。

（2）生产单位提前进厂参加施工、设备安装、调试等以及熟悉工艺流程及设备性能等人员的工资、工资性补贴、职工福利费、差旅交通费、劳动保护费等。

生产准备费一般根据需要培训和提前进厂人员的人数及培训时间，按生产准备费指标进行估算。

应该指出，生产准备费在实际执行是一笔在时间上、人数上、培训深度上很难划分的、活口很大的支出，尤其要严格掌握。

3. 办公和生活家具购置费

办公和生活家具购置费是指为保证新建、改建、扩建项目初期正常生产、使用和管理所必需购置的办公和生活家具、用具的费用。改、扩建项目所需的办公和生活用具购置费，应低于新建项目。其范围包括办公室、会议室、资料档案室、阅览室、文娱室、食堂、浴室、理发室、单身宿舍和设计规定必须建设的托儿所、卫生所、招待所、中小学校等家具用具购置费。这项费用按照设计定员人数乘以综合指标计算，一般为600~800元/人。

五、预备费、建设期贷款利息、固定资产投资方向调节税

（一）预备费

按我国现行规定，预备费包括基本预备费和涨价预备费。

1. 基本预备费

基本预备费是指在初步设计及概算内难以预料的工程费用。费用内容包括：

（1）在批准的初步设计范围内，技术设计、施工图设计及施工过程中所增加的工程费用；设计变更、局部地基处理等增加的费用。

（2）一般自然灾害造成的损失和预防自然灾害所采取的措施费用。实行工程保险的工程项目费用应适当降低。

（3）竣工验收时为鉴定工程质量对隐蔽工程进行必要的挖掘和修复费用。

基本预备费是按设备及工、器具购置费，建筑安装工程费用和工程建设其他费用三者之和为计取基础，乘以基本预备费率进行计算。

基本预备费 =（设备及工、器具购置费 + 建筑安装工程费用 + 工程建设其他费用）
× 基本预备费率　　　　　　　　　　　　　　　　　　　　　　　　（1-17）

基本预备费率的取值应执行国家及部门的有关规定。

2. 涨价预备费

涨价预备费是指建设项目在建设期间内由于价格等变化引起工程造价变化的预测预留费用。费用内容包括：人工、设备、材料、施工机械的价差费，建筑安装工程费及工程建设其他费用调整，利率、汇率调整等增加的费用。

涨价预备费的测算方法，一般根据国家规定的投资综合价格指数，按估算年份价格水平的投资额为基数，采取复利方法计算。计算公式为：

$$PF = \sum_{t=1}^{n} I_t [(1+f)^t - 1] \qquad (1-18)$$

式中　PF——涨价预备费；

　　　n——建设期年份数；

　　　I_t——建设期中第 t 年的投资计划额，包括设备及工器具购置费、建筑安装工程费、工程建设其他费用及基本预备费；

　　　f——年均投资价格上涨率。

【例 1-1】　某建设项目，建设期为 3 年，各年投资计划额如下：第一年贷款 7200 万元，第二年 10800 万元，第三年 3600 万元，年均投资价格上涨率为 6%，求建设项目建设期间涨价预备费。

【解】　第一年涨价预备费为：

$$PF_1 = I_1[(1+f) - 1] = 7200 \times 0.06$$

第二年涨价预备费为：

$$PF_2 = I_2[(1+f)^2 - 1] = 10800 \times (1.06^2 - 1)$$

第三年涨价预备费为：

$$PF_3 = I_3[(1+f)^3 - 1] = 3600 \times (1.06^3 - 1)$$

所以，建设期的涨价预备费为：

$$PF = 7200 \times 0.06 + 10800 \times (1.06^2 - 1) + 3600 \times (1.06^3 - 1) = 2454.54(万元)$$

（二）建设期贷款利息

建设期贷款利息包括向国内银行和其他非银行金融机构贷款、出口信贷、外国政府贷款、国际商业银行贷款以及在境内外发行的债券等在建设期间内应偿还的借款利息。

当总贷款是分年均衡发放时，建设期利息的计算可按当年借款在年中支用考虑，即当年贷款按半年计息，上年贷款按全年计息。计算公式为：

$$q_j = \left(P_{j-1} + \frac{1}{2}A_j\right) \cdot i \qquad (1-19)$$

式中　q_j——建设期第 j 年应计利息；

　　　P_{j-1}——建设期第 $(j-1)$ 年末贷款累计金额与利息累计金额之和；

　　　A_j——建设期第 j 年贷款金额；

　　　i——年利率。

国外贷款利息的计算中，还应包括国外贷款银行根据贷款协议向贷款方以年利率的方式收取的手续费、管理费、承诺费；以及国内代理机构经国家主管部门批准的以年利率的方式向贷款单位收取的转贷费、担保费、管理费等。

【例 1-2】　某新建项目，建设期为 3 年，分年均衡进行贷款，第一年贷款 300 万元，第二年 600 万元，第三年 400 万元，年利率为 12%，建设期内利息只计息不支付，计算建设期贷款利息。

【解】　在建设期，各年利息计算如下：

$$q_1 = \frac{1}{2} A_1 \cdot i = \frac{1}{2} \times 300 \times 12\% = 18 \text{ 万元}$$

$$q_2 = \left(P_1 + \frac{1}{2} A_2\right) \cdot i = \left(300 + 18 + \frac{1}{2} \times 600\right) \times 12\% = 74.16 \text{ 万元}$$

$$q_3 = \left(P_2 + \frac{1}{2} A_3\right) \cdot i = \left(318 + 600 + 74.16 + \frac{1}{2} \times 400\right) \times 12\% = 143.06 \text{ 万元}$$

所以，建设期贷款利息 = $q_1 + q_2 + q_3$ = 18 + 74.16 + 143.06 = 235.22 万元

（三）固定资产投资方向调节税

为了贯彻国家产业政策，控制投资规模，引导投资方向，调整投资结构，加强重点建设，促进国民经济持续、稳定、协调发展，对在我国境内进行固定资产投资的单位和个人征收固定资产投资方向调节税（简称投资方向调节税）。

投资方向调节税根据国家产业政策和项目经济规模实行差别税率，税率为 0%、5%、10%、15%、30% 五个档次。差别税率按两大类设计，一是基本建设项目投资，二是更新改造项目投资。对前者设计了四档税率，即 0%、5%、15%、30%；对后者设计了两档税率，即 0%、10%。

按国家有关部门规定，自 2000 年 1 月起，对新发生的投资额暂停征收固定资产投资方向调节税。

思　考　题

1. 如何理解工程造价的含义？
2. 建设工程项目是如何划分的？什么是建设项目、单项工程、单位工程、分部工程、分项工程？举实例说明。
3. 如何理解工程造价管理的概念及其含义？
4. 什么是建筑工程计价？建筑工程计价有哪些特征？
5. 施工图预算计价有几种方法？
6. 工程量清单计价采用的是哪种方法？
7. 简述我国现行建设工程投资构成。
8. 简述设备、工器具购置费用的构成。
9. 简述建筑安装工程费用的构成。
10. 简述工程建设其他费用的构成。

第二章 建筑工程定额

【本章学习提要】 通过本章的学习,了解建筑工程定额的概念和特点,了解建筑工程定额的产生和发展,掌握建筑工程定额的分类;掌握劳动定额、材料消耗定额、机械台班消耗定额的概念、计算公式;掌握预算定额单价的确定,包括:人工工资标准和定额工资单价的确定、材料预算价格的确定、机械台班预算价格的确定;了解建筑工程消耗量定额的概述、建筑工程消耗量指标的确定,掌握建筑工程消耗量定额的运用。

第一节 建筑工程定额概述

一、定额的概念和特点

(一) 定额的概念

定额,即规定的额度,是人们根据不同的需要,对某一事物规定的数量标准。在现代经济和社会生活中,定额无处不在,因为人们需要利用其对社会经济生活中复杂多样的事物进行计划、调节、组织、预测、控制、咨询等一系列管理活动。

建设工程定额,即额定的消耗量标准,是指按照国家有关的产品标准、设计规范和施工验收规范、质量评定标准,并参考行业、地方标准以及有代表性的工程设计、施工资料确定的工程建设过程中完成规定计量单位产品所消耗的人工、材料、机械等消耗量的标准。这种规定的额度所反映的是在一定的社会生产力发展水平下,完成某项工程建设产品与各种生产消耗之间特定的数量关系,考虑的是正常的施工条件、目前大多数施工企业的技术装备程度、合理的施工工期、施工工艺和劳动组织,反映的是一种社会平均消耗水平。

(二) 建设工程定额的特点

1. 科学性

建设工程定额的科学性包括两重含义。一重含义是指工程建设定额和生产力发展水平相适应,反映出工程建设中生产消费的客观规律。另一重含义是指工程建设定额管理在理论、方法和手段上适应现代科学技术和信息社会发展的需要。

2. 系统性

建设工程定额是相对独立的系统,它是由多种定额结合而成的有机的整体。它的结构复杂,有鲜明的层次,有明确的目标。建设工程定额的系统性是由建设工程的特点决定的。按照系统论的观点,建设工程就是庞大的实体系统。建设工程定额是为了这个实体系统服务的。因而建设工程本身的多种类、多层次就决定了以它为服务对象的建设工程定额的多种类、多层次。

3. 统一性

建设工程定额的统一性,主要是由国家对经济发展的有计划的宏观调控职能决定的。

为了使国民经济按照既定的目标发展，就需要借助于某些标准、定额、参数等，对工程建设进行规划、组织、调节、控制。而这些标准、定额、参数在一定范围内必须是一种统一的尺度，才能实现上述职能，才能利用它对项目的决策、设计方案、投标报价、成本控制进行比选和评价。

4. 稳定性和时效性

建设工程定额中的任何一种都是一定时期技术发展和管理水平的反映，因而在一段时间内都表现出稳定的状态。保持定额的稳定性是维护定额的权威性所必须的，更是有效地贯彻定额所必须的。如果某种定额处于经常修改变动之中，那就必然造成执行中的困难和混乱，使人们感到没有必要去认真对待它，很容易导致定额权威性的丧失。建设工程定额的不稳定也会给定额的编制工作带来极大的困难。

但是建设工程定额的稳定性是相对的。当生产力向前发展了，定额就会与已经发展了的生产力不相适应。这样，它原有的作用就会逐步减弱以致消失，需要重新编制或修订。

二、定额的产生和发展

定额属于管理的范畴，是随着生产的社会化和科学技术的不断进步而发展起来的。

我国定额的出现，始于宋代。北宋时期著名的土木建筑家李诫于公元1100年编著的《营造法式》一书，不仅是土木建筑工程技术的巨著，也是我国有记载的关于工料计算方面的第一部文献。《营造法式》的34卷中，有13卷是关于工料计算的规定，这些规定，实际上就是我国古代的工料定额。清工部《工程做法则例》中，也有许多内容是说明工料计算方法的。这些都说明在我国古代工程建设中，已经形成了许多算工算料的则例，这些就是人工、材料定额的雏形。

定额的产生与管理科学的产生和发展密切相关。社会化大生产的发展使劳动分工和协作越来越精细和复杂，"管理"作为一门学科的产生就有了需求的土壤。19世纪末20世纪初，西方"管理之父"泰勒制定出了工时定额、工具、器具、材料和作业环境的标准化原理以及计件工资制度。泰勒制的实质就是提倡科学管理，着眼于提高劳动生产率和劳动效率。从其主要内容来看，工时定额占了重要的地位。较高的定额直接体现了泰勒制的主要目标，即提高劳动效率，降低产品成本，增加企业盈利。所以说，工时定额起源于科学管理，产生于泰勒制，并构成了泰勒制最主要的部分。它不仅是一种强制制度，而且也是一种激励机制，它的产生，给资本主义企业管理带来了根本性的变革，产生了深远的影响。

随着管理科学的发展，定额也在不断地扩充、完善，一些新的技术、工艺的不断出现，使得定额范围大大突破了工时控制的内容，逐渐形成了我们今天的建设工程定额。所以说，定额是伴随着管理科学的产生而产生，伴随着管理科学的发展而发展的，它在现代化管理中有着重要的地位。

三、建筑工程定额的分类

（一）建筑工程定额一般分类

工程建设定额是工程建设中各类定额的总称。它包括许多类别的定额。为了对工程建设定额能有一个全面的了解，可以按照不同的原则和方法对它进行科学的分类。一般的分类方法如图2-1所示。

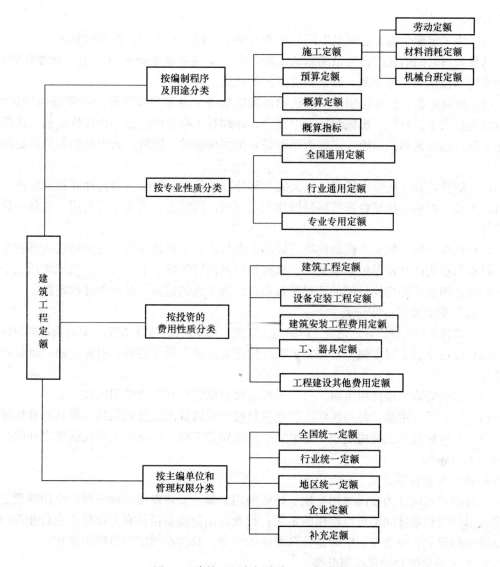

图 2-1 建筑工程定额分类（一般分类）

1. 按定额反映的生产要素消耗内容分类

可以把工程建设定额划分为劳动消耗定额、材料消耗定额、机械消耗定额三种。

（1）劳动消耗定额。简称劳动定额（也称人工定额），是指完成一定的合格产品（工程实体或劳物）规定活劳动消耗的数量标准。劳动定额的主要表现形式是时间定额和产量定额。

（2）材料消耗定额。是指完成一定合格产品所需消耗的材料数量标准。材料，是工程建设中使用的原材料、成品、半成品、构配件、燃料以及水、电等动力资源的统称。

（3）机械消耗定额。是指完成一定的合格产品（工程实体或劳物）所规定机械台班消耗的数量标准。机械消耗定额的主要表现形式是机械时间定额和机械产量定额。

2. 按定额的编制程序和用途分类

可以把工程建设定额划分为施工定额、预算定额、概算定额、概算指标、投资估算指标等五种。

(1) 施工定额。施工定额是以同一性质的施工工程——工序，作为研究对象，表示生产产品数量与时间消耗综合关系编制的定额。施工定额是施工企业组织生产和加强管理，在企业内部使用的一种定额，属于企业定额的性质。

(2) 预算定额。预算定额是以建筑物或构筑物各个分部分项工程为对象编制的定额。其内容包括人工、材料、机械消耗三个部分，并列有工程费用，是一种计价定额。从编制程序上看，预算定额是以施工定额为基础综合扩大编制的，同时，它也是编制概算定额的基础。

(3) 概算定额。概算定额是以扩大的分部分项工程为对象编制的，计算和确定该工程项目的劳动、材料、机械台班消耗量所使用的定额，同时它也列有工程费用，也是一种计价定额。

(4) 概算指标。概算指标是概算定额的扩大与合并，它是以整个建筑物或构筑物为对象，以更为扩大的计量单位来编制的。概算指标的内容包括人工、材料、机械消耗三个部分，同时还列出了各结构分部的工程量及单位建筑工程的造价，是一种计价定额。

3. 按投资的费用性质分类

(1) 建筑工程定额。它是建筑工程的施工定额、预算定额、概算定额、概算指标的总称。

(2) 设备安装工程定额。它是安装工程的施工定额、预算定额、概算定额、概算指标的总称。

(3) 建筑安装工程费用定额。包括工程直接费用定额和间接费用定额等。

(4) 工、器具定额。是为新建或扩建项目投产运转首次配置的工具、器具数量标准。

(5) 工程建设其他费用定额。是独立于建筑安装工程、设备和工器具购置之外的其他费用开支的标准。

4. 按照专业性质分类

工程建设定额分为全国通用定额、行业通用定额、专业专用定额三种。全国通用定额是指在部门间和地区间都可以使用的定额；行业通用定额是指具有专业特点在行业部门内可以通用的定额；专业专用定额是特殊专业的定额，只能在制定的范围内使用。

5. 按主编单位和管理权限分类

工程建设定额分为全国统一定额、行业统一定额、地区统一定额、企业定额、补充定额五种。

(1) 全国统一定额是由国家建设行政主管部门，综合全国工程建设中技术和施工组织管理的情况编制，并在全国范围内执行的定额。

(2) 行业统一定额是考虑到各行业部门专业技术特点，以及施工生产和管理水平编制的。一般只在本行业和相同专业性质的范围内使用。

(3) 地区统一定额包括省、自治区、直辖市定额。地区统一定额主要是考虑地区性特点和全国统一定额水平作适当调整和补充编制的。

(4) 企业定额是指由施工企业考虑本企业的具体情况，参照国家、部门或地区定额的水平制定的定额。企业定额只在本企业内部使用，是企业素质的一个标志。

(5) 补充定额，是指随着设计、施工技术的发展，现行定额不能满足需要的情况下，为了补充缺陷所编制的定额。补充定额只能在制定的范围内使用，可以作为以后修订定额的基础。

(二) 实行工程量清单计价后，定额的分类

建设工程定额的种类繁多，根据不同的划分方式有不同的名称。实行工程量清单计价后，其分类产生了一些变化，目前主要包括：按生产要素分类、按专业分类、按编制单位及使用范围分类，如图 2-2 所示。

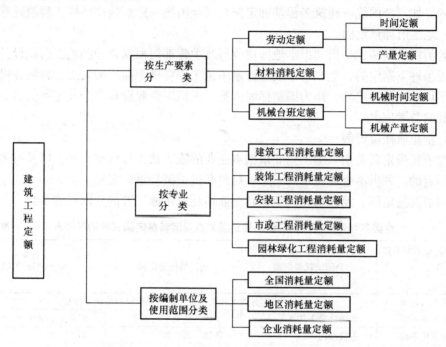

图 2-2 建筑工程定额分类图

按生产要素分类同前所述。

1. 按专业分类

建筑工程定额按专业分为下列 5 类：

(1) 建筑工程消耗量定额

建筑工程消耗量定额是指建筑工程人工、材料及机械的消耗量标准。

(2) 装饰工程消耗量定额

装饰工程是指房屋建筑的装饰装修工程。装饰工程消耗量定额是指建筑装饰装修工程人工、材料及机械的消耗量标准。

(3) 安装工程消耗量定额

安装工程是指各种管线、设备等的安装工程。安装工程消耗量定额是指安装工程人工、材料及机械的消耗量标准。

(4) 市政工程消耗量定额

市政工程是指城市的道路、桥梁等公共设施及公用设施的建设工程。市政工程消耗量定额是指市政工程人工、材料及机械的消耗量标准。

(5) 园林绿化工程消耗量定额

园林绿化工程消耗量定额是指仿古园林工程人工、材料及机械的消耗量标准。

2. 按编制单位及使用范围分类

建筑工程消耗量定额按编制单位及使用范围分类有：全国消耗量定额、地区消耗量定额及企业消耗量定额。

（1）全国消耗量定额

全国消耗量定额是指由国家主管部门编制，作为各地区编制地区消耗量定额依据的消耗量定额。如《全国统一建筑工程基础定额》、《全国统一建筑装饰装修工程消耗量定额》。

（2）地区消耗量定额

地区消耗量定额，是指"由本地区建设行政主管部门根据合理的施工组织设计，按照正常施工条件下制定的，生产一个规定计量单位工程合格产品所需人工、材料、机械台班的社会平均消耗量"定额。作为编制标底依据，在施工企业没有本企业定额的情况下也可作为投标的参考依据。

（3）企业消耗量定额

企业消耗量定额是指"施工企业根据本企业的施工技术和管理水平，以及有关工程造价资料制定的，并供本企业使用的人工、材料和机械消耗量"定额。

全国消耗量定额、地区消耗量定额和企业消耗量定额三者的异同见表2-1。

全国消耗量定额、地区消耗量定额和企业消耗量定额三者的区别表　　表2-1

消耗量定额类别 定额特征	全国消耗量定额	地区消耗量定额	企业消耗量定额
1. 编制内容相同	确定分项工程的人工、材料和机械台班消耗量标准		
2. 定额水平不同	全国社会平均水平	本地区社会平均水平	本企业个别水平
3. 编制单位不同	主管部门	各省、市、区	施工企业
4. 使用范围不同	全国	本地区	本企业
5. 定额作用不同	作为各地区编制本地区消耗量定额的依据	作为本地区编制标底，或施工企业参考	本企业内部管理及投标使用

第二节　施　工　定　额

一、施工定额的概念

（一）施工定额的概念和作用

施工定额是施工企业直接用于建筑工程施工管理的一种定额。它是以同一性质的施工过程或工序为测定对象，确定建筑工人在正常的施工条件下，为完成一定计量单位的某一施工过程或工序所需人工、材料和机械台班消耗的数量标准。所以，施工定额是由劳动定额、材料消耗定额和机械台班定额组成，是最基本的定额。

施工定额是施工企业进行科学管理的基础。施工定额的作用体现在：它是施工企业编制施工预算，进行工料分析的基础；是编制施工组织设计、施工作业设计和确定人工、材料及机械台班需要量计划的基础；是施工企业向工作班（组）签发任务单、限额领料的依据；是组织工人班（组）开展劳动竞赛、实行内部经济核算、承发包、计取劳动报酬和奖励工作的依据；是编制预算定额和企业补充定额的基础。

（二）施工定额的编制原则

1. 确定定额水平必须遵循平均先进的原则

所谓平均先进水平，是指在正常条件下，多数施工班组或生产者经过努力可以达到，少数班组或生产者可以接近，个别班组或生产者可以超过的水平。通常，它低于先进水平，略高于平均水平。

2. 定额形式简明适用的原则

消耗量定额编制必须是方便其使用。既要满足施工组织生产的需要，又要简明适用。要能反映现行的施工技术、材料的现状，项目齐全、步距适当、容易使用。

3. 定额编制坚持"以专为主、专群结合"

定额的编制具有很强技术性、实践性和法规性。不但要有专门的机构和专业人员组织把握方针政策，经常性的积累定额资料，还要专群结合，及时了解定额在执行过程中的情况和存在的问题，以便及时将新工艺、新技术、新材料随时反映在定额中。

二、劳动定额

劳动定额也称人工定额，是建筑安装工程统一劳动定额的简称，是反映建筑产品生产中活劳动消耗数量的标准。是指在正常的施工（生产）技术组织条件下，为完成一定数量的合格产品，或完成一定量的工作所预先拟订的必要的活劳动消耗量。这个标准是国家和企业对工人在单位时间内的劳动数量、质量的综合要求，也是建筑施工企业内部组织生产、编制施工作业计划、签发施工任务单、考核工效、计算超额奖或计算工资，以及承包中计算人工和进行经济核算等的依据。

（一）劳动定额的概念

劳动定额亦称人工消耗定额。它是指为完成施工分项工程所需消耗的人力资源量。

劳动定额按其表现形式的不同，分为时间定额和产量定额。

1. 时间定额

时间定额亦称工时定额，是指某种专业某种技术等级的工人班组或个人，在合理的劳动组织与合理使用材料的条件下，完成符合质量要求的单位工程施工产品所必须的工作时间。

时间定额一般采用"工日"为计量单位，如工日/m^3、工日/m^2、工日/m……等，每一工日工作时间按八小时计算。用公式表示如下：

$$单位产品时间定额(工日) = \frac{1}{每工产量} \qquad (2-1)$$

或

$$单位产品时间定额(工日) = \frac{小组成员工日数总和}{小组台班产量} \qquad (2-2)$$

2. 产量定额

产量定额指某种专业某种技术等级的工人班组或个人，在合理的劳动组织与合理使用材料的条件下，单位工日应完成符合质量要求的产品数量。

产量定额的计量单位，通常是以一个工日完成合格产品的数量表示。如 m^3/工日、m^2/工日、m/工日……

用公式表示如下：

$$产量定额 = \frac{产品数量}{劳动时间} \qquad (2-3)$$

3. 时间定额和产量定额的关系

时间定额和产量定额是互为倒数关系，即时间定额×产量定额=1，由此得：

$$时间定额 = \frac{1}{产量定额} \tag{2-4}$$

（二）劳动定额的确定

1. 劳动定额时间的构成

定额时间包括基本工作时间、辅助工作时间、准备与结束工作时间、不可避免的中断时间和必要的工人休息时间五个部分时间组成。

（1）基本工作时间。基本工作时间在定额时间中所占比重最大，通常是根据测定资料确定，其计算方法有：

1）各工序产品单位与工作过程产品单位相同时

$$N_j = n_1 + n_2 + n_3 + \cdots\cdots \tag{2-5}$$

2）各工序产品单位与工作过程产品单位不相同时

$$N_j = k_1 n_1 + k_2 n_2 + k_3 n_3 + \cdots\cdots \tag{2-6}$$

式中　N_j——表示施工过程的基本工作时间；

　　　n——表示施工工序产品的基本工作时间；

　　　k——表示单位产品换算系数（k＝观测时间内工序单位产量数/定额单位产量数）

【例2-1】 刷油漆前准备工作：由观测结果计算得到各工序单位产品的基本工时消耗为：填油灰 0.29 工时/m²；打砂纸 0.035 工时/m²；刮底子 0.095 工时/m²。求该施工过程的单位基本工作时间。

【解】 该施工过程的单位基本工作时间，根据式（2-5）有：

$$N_j = 0.29 + 0.035 + 0.095 = 0.42 \text{ 工时}/m^2$$

（2）辅助工作时间。辅助工作时间在额定工作时间中占有较大的比重，通过可以测定资料确定，也可以按照其在工作班延续时间中所占百分比的方法计算。

（3）准备与结束工作时间。为完成某施工过程所必须进行的准备工作和收工前扫尾工作时间，一般都按工作延续时间的百分数来进行计算。

（4）必要的工人休息时间。为完成某工程施工生产，工人必要的休息时间，一般也是按工作延续时间的百分数来进行计算。

（5）不可避免的中断时间。工人在工程施工生产过程中因技术的原因，必需的施工中断所占的时间，一般也是按工作延续时间的百分数来进行计算。

2. 时间定额的确定

时间定额的确定方法。按工程分项测定资料的范围不同，可按以下两种方法进行计算：

（1）当基本工作时间和辅助工作时间同时测得时，公式表述为：

$$N = N_j + N_f \div [1 - (c + b + d + e)] \tag{2-7}$$

（2）当测定时只获得基本工作时间时，其计算公式表述为：

$$N = N_j \div [1 - (c + b + d + e)] \tag{2-8}$$

式中　　N——时间定额；

N_j、N_f——基本工作时间和辅助工作时间；

c、b、d、e——辅助工作时间、准备与结束工作时间、必要的工人休息时间、不可避免的中断时间占总工作班延续时间的百分比。

【例 2-2】 计算人工挖土时间定额。基础数据资料：①土类别：二类。②现场测定结果：$N_j = 60$ 工分$/m^3$。③由某地某期工程统计资料得：$b = 2\%$，$c = 2\%$，$d = 1\%$，$e = 18\%$。

【解】 根据已知条件，由计算式 2-4 有：

$$\begin{aligned} N &= N_j \div [1 - (c + b + d + e)] \\ &= 60 \div [1 - (2\% + 2\% + 1\% + 18\%)] \\ &= 60 \div 0.77 = 77.92 \text{ 工分}/m^3 \end{aligned}$$

时间定额为 $77.92 \div (8 \times 60) = 0.162$ 工日$/m^3$

产量定额为 $1 \div 0.162 = 6.17 \, m^3/$工日

（三）劳动定额的形式与应用

1. 劳动定额的形式

（1）劳动定额手册的基本内容。《全国建筑安装工程统一劳动定额》分为目录、总说明、分册说明、劳动定额表等内容。该定额共有 18 册，第 1 册~第 14 册是土建工程部分，包括：材料运输及材料加工，人力土方工程，架子工程，砖石工程，抹灰工程，手工木作工程，机械木作工程，模板工程，钢筋工程，混凝土及钢筋混凝土工程，防水工程，油漆玻璃工程，金属制品制作及安装，钢、混凝土构件吊装工程；第 15 册~第 18 册是机械施工部分，包括：机械土方工程，石方工程，机械打桩工程和钢、混凝土构件机械运输及吊装工程。每册又分若干章节，各章节中有工作内容、计量单位、定额表、附注以及附录等。

（2）劳动定额的表现形式。我国现行的《全国建筑安装工程统一劳动定额》中，一般采用单式与复式两种表示方法。

1）单式：定额指标栏中只反映一种定额形式，通常单式法表格指标栏反映的是时间定额。

2）复式：定额指标栏中同时反映两种定额形式，通常用分式表示，其中分子表示时间定额，分母表示产量定额。多采用复式表示法，见表 2-2 砖基础劳动定额，定额计量单位 $1m^3$，综合定额 0.89/1.12，即时间定额 0.89，表示完成质量合格的每 $1m^3$ 砖基础砌筑工程需人工 0.89 工日；产量定额为 1.12，表示每工日能砌筑 $1.12m^3$ 砖基础。

2. 劳动定额的应用

《全国建筑安装工程统一劳动定额》按一定的规律和方法划分册、章、节、项目、子目编排，因此，应按一定顺序查阅、使用定额。

时间定额与产量定额是劳动定额的两种不同的表现形式，且具有不同的用途：时间定额是以工日为计量单位，便于计算某分项工程所需的总工日数和编制进度计划。产量定额是以产品数量为计量单位，便于施工小组分配任务，考核工人或工人小组的工作效率和签

发施工任务单。

砖基础劳动定额（单位：m³）　　　　表 2-2

项　目	基础墙厚度			序　号
	1 砖	1.5 砖	2 砖	
综合	$\dfrac{0.89}{1.12}$	$\dfrac{0.86}{1.16}$	$\dfrac{0.833}{1.20}$	一
砌砖	$\dfrac{0.37}{2.70}$	$\dfrac{0.336}{2.98}$	$\dfrac{0.309}{3.24}$	二
运输	$\dfrac{0.427}{2.34}$	$\dfrac{0.427}{2.34}$	$\dfrac{0.427}{2.34}$	三
调制	$\dfrac{0.093}{10.80}$	$\dfrac{0.097}{10.30}$	$\dfrac{0.097}{10.30}$	四
编号	1	2	3	

注：1. 工作内容包括清理基槽、砌垛、砌角、抹防潮层砂浆等。
　　2. 砌砖单位为"m³"

【例 2-3】　某工程砖基础工程量共为 163.80m³，基础墙厚为 365mm，若施工小组共 35 人，试编制施工进度计划。

【解】（1）求劳动量。根据已知条件，查劳动定额，其时间定额为 0.86，所以劳动量（Q）为：

$$Q = 0.86 \times 163.80 = 140.87(\mathrm{d})$$

（2）该基础工程施工所需的延续时间为：$d = 140.87 \div 35 = 4.02\mathrm{d}$（取 4d）

三、材料消耗定额

（一）材料消耗定额的概念

建筑材料消耗定额是指在节约和合理使用材料的条件下，生产合格的单位建筑工程施工产品所必需消耗的质量合格的原材料、成品、半成品、构件和动力燃料等资源的数量标准。

材料消耗定额由两个部分组成：一部分是直接构成建筑工程或构件实体的材料耗用量，称为材料净耗量。另一部分是生产操作过程中损耗的材料耗用量，称为材料损耗量。材料损耗量情况可以通过材料损耗率表示，即材料的损耗量占材料总消耗量的百分率表示。

$$\text{材料损耗率} = \frac{\text{材料损耗量}}{\text{材料消耗量}} \times 100\% \tag{2-9}$$

建筑材料消耗量由材料净耗量和材料损耗量组成，以单位产品的材料含量（消耗量）的单位来表示。

$$\text{材料消耗量} = \text{材料净用量} + \text{材料损耗量} \tag{2-10}$$

为简便计可取：

$$\text{材料损耗率} = \frac{\text{材料损耗量}}{\text{材料净用量}} \times 100\% \tag{2-11}$$

这样，材料消耗量还可依据材料净耗量及损耗率来确定。其计算公式为：

$$\text{材料消耗量} = \text{材料净用量} \times (1 + \text{材料损耗率}) \tag{2-12}$$

在实际工作中，通常按工程施工过程中的损耗情况进行统计，并列入材料、成品、半成品损耗率表。见表 2-3 所示。

工程材料、成品、半成品损耗率参考表　　　　表 2-3

材料名称	工程项目	损耗率（%）	材料名称	工程项目	损耗率（%）
标准砖	基础	0.4	白灰砂浆	抹墙及墙裙	1
标准砖	实砖墙	1	水泥砂浆	抹顶棚	2.5
标准砖	方砖柱	3	水泥砂浆	抹墙及墙裙	2
白瓷砖		1.5	水泥砂浆	地面、屋面	1
陶瓷锦砖		1	混凝土（现浇）	地面	1
铺地砖	（缸砖）	0.8	混凝土（现浇）	其余部分	1.5
砂	混凝土工程	1.5	混凝土（预制）	桩基础、梁、柱	1
砾石		2	混凝土（预制）	其余部分	1.5
生石灰		1	钢筋	现浇、预制混凝土	4
水泥		1	铁件	成品	1
砌筑砂浆	砖砌体	1	钢材		6
混合砂浆	抹墙及墙裙	2	木材	门窗	6
混合砂浆	抹顶棚	3	玻璃	安装	3
白灰砂浆	抹顶棚	1.5	沥青	操作	1

（二）材料消耗定额的制定

1．材料消耗定额的制定方法

材料消耗定额的制定方法有：观察法、实验法、统计法、计算法等。

（1）观察法。观察法是指通过对建筑工程实际施工中进行现场观察和测定，并对所完成的建筑工程施工产品数量与所消耗的材料数量进行分析、整理和计算确定建筑装饰材料损耗的方法。

（2）实验法。实验法是指在实验室或施工现场内对测定资料进行材料试验，通过整理计算制定材料消耗定额的方法。此法适用于测定混凝土、砂浆、沥青膏、油漆涂料等材料的消耗定额。

（3）统计法。统计法是指通过对各类已完建筑工程分部分项工程拨付工程材料数量，竣工后的工程材料剩余数量和完成建筑工程产品数量的统计、分析研究、计算确定建筑工程材料消耗定额的方法。

（4）理论计算法。理论计算法是指根据建筑工程施工图所确定的建筑构件类型和其他技术资料，用理论计算公式计算确定材料消耗定额的方法。

此法适用于不易损耗、废品容易确定的各种材料消耗量的计算。

2．理论计算法计算材料消耗量

下面介绍几种常见材料耗用量的计算方法：

（1）每 1m³ 墙砌体材料消耗量的计算

1）标准砖的消耗量

$$标准砖的净用量 = \frac{墙厚砖数 \times 2}{墙厚 \times (砖长 + 灰缝) \times (砖厚 + 灰缝)} \times 100\% (块) \quad (2-13)$$

$$标准砖的消耗量 = 标准砖的净用量 \times (1 + 损耗率)(块) \quad (2-14)$$

2）砂浆的消耗量

$$砂浆的消耗量 = (1 - 砖的净用量 \times 单块砖体积) \times (1 + 损耗率)(m^3) \quad (2-15)$$

标准砖以 240mm × 115mm × 53mm 为准，标准砖墙的厚度可按表 2-4 计算：

标准砖墙计算厚度表　　　　　　　　　　　　　　　表 2-4

砖数（厚度）	1/4	1/2	3/4	1	1.5	2	2.5	3
计算厚度（mm）	53	115	180	240	365	490	615	740

【例 2-4】 计算 1 标准砖墙每立方米砌体所需标准砖和砂浆的净用量、消耗量。损耗率为：砖 1.5%，砂浆 2%。

【解】（1）计算砖用量：将已知条件代入式 (2-12)、(2-13) 有：

$$标准砖的净用量 = \frac{1 \times 2}{0.24 \times (0.24 + 0.01) \times (0.053 + 0.01)} = 529 \ 块$$

$$标准砖的消耗量 = 529 \times (1 + 0.015) = 537 \ 块$$

（2）计算砂浆用量：将已知条件代入式 (2-14) 有：

$$砂浆净用量 = (1 - 529 \times 0.24 \times 0.115 \times 0.053) = 0.226 m^3$$

$$砂浆消耗量 = 0.226 \times (1 + 0.02) = 0.231 \ m^3$$

（3）块料面层消耗量计算。块料指瓷砖、锦砖、缸砖、预制水磨石块、大理石、花岗岩板等。块料面层定额以 100m² 为计量单位。

$$面层块材消耗量 = \frac{100}{(块料长 + 灰缝) \times (块料宽 + 灰缝)} \times (1 + 损耗率) \quad (2-16)$$

$$灰缝砂浆消耗量 = (100 - 块料净用量 \times 块料长 \times 块料宽)$$
$$\times 灰缝深度 \times (1 + 损耗率) \quad (2-17)$$

【例 2-5】 瓷砖规格为 300mm × 260mm × 8mm，灰缝 1mm，瓷砖损耗率为 1.5%，砂浆损耗率为 2%。试计算 100m² 瓷砖的消耗量。

【解】

（1）$面层瓷砖的消耗量 = \dfrac{100}{(0.30 + 0.001) \times (0.26 + 0.001)} \times (1 + 0.015)$

$\qquad = 1272.90 \times (1 + 0.015) = 1291.99 \ 块$

（2）灰缝砂浆消耗量 $= (100 - 1272.90 \times 0.30 \times 0.26) \times 0.008 \times (1 + 0.02)$

$\qquad = 0.0058 m^3$

3．周转性材料消耗量的计算

建筑工程中使用的周转性材料，是指在施工过程中能多次使用、反复周转的工具性材料，如各种模板、活动支架、脚手架、支撑、挡土板等。

周转性材料应按照多次使用、分次摊销的方法进行计算。

（1）现浇混凝土构件模板用量的计算

1）材料一次使用量的计算

一次使用量是指为完成定额计量单位产品的生产,在不重复使用条件下的一次性用量,可以依施工图算出。

一次使用量 = 单位混凝土构件的模板接触面积 × 单位接触面积模板用量 × (1 + 损耗率) (2-18)

2) 材料周转使用量

一般按材料周转次数和每次周转应发生的补损量等因素,计算生产单位结构构件的周转材料使用量。

$$周转使用量 = 一次使用量 \times K_1 \quad (2\text{-}19)$$

式中 K_1——周转使用系数。

$$K_1 = \frac{1 + (周转次数 - 1) \times 补损率}{周转次数} \quad (2\text{-}20)$$

3) 材料摊销量

摊销量是指为完成一定计量单位建筑产品,一次所需要摊销的周转性材料的数量。周转性材料在重复使用的条件下,一般按材料应分摊到每一计量单位结构构件的材料消耗量。

$$材料消耗量 = 一次使用量 \times K_2 \quad (2\text{-}21)$$

式中 K_2——摊销系数。

$$K_2 = K_1 - \frac{(1 - 补损率) \times 回收折价率}{周转次数} \quad (2\text{-}22)$$

对所有的周转性材料,可根据不同的施工部位、周转次数、损耗率、回收折价率和施工管理费率,计算出相应的 K_1、K_2 并制成表格。表 2-5 是木模板的有关数据,供计算时查用。

木模板周转使用的有关数据　　　表 2-5

模板周转次数	每次补损率(%)	K_1	K_2	模板周转次数	每次补损率(%)	K_1	K_2
4	15	0.3625	0.2726	8	10	0.2125	0.1649
5	10	0.2800	0.2039	8	15	0.2563	0.2124
5	15	0.3200	0.2481	9	15	0.2444	0.2044
6	10	0.2500	0.1866	10	10	0.1900	0.1519
6	15	0.2917	0.2318				

注:表中系数的回收折价率按 42.3% 计算,间接费率按 18.2% 计算。

【例 2-6】 钢筋混凝土圈梁按选定的模板图纸,每 10m³ 混凝土模板接触面积 96 m²,每 10m² 接触面积需木方板材 0.705m³,损耗率 5%,周转次数为 8,每次周转补损率 10%,试计算模板摊销量。

【解】①

$$一次使用量 = 9.6 \times 0.705 \times (1 + 0.05) = 7.106 \text{m}^3$$

②

$$周转使用量 = 一次使用量 \times K_1(查表 K_1 = 0.2125)$$
$$= 7.106 \times 0.2125 = 1.51 \text{m}^3$$

③

$$摊销量 = 一次使用量 \times K_2(查表 K_2 = 0.1649)$$
$$= 7.106 \times 0.1649 = 1.17 m^3$$

(2) 预制混凝土构件模板摊销量的计算

生产预制混凝土构件所用的模板也是周转性材料。摊销量的计算方法不同于现浇构件，它是按照多次使用、平均摊销的方法，根据一次使用量和周转次数进行计算的。即：

$$摊销量 = \frac{一次使用量}{周转次数} \tag{2-23}$$

【例 2-7】 预制混凝土过梁，根据选定的设计图纸每 $10m^3$ 混凝土模板接触面积 $88m^2$，每 $10m^2$ 接触面积需板枋材 $1.074m^3$，模板损耗率 5%，模板周转次数为 30，试计算模板摊销量。

【解】 模板摊销量 = 一次使用量 ÷ 周转次数
$$= 8.8 \times 1.074 \times (1 + 5\%) \div 30$$
$$= 0.331 m^3（即每 10m^3 过梁需要板、枋材的摊销量为 0.331 m^3）$$

(3) 脚手架主要材料用量计算。脚手架所用钢管、脚手架板等，定额按摊销量计算。

$$摊销量 = 一次使用量 \times (1 - 残值率) \times \frac{使用期限}{耐用期限} \tag{2-24}$$

四、机械台班消耗定额

机械台班消耗定额，是指在正常的施工机械生产条件下，为生产单位合格工程施工产品所必需消耗的机械工作时间标准。或者在单位时间内应用施工机械所应完成的合格工程施工产品的数量。机械台班定额以台班为单位，每一台班按八小时计算。其表达形式有机械时间定额和机械产量定额两种。

1. 拟定机械正常工作条件

机械正常工作条件，包括施工现场的合理组织和编制的合理配置。

施工现场的合理组织，是指对机械的放置位置、工人的操作场地等做出合理的布置，最大限度地发挥机械的工作性能。

编制机械台班消耗定额，应正确确定机械配置和拟定的工人编制，保持机械的正常生产率和工人正常的劳动效率。

2. 确定机械纯工作时间

机械纯工作时间包括：机械的有效工作时间、不可避免的无负荷工作时间和不可避免的中断时间。

机械纯工作时间（台班）的正常生产率，就是在机械正常工作条件下，由具备必需的知识与技能的技术工人操作机械工作 1h（台班）的生产效率。

单位机械工作时间能生产的产品数或者机械工作时间的消耗量，可通过现场观测并参考机械说明书确定。

3. 确定施工机械的正常利用系数

施工机械的正常利用系数又称机械时间利用系数。是指机械纯工作时间占工作班延续时间的百分数。

$$施工机械正常利用系数(K_b) = \frac{工作班工作时间}{工作班的延续时间} \tag{2-25}$$

【例 2-8】 某地由某年度各类工程机械施工情况统计,在某种机械台班内工作时间为 7.2h,求机械的正常利用系数

【解】 根据式(2-24)有:机械的正常利用系数(K_b) = 7.2÷8 = 0.9

4. 施工机械台班消耗定额

(1) 施工机械台班产量定额计算

施工机械台班产量定额 = 机械纯工作 1 小时正常生产率×工作班延续时间×机械正常利用系数

(2) 施工机械台班消耗定额

施工机械时间定额包括机械纯工作时间、机械台班准备与结束时间、机械维护时间等,但不包括迟到、早退、返工等非定额时间。

根据机械台班定额由计算表示为:

$$机械时间定额 = \frac{1}{机械产量定额} \tag{2-26}$$

第三节 人工、材料和机械台班单价

一、人工单价的组成和确定方法

1. 人工单价及其组成内容

人工单价是指一个建筑安装生产工人一个工作日在预算中应计入的全部人工费用。它基本上反映了建筑安装生产工人的工资水平和一个工人在一个工作日中可以得到的报酬。合理确定人工工日单价是正确计算人工费和工程造价的前提和基础。

工作日,是指一个工人工作一个工作天,按我国劳动法的规定,一个工作日的工作时间为 8h。简称"工日"。

劳动报酬应包括一个人物质需要和文化需要。具体地讲,应包括本人衣、食、住、行和生、老、病、死等基本生活的需要,以及精神文化的需要,还应包括本人基本供养人口(如父母及子女)的需要。

目前,按照现行规定生产工人的人工工日单价组成如表 2-6 所示。

人工单价组成内容　　　　　　　表 2-6

基 本 工 资	岗位工资
	技能工资
	年功工资
工资性津贴	交通补助
	流动施工津贴
	房补
	工资附加
	地区津贴
	物价补贴
生产工人辅助工资	非作业工日发放的工资和工资性补助
职工福利费	书报费
	洗理费
劳动保护费	取暖费
	劳动保护费

人工工日单价组成内容，在各部门、各地区并不完全相同，或多或少，但都执行岗位技能工资制度，以便更好地体现按劳取酬，适应市场经济的需要。人工工日单价中的每一项内容都是根据有关法规、政策文件的精神，结合本部门、本地区的特点，通过反复测算最终确定的。

2．人工单价确定的依据和方法

(1) 人工预算单价的内容及计算标准

1) 有效施工天数。年有效施工天数 = 年应工作天数 – 年非作业天数。

年应工作天数：按年日历天数 365 天，减去双休日、法定节假日后的天数。

年非作业工日：指职工学习、培训、调动工作、探亲、休假，因气候影响，女工哺乳期，6个月以内病假及产、婚、丧假等，在年应工作天数之内而未工作天数。

2) 生产工人基本工资。生产工人的基本工资应执行岗位工资和技能工资制度。根据有关部门制定的《全民所有制大中型建筑安装企业的岗位技能工资试行方案》中，按岗位工资、技能工资和年功工资（按职工工作年限确定的工资）计算的。

3) 生产工人工资性津贴。是指为了补偿工人额外或特殊的劳动消耗及为了保证工人的工资水平不受特殊条件影响，而以补贴形式支付给工人的劳动报酬，它包括按规定标准发放的物价补贴，煤、燃气补贴，交通费补贴，住房补贴，流动施工津贴及地区津贴等。

4) 生产工人辅助工资，是指生产工人年有效施工天数以外非作业天数的工资。

5) 职工福利费。是指按规定标准计提的职工福利费。

6) 生产工人劳动保护费。是指按规定标准发放的劳动保护用品等的购置费及修理费，徒工服装补贴，防暑降温费，在有碍身体健康环境中的施工保健费用等。

近几年国家陆续出台了养老保险、医疗保险、住房公积金、失业保险等社会保障的改革措施，新的工资标准会将上述内容逐步纳入人工预算单价之中。

(2) 人工预算单价的计算

人工单价确定的依据和方法，以石油建设工程为例（见表 2-7 所示）

人工工资单价测算表　　　　　　　　　表 2-7

序号	项目名称	计 算 式	工日单价（元/工日）	说　明
一	工　　资	2.78 + 6.86 + 1.29 = 10.93	10.93	1. 有效施工天数的确定：
1	岗位工资	64.8 ÷ 23.33 = 2.78		365 天 – (78 + 7 + 41) 天 = 239 天
				(1) 星期天：365 ÷ 7 × 1.5 = 78 天
				(2) 法定节假日：7 天
2	技能工资	160 ÷ 23.33 = 6.86		(3) 非工作日：41 天
				(365 – 78 – 7) ÷ 12 = 23.33
3	年功工资	30 ÷ 23.33 = 1.29		2. 岗位工资根据（93）中油劳字第 393 号文件规定测算为 72 元/人·月，考虑 10% 待岗等因素取定为 64.8 元/人·月
二	工资性津贴	8 + 15 + 2 + 5 + 3.5 × 23.33 + 10.93 × 23.33 × 10% = 137.16	5.88	3. 技能工资 160 元/人·月，为石油企业 16 级正，（93）中油基第 511 号文件规定；

续表

序号	项目名称	计 算 式	工日单价（元/工日）	说　明
三	辅助工资	$137.16 \div 23.33 = 5.88$ $(10.93 + 5.88) \times 41 \div 239 = 2.88$	2.88	4. 年功工资根据（93）中油劳字第291号文件规定，平均工龄测算定15年； 5. 工资性津贴根据（93）中油基第511号文件规定物贴（8+15）元/人·月，粮煤贴2元/人·月，交通费5元/人·月，建人字（93）348号文件规定流贴3.5元/工日，房贴根据（93）中油体改字第397号文件规定取定为工资的10%； 6. 辅助工资根据（90）中油基13号文件规定非作业工日为41天；开会学习4天，技术培训5天，调动工作1天，探亲假7天，气候影响8天，女工哺乳1天，病事假3天，婚丧、产假2天，国务院职工休假的通知，中发电（91）2号文件精神规定全员职工休假平均取定10天； 7. 职工福利费按国家标准14%计算； 8. 劳动保护费根据（93）中油基第511号文件规定： （1）劳保用品198元/人·年，未变； （2）徒工服装费62.4元/人·年及物价上涨系数1.65根据（93）中油基第511号文件规定取定，徒工占生产工人的比例调整为10%； （3）防暑降温费0.4元/人·天，每年按90天计算是根据（90）中油基13号文件规定，1.75为物价上涨系数； （4）保健津贴0.29元/人·天，按30%的人享受津贴是根据（90）中油基13号文件规定，2为物价上涨系数
四	职工福利费	$(10.93 + 5.88) \times 23.33 \times 12 \times 14\% \div 239 = 2.76$	2.76	
五	劳动保护费	$(198 + 10.3 + 63 + 62.64) \div 239 = 1.40$	1.40	
1	劳保用品费	198元/人·年		
2	徒工服装费	62.4元/人·年 × 1.65 × 10% = 10.3元/人·年		
3	防暑降温费	0.4元/人·天 × 90 × 1.75 = 63元/人·年		
4	保健津贴	0.29元/人·天 × 30 × 12 × 30% × 2 = 62.64元/人·年		
	合　计	10.93 + 5.88 + 2.88 + 2.76 + 1.4 = 23.85		

注：表中数根据国家现行规定及企业实际情况进行调整。

3．影响人工单价的因素

（1）社会平均工资水平

建筑安装工人人工单价必须和社会平均工资水平趋同。社会平均工资水平取决于经济发展水平。由于我国改革开放以来经济迅速增长，社会平均工资也有大幅增长，从而影响人工单价的大幅提高。

（2）生产消费指数

生产消费指数的提高会影响人工单价的提高，以减少生活水平的下降，或维持原来的生活水平。生活消费指数的变动决定于物价的变动，尤其决定于生活消费品物价的变动。

（3）人工单价的组成内容

例如，将住房消费、养老保险、医疗保险、失业保险费等列入人工单价，会使人工单价提高。

(4) 劳动力市场供需变化

劳动力市场如果需求大于供给，人工单价就会提高；供给大于需求，市场竞争激烈，人工单价就会下降。

(5) 政府推行的社会保障和福利政策也会影响人工单价的变动。

二、材料预算价格的确定

1. 材料预算价格的概念及组成内容

(1) 概念

材料预算价格是指材料由其来源地或交货地点到达施工工地仓库的出库价格。

(2) 组成内容

材料预算价格是指施工过程中耗费的构成工程实体的原材料、辅助材料、构配件、零件、半成品的费用的总和。

内容包括：①材料原价（或供应价格）；②材料运杂费；③运输损耗费；④采购及保管费；⑤检验试验费。

2. 材料价格的确定

(1) 材料原价的确定

材料原价是指材料的出厂价、市场批发价、零售价以及进口材料的调拨价等。在确定材料原价时，若同一种材料购买地及单价不同时，应根据不同的供货数量及单价，采用加权平均的办法确定其材料的原价。

1) 总金额法

$$加权平均原价 = \frac{\Sigma(各来源地材料数量 \times 相应单价)}{\Sigma 各来源地材料数量} \tag{2-27}$$

2) 数量比例法

$$加权平均原价 = \Sigma(各来源地材料原价 \times 各来源地数量百分比) \tag{2-28}$$

【例 2-9】 某建筑工地需用 42.5MPa 的硅酸盐水泥，由甲、乙、丙三个生产厂供应，甲厂供货 400t，单价 320 元/t；乙厂供货 400t，单价 330 元/t；丙厂供货 200t，单价 340 元/t，求加权平均原价？

【解】 ①总金额法：根据式 (2-26) 有：

$$加权平均原价 = \frac{400 \times 320 + 400 \times 330 + 200 \times 340}{400 + 400 + 200} = 328 元/t$$

②数量比例法：各厂水泥数量占总量百分比为：

$$甲厂水泥数量百分比 = \frac{400}{400 + 400 + 200} \times 100\% = 40\%$$

$$乙厂水泥数量百分比 = \frac{400}{400 + 400 + 200} \times 100\% = 40\%$$

$$丙厂水泥数量百分比 = \frac{200}{400 + 400 + 200} \times 100\% = 20\%$$

根据式 (2-28) 有：

$$加权平均原价 = 320 \times 40\% + 330 \times 40\% + 340 \times 20\% = 328 元/t$$

(2) 材料运杂费

材料运杂费是指材料自来源地运至工地仓库或指定堆放地点所发生的全部费用。内容包括运输费及装卸费等。

材料运杂费应按照国家有关部门的规定计算,也可按市场价格计算。同一种材料如有若干个来源地,其运杂费可根据每个来源地的运输里程、运输方法和运价标准,用加权平均方法计算。

$$加权平均运杂费 = \frac{\Sigma(各来源地材料运杂费 \times 各来源地材料数量)}{\Sigma 各来源地材料数量} \quad (2-29)$$

【例 2-10】 某工地需要某种规格品种的地砖 $1800m^2$,甲地供货 $900m^2$,运杂费为 5.00 元$/m^2$;乙地供货 $400m^2$,运杂费 6.00 元$/m^2$;丙地供货 $500m^2$,运杂费 5.50 元$/m^2$。求加权平均运杂费。

【解】 根据式(2-28)有:

$$加权平均运杂费 = \frac{5.00 \times 900 + 6.00 \times 400 + 5.5 \times 500}{900 + 400 + 500} = 5.36 \text{元}/m^2$$

(3) 运输损耗费

运输损耗费,是指材料在运输及装卸过程中不可避免的损耗费用。

$$运输损耗费 = (材料原价 + 材料运杂费) \times 运输损耗率 \quad (2-30)$$

【例 2-11】 某工地需要某种规格品种材料的材料原价为 12.50 元$/m^2$,运杂费为 5.36 元$/m^2$,运输损耗率为 1.5%。计算该材料的运输损耗费。

【解】 根据式(2-29)有:

$$运输损耗率 = (12.50 + 5.36) \times 1.5\% = 0.27 \text{元}/m^2$$

(4) 材料采购保管费

材料采购保管费是指为组织采购、供应和保管材料过程中所需要的各项费用。内容包括:采购费、仓储费、工地保管费、仓储损耗。其计算式如下:

$$材料采购保管费 = (原价 + 运杂费 + 运输损耗费) \times 采购保管费率 \quad (2-31)$$

采购保管费率一般综合定为 2.5% 左右,各地区可根据不同的情况确定其比率。如有的地区规定:钢材、木材、水泥为 2.5%,水电材料为 1.5%,其余材料为 3.0%。

【例 2-12】 某工地需要某种规格品种材料的材料原价为 12.50 元$/m^2$,运杂费为 5.36 元$/m^2$,运输损耗费为 0.27,材料采购保管费率为 3.0%。计算该材料的采购保管费。

【解】 根据式(2-30)有:

$$材料采购保管费 = (12.50 + 5.36 + 0.27) \times 3\% = 0.54 \text{元}/m^2$$

(5) 检验试验费

检验试验费是指对建筑材料、构件和建筑安装物进行一般鉴定、检查所发生的费用,包括自设试验室进行试验所耗用的材料和化学药品等费用。不包括新结构、新材料的试验费和建设单位对具有出厂合格证明的材料进行试验,对构件做破坏性试验及其他特殊要求检验试验的费用。

$$检验试验费 = 材料原价 \times 检验试验费率 \quad (2-32)$$

(6) 材料预算价格的计算

材料预算价格的计算公式为:

$$材料预算价格 = (材料原价 + 运杂费 + 运输损耗费) \times (1 + 采购保管费率)$$
$$+ 材料原价 \times 检验试验费率$$

$$(2-33)$$

【例 2-13】 某工地某种钢筋的购买资料见表 2-8，试计算该材料的材料预算价格。

表 2-8

货源地	数量 (t)	购买价 (元/t)	运距 (km)	运输费 (元/t·km)	装卸费 (元/t)	材料采购保管费率
甲地	100	3200	70	0.6	14	2.5%
乙地	300	3300	40	0.7	16	2.5%
丙地	200	3400	60	0.8	15	2.5%

注：运输损耗率 1.5%，检验试验费率为 2%。

【解】

(1) 材料原价 $= \dfrac{100 \times 3200 + 300 \times 3300 + 200 \times 3400}{100 + 300 + 200} = 3316.67$ 元/t

(2) 运杂费 $= \dfrac{(70 \times 0.6 + 14) \times 100 + (40 \times 0.7 + 16) \times 300 + (60 \times 0.8 + 15) \times 200}{100 + 300 + 200}$

$= 52.33$ 元/t

(3) 运输损耗费 $= (3316.67 + 52.33) \times 1.5\% = 50.54$ 元/t

(4) 采购及保管费 $= (3316.67 + 52.33 + 50.54) \times 2.5\% = 85.49$ 元/t

(5) 检验试验费 $= 3316.67 \times 2\% = 66.33$ 元/t

(6) 材料预算价格

材料预算价格 $= 3316.67 + 52.33 + 50.54 + 85.49 + 66.33 = 3571.36$ 元/t

(7) 影响材料预算价格变动的因素

1) 市场供需变化。材料原价是材料预算价格中最基本的组成。市场供大于求价格就会下降，反之，价格就会上升。从而也就会影响材料预算价格的涨落。

2) 材料生产成本的变动直接涉及材料预算价格的波动。

3) 流通环节的多少和材料供应体制也会影响材料预算价格。

4) 运输距离和运输方法的变化会影响材料运输费的增减，从而也会影响材料预算价格。

5) 国际市场行情会对进口材料价格产生影响。

三、施工机械台班预算价格的确定

1. 施工机械台班单价的概念及组成内容

(1) 施工机械台班单价的概念

施工机械台班单价是指一台施工机械在正常运转条件下，一个工作班中所发生的全部费用。

(2) 施工机械台班单价的组成

施工机械台班单价按照有关规定由七项费用组成，这些费用按其性质分类，划分为第一类费用，第二类费用和其他费用三大类。

1) 第一类费用（又称固定费用或不变费用）

这类费用不因施工地点、条件的不同而发生大的变化。内容包括：折旧费、大修理费、经常修理费、安拆费及场外运输费。

2) 第二类费用（又称变动费用或可变费用）

这类费用常因施工地点和条件的不同而有较大的变化。内容包括机上人员工资、动力燃料费。

3）其他费用

其他费用指上述两类以外的费用。内容包括：车船使用税、养路费、牌照费、保险费等。

2. 施工机械台班单价的确定

（1）第一类费用的确定

1）折旧费

折旧费是指施工机械在规定使用期限内，每一台班所摊的机械原值及支付货款利息的费用。其计算式如下：

$$台班折旧费 = \frac{施工机械预算价格 \times (1 - 残值率) + 贷款利息}{耐用总台班} \quad (2-34)$$

式中 施工机械预算价格按下式计算：

$$施工机械预算价格 = 原价 \times (1 + 购置附加费率) + 手续费 + 运杂费 \quad (2-35)$$

设备残值率按下式计算：

$$残值率 = \frac{施工机械残值}{施工机械预算价格} \times 100\% \quad (2-36)$$

机械耐用总台班按下式计算：

耐用总台班 = 修理间隔台班 × 修理周期（即施工机械从开始投入使用到报废前所使用的总台班数）

2）大修理费

大修理费是指施工机械按规定修理间隔台班必须进行的大修，以恢复其正常使用功能所需的费用。台班大修理费是指每一台班所摊的大修理费，其计算公式如下：

$$台班大修费 = \frac{一次大修理费 \times 寿命期内大修理次数}{耐用总台班} \quad (2-37)$$

3）经常修理费

经常修理费是指施工机械除修理以外的各级保养及临时故障排除所需的费用；为保障施工机械正常运转所需替换设备，随机使用工具，附加的摊销和维护费用；机械运转与日常保养所需的油脂，擦拭材料费用和机械停置期间的正常维护保养费用等，一般可用下式计算：

$$施工机械台班经常修理费 = 台班大修理费 \times K \quad (2-38)$$

式中 K 值为施工机械台班经常维修系数，它等于台班经常维修费与台班修理费的比值。如载重汽车 K 值 6t 以内为 5.61，6t 以上为 3.93；自卸汽车 K 值 6t 以内为 4.44，6t 以上为 3.34；塔式起重机 K 值为 3.94 等。

4）安拆费及场外运费

安拆费是指施工机械在施工现场进行安装，拆卸所需的人工、材料、机械费及试运转费，以及安装所需的辅助设施的折旧、搭设、拆除等费用。

场外运输指施工机械整体或分件，从停放场地运至施工现场或由一个工地运至另一个工地，运距在 25km 以内的机械进出场运输及转移费用，包括施工机械的装卸、运输、辅助材料及架线等费用。

（2）第二类费用的确定

1) 机上人员工资
机上人员工资是指机上操作人员及随机人员的工资及津贴等。
2) 燃料动力费
燃料动力费是指施工机械在运转作业中所耗用的电力、固体燃料、液体燃料、水和风力等资源费。
(3) 其他费用
1) 养路费及车船使用税
指按照国家有关规定应交纳的养路费和车船使用税，折合为台班时计算公式如下：

$$台班养路费 = \frac{核定吨位 \times 每月每吨养路费 \times 12 个月}{年工作台班} \qquad (2-39)$$

$$台班车船使用税 = \frac{每年每吨车船使用税}{年工作台班} \qquad (2-40)$$

2) 保险费
指按有关规定应缴纳的第三者责任险、车主保险费等。
3. 施工机械台班预算价格确定实例

【例2-14】 某10t载重汽车有关资料如下：购买价格（辆）125000元；残值率6%；耐用总台班960台班；修理间隔台班240台班；一次性修理费用8600元；修理周期4次；经常维修系数为3.93，年工作台班为240；每月每吨养路费60元/月；每台消耗柴油40.03kg，柴油每千克单价3.25元。试确定台班单价。

【解】

(1) 折旧费 = $\frac{125000 \times (1 - 6\%)}{960}$ = 122.40 元/台班

(2) 大修理费 = $\frac{8600 \times (4 - 1)}{960}$ = 26.88 元/台班

(3) 经常修理费 = 26.88 × 3.93 = 105.62 元/台班

(4) 机上人员工资为 2.5 × 23.00 = 57.50 元/台班（2.5工日/台班，23.00元/工日）

(5) 燃料及动力费设定为 40.03 × 3.25 = 130.10 元/台班

(6) 台班养路费 = $\frac{10 \times 60 \times 12}{240}$ = 30.00 元/台班

车船使用税 = $\frac{360}{12}$ = 30.00 元/台班

(7) 保险费。设定为 3.67 元/台班

该载重汽车台班单价 = 122.40 + 26.88 + 105.62 + 57.50 + 130.10 + 60.00 + 3.67 = 506.17 元/台班

第四节 建筑工程消耗量定额

一、建筑工程消耗量定额概述

（一）消耗量定额的概念

建筑工程消耗量定额，是指在正常的施工生产条件下，为完成单位合格建筑工程施工产品所需消耗的人工、材料和机械台班的数量标准。它由劳动消耗定额、材料消耗定额，

机械台班消耗定额三部分组成。

（二）消耗量定额的作用

（1）是确定人工、材料和机械消耗量的依据。

（2）是施工企业编制施工组织设计，制定施工作业计划，人工、材料、机械台班使用计划的依据。

（3）是编制标底（地区消耗量定额）、标价（企业消耗量定额）的依据。

（三）消耗量定额编制方法和步骤

消耗量定额编制方法，通常采用的是实物法。即消耗量定额由劳动消耗定额、材料消耗定额、机械台班消耗定额三部分实物指标组成。

1. 消耗量定额项目的划分

消耗量定额项目一般是按具体内容和工效差别，采用以下几种方法划分：

（1）按施工方法划分；

（2）按构件类型及形体划分；

（3）按建筑材料的品种和规格划分；

（4）按不同的构件做法划分；

（5）按工作高度划分。

2. 确定定额项目的计量单位

定额项目计量单位要能够确切地反映工日、材料以及建筑产品的数量，应尽可能同建筑产品的计量单位一致并采用他们的整数倍为定额单位。定额项目计量单位一般有物理计量单位和自然计量单位两种。物理计量单位，是指需要经过量度的单位。建筑工程消耗量定额常用的物理计量单位有"m^3"、"m^2"、"m"、"t"等；自然计量单位，是指不需要经过量度的单位。建筑工程消耗量定额常用的自然计量单位有"个"、"台"、"组"等。

（1）当物体的三度都有变化时，以 m^3 为计量单位。

（2）当物体有一定的厚度，只在长、宽两个方向上变化时，以 m^2 为计量单位。

（3）当物体有一定的截面形状和大小，只在长度方向上变化是，以 m 为计量单位。

（4）按重量计算的工程项目，以 t 或 kg 为计量单位。

（5）按自然单位计算的工程项目，以自然单位表示。如个、根、台、组、块、樘、套等。

3. 定额的册、章、节的编排

消耗量定额是依据劳动定额编制的，册、章、节的编排与劳动定额编排类似。

4. 确定定额项目消耗量指标

按照施工定额的组成，消耗量指标的确定包括分项劳动消耗指标、材料消耗指标、机械台班消耗指标三个指标的确定。

（四）建筑工程消耗量定额的编制方法

建筑工程消耗量定额的编制分为准备工作、编制初稿、修改和审查定稿等三个阶段。在此过程中，应进行广泛的调查研究，收集资料，拟定编制方案，落实组织措施；在此基础上进行深入细致的测算和分析研究，计算人工、材料、机械台班消耗量，拟定文字说明，编制定额项目表；编出的初稿应经有关部门讨论，征求意见，由编制小组分析修改后送有关部门审批。

二、建筑工程定额消耗量指标的确定

(一) 人工工日消耗量的计算

人工工日消耗量是指在正常施工条件下，生产单位合格产品所必需消耗的人工工日数量，是由分项工程所综合的各个工序劳动定额，包括基本用工、其他用工两部分组成。

1. 基本用工

基本用工指完成单位合格产品所必需消耗的技术工种用工。按技术工种相应劳动定额工时定额计算，以不同工种列出定额工日。基本用工包括：

(1) 完成定额计量单位的主要用工。按综合取定的工程量和相应劳动定额进行计算。计算公式为：

$$\text{基本用工} = \Sigma(\text{综合取定的工程量} \times \text{劳动定额}) \tag{2-41}$$

例如：工程实际中的砖基础，有1砖厚、1砖半厚、2砖厚等之分，用工各不相同，在消耗量定额中由于不区分厚度，需要按照统计的比例，加权平均，即公式中的综合取定，得出用工。

(2) 按劳动定额规定应增加计算的用工量。例如，砖基础埋深超过1.5m，超过部分要增加用工。消耗量定额中应按一定比例给予增加。

(3) 由于消耗量定额包括的工作内容较多，施工的效果视具体部位而不一样，需要另外增加用工，列入基本用工内。

2. 其他用工

其他用工通常包括：

(1) 超运距用工。超运距是指劳动定额中已包括的材料、半成品场内水平搬运距离与消耗量定额所考虑的现场材料、半成品堆放地点到操作地点的水平运输距离之差。

$$\text{超运距} = \text{消耗量定额取定运距} - \text{劳动定额已包括的运距} \tag{2-42}$$

需要指出，实际工程现场运距超过预算定额取定运距时，可另行计算现场二次搬运费。

(2) 辅助用工。指技术工种劳动定额内不包括而消耗量定额内又必须考虑的用工。例如，机械土方工程配合用工、材料加工（筛砂、洗石、淋化石膏）、电焊、点火用工等，计算公式如下：

$$\text{辅助用工} = \Sigma(\text{材料加工数量} \times \text{相应的加工劳动定额}) \tag{2-43}$$

(3) 人工幅度差。即消耗量定额与劳动定额的差额，主要是指在劳动定额中未包括而在正常施工情况下不可避免但又难准确计量的用工和各种工时损失。内容包括：

1) 各工种间的工序搭接及交叉作业相互配合或影响所发生的停歇用工。
2) 施工机械在单位工程之间转移及临时水电线路移动所造成的停工。
3) 质量检查和隐蔽工程验收工作的影响。
4) 班组操作地点转移用工。
5) 工序交接时对前一工序不可避免的修整用工。
6) 施工中不可避免的其他零星用工。

人工幅度差计算公式如下：

$$\text{人工幅度差} = (\text{基本用工} + \text{辅助用工} + \text{超运距用工}) \times \text{人工幅度差系数} \tag{2-44}$$

人工幅度差系数一般为10%~15%。在消耗量定额中，人工幅度差的用工量列入其他用工量中。

（二）材料消耗量的计算

材料消耗量是完成单位合格产品所必须消耗的材料数量，按用途划分为以下四种：

(1) 主要材料。指直接构成工程实体的材料，其中也包括成品、半成品的材料。

(2) 辅助材料。也是构成工程实体除主要材料以外的其他材料。如垫木钉子、钢丝等。

(3) 周转性材料。指脚手架、模板等多次周转使用的不构成工程实体的摊销性材料。

(4) 其他材料。指用量较少，难以计量的零星用料。如：棉纱，编号用的油漆等。

材料消耗量计算方法主要有：

(1) 凡有标准规格的材料，按规范要求计算定额计量单位的耗用量，如砖、防水卷材、块料面层等。

(2) 凡设计图纸标注尺寸及下料要求的按设计图纸尺寸计算材料净用量，如门窗制作用材料的方、板料等。

(3) 换算法。各种胶结、涂料等材料的配合比用料，可以根据要求条件换算，得出材料用量。

(4) 测定法。包括试验室试验法和现场观察法。指各种强度等级的混凝土及砌筑砂浆配合比的耗用原材料数量的计算，需按照规范要求试配，经过试压合格以后并经过必要的调整后得出的水泥、砂子、石子、水的用量。对新材料、新结构又不能用其他方法计算定额消耗用量时，需用现场测定法来确定，根据不同条件可以采用写实记录法和观察法，得出定额的消耗量。

材料损耗量，指在正常条件下不可避免的材料损耗，如现场内材料运输及施工操作过程中的损耗等。其计算关系式见材料消耗定额。

其他材料的确定。一般按工艺测算并在定额项目材料计算表内列出名称、数量，并依编制价格以其他材料占主要材料的比率计算，列在定额材料栏之下，定额内可不列材料名称及消耗量。

（三）机械台班消耗量的计算

机械台班消耗量是指在正常施工条件下，生产单位合格产品（分部分项工程或结构构件）必须消耗的某种型号施工机械的台班数量。

1．根据施工定额确定机械台班消耗量的计算

这种方法是指施工定额或劳动定额中机械台班产量加机械幅度差计算消耗量定额的机械台班消耗量。

机械台班幅度差一般包括正常施工组织条件下不可避免的机械空转时间，施工技术原因的中断及合理停滞时间。因供电供水故障及水电线路移动检修而发生的运转中断时间，因气候变化或机械本身故障影响工时利用的时间，施工机械转移及配套机械相互影响损失的时间，配合机械施工的工人因与其他工种交叉造成的间歇时间，因检查工程质量造成的机械停歇的时间，工程收尾和工作量不饱满造成的机械停歇时间等。

大型机械幅度差系数为：土方机械25%，打桩机械33%，吊装机械30%。砂浆、混凝土搅拌机由于按小组配用，以小组产量计算机械台班产量，不另增加机械幅度差。其他分部工程中如钢筋加工、木材、水磨石等各项专用机械的幅度差为10%。

综上所述，消耗量定额的机械台班消耗量按下式计算：

消耗量定额机械耗用台班 = 施工定额机械耗用台班 × (1 + 机械幅度差系数)

(2-45)

占比重不大的零星小型机械按劳动定额小组成员计算出机械台班使用量，以"机械费"或"其他机械费"表示，不再列台班数量。

2. 以现场测定资料为基础确定机械台班消耗量

如遇到施工定额（劳动定额）缺项者，则需要依据单位时间完成的产量测定。

三、建筑工程消耗量定额运用

（一）建筑工程消耗量定额的组成

在建筑工程消耗量定额中，除了规定各项资源消耗的数量标准外，还规定了它应完成的工程内容和相应的质量标准等。

建筑工程消耗量定额的内容，由目录、总说明、分章说明及分项工程量计算规则、定额项目表和附录等组成。

1. 总说明

在总说明中，主要阐述消耗量定额的用途和适用范围，消耗量定额的编制原则和依据，定额中已考虑和未考虑的因素，使用中应注意的事项和有关问题的规定等。

2. 分部说明

建筑工程消耗量定额将建筑工程按其性质不同、部位不同、工种不同和材料不同等因素，划分为以下几个分部工程：土（石）方工程；桩与地基基础工程；砌筑工程；混凝土与钢筋混凝土工程；厂库房大门、木结构工程；屋面及防水工程；防腐、保温、隔热工程。

装饰工程按其性质不同、部位不同、工种不同和材料不同等因素，划分为以下几个分部工程：楼地面工程、墙和柱面工程、顶棚工程、门窗工程、油漆涂料和裱糊工程、其他工程。

分部（章）以下按工程性质、工作内容及施工方法、使用材料不同等，分成若干分节。如装饰工程中，墙、柱面工程分为：装饰抹灰、镶贴块料面层、墙柱面装饰、幕墙等四个分节。在节以下再按材料类别、规格等不同分成若干个子目。如墙柱面装饰抹灰分为水刷石、干粘石、斩假石等项目，水刷石项目又分列墙面、柱面、零星项目等子项。

分部说明主要说明本分部所包括的主要分项工程，以及使用定额的一些基本原则，同时在该分部中说明各分项工程的工程量计算规则。

3. 定额项目表

定额项目表是以各类定额中各分部工程归类，又以若干不同的分项工程排列的项目表。它是定额的核心内容，其表达形式见表2-9、表2-10。

4. 附录

附录属于使用定额的参考资料，通常列在定额的最后，一般包括工程材料损耗率表、砂浆配合比表等，可作为定额换算和编制补充定额的基本依据。

（二）建筑工程消耗量定额的应用

建筑工程消耗量定额的应用，包括直接套用、换算和补充三种形式。

1. 定额的直接套用

当施工图纸设计工程项目的内容与所选套用的相应定额项目内容一致时,则可直接套用定额。在确定分项工程人工、材料、机械台班的消耗量时,绝大部分属于这种情况。直接套用定额项目的方法步骤如下:

(1) 根据施工图纸设计的工程项目内容,从定额目录中查出该项目所在定额中的部位。选定相应的定额项目与定额编号。

(2) 施工图纸设计的工程项目与定额规定的内容一致时,可直接套用定额。在套用定额前,必须注意核实分项工程的名称、规格、计量单位,与定额规定的名称、规格、计量单位是否一致。

(3) 将定额编号和定额工料消耗量分别填入工料计算表内。

(4) 确定工程项目所需人工、材料、机械台班的消耗量。其计算公式如下:

$$\text{分项工程工料消耗量} = \text{分项工程量} \times \text{定额工料消耗指标} \tag{2-46}$$

砌 砖 表 2-9

工作内容:砖基础:调运砂浆、铺砂浆、运砖、清理基槽坑、砌砖等。砖墙:调运、铺砂浆、运砖;砌砖包括窗台虎头砖、腰线、门窗套;安放木砖、铁件等。

计量单位: 10m³

	定额编号		3-1	3-2	3-3	3-4	3-5	3-6
	项 目		砖基础	单面清水砖墙				
				1/2 砖	3/4 砖	1 砖	1.5 砖	2 砖及 2 砖以上
	名 称	单位	数 量					
人工	综合工日	工日	12.180	21.970	21.630	18.870	17.830	17.140
材料	混合砂浆 M2.5	m³	—	—	—	2.250	2.400	2.450
	水泥砂浆 M10	m³	—	1.950	2.130	—	—	—
	水泥砂浆 M5	m³	2.360	—	—	—	—	—
	普通黏土砖	千块	5.236	5.641	5.510	5.400	5.350	5.310
	水	m³	1.050	1.130	1.100	1.060	1.070	1.060
机械	灰浆搅拌机 200L	台班	0.390	0.330	0.350	0.380	0.400	0.410

注:本表录自 2004《辽宁省建筑工程消耗量定额》。

水 刷 石 表 2-10

工作内容:1. 清理、修补、湿润墙面、堵墙眼、调运砂浆、清扫落地灰。
2. 分层抹灰、刷浆、找平、起线拍平、压实、刷面(包括门窗侧壁抹灰)。

计量单位: m²

	定额编号		2-78	2-79	2-80	2-81
	项 目		水刷白石子			
			砖、混凝土墙面 12+10 (mm)	毛石墙面 20+10 (mm)	柱 面	零星项目
	名 称	单位	数 量			
人工	综合工日	工日	0.367	0.382	0.490	0.905
材料	水泥砂浆 1:3	m³	0.0139	0.0232	0.0133	0.0283
	白水泥白石子浆 1:1.5	m³	0.0116	0.0116	0.0112	0.0112
	108 胶素水泥浆	m³	0.0010	0.0010	0.0010	0.0010
	水	m³	0.0283	0.0300	0.0283	0.0283
机械	灰浆搅拌机 200L	台班	0.0042	0.0058	0.0041	0.0041

注:本表摘自 2004 年《辽宁省装饰装修工程消耗量定额》。

【例 2-15】 某工程 M10 水泥砂浆砌筑 3/4 砖单面清水砖墙，工程量为 126.60m³，试求该分项工程人工、材料、机械需用量。

【解】 根据 2004《辽宁省建筑工程消耗量定额》：

(1) 从定额目录中，查得 3/4 砖单面清水砖墙工程的定额项目在 2004《辽宁省建筑工程消耗量定额》的第三章第一节，其部位为该章的第 3 子项目。

(2) 通过分析可知，3/4 砖单面清水砖墙分项工程内容与定额规定的内容完全相符，即可直接套用定额项目。

(3) 从定额项目表中查得该项目定额编号为"3 – 3"，每 10m³ 砖基础消耗指标如下：综合人工为 21.630 工日、M10 水泥砂浆 2.130m³、普通黏土砖 5.510 千块、水 1.100m³、灰浆搅拌机（200L）0.350 台班。

(4) 确定该工程砖基础分项人工、材料、机械台班的消耗量。

综合人工　　　　　　21.630 × 12.66 = 273.836 工日
M10 水泥砂浆　　　　2.130 × 12.66 = 26.966m³
水　　　　　　　　　1.100 × 12.66 = 13.926m³
灰浆搅拌机（200L）　0.350 × 12.66 = 4.431 台班

【例 2-16】 某工程楼地面铺贴 500mm × 500mm（单色）天然大理石板 210.50m²，试确定该项目的人工、材料、机械台班的消耗量。

【解】 根据 2004《辽宁省装饰装修工程消耗量定额》：

(1) 从定额目录中，查出天然大理石楼地面的定额项目在定额的第一章第四节，其部位为该章的第 58 子项目。

(2) 通过分析可知，大理石楼地面分项工程内容与定额规定的内容完全相符，即可直接套用定额项目。

(3) 从定额项目表中查得该项目定额编号为"1 – 58"，每平方米大理石楼地面消耗指标如下：综合人工为 0.249 工日、大理石板 1.0200m²、棉纱头 0.0100kg、锯木屑 0.0060m³、白水泥 0.1030kg、1:3 水泥砂浆 0.0303m³、素水泥浆 0.0010m³、石料切割锯片 0.0035 片、水 0.0260m³、灰浆搅拌机（200L）0.0052 台班。

(4) 确定该工程大理石楼地面人工、材料、机械台班的消耗量，利用公式（2-45）计算。

综合人工　　　　　　　　　　　　0.249 × 210.50 = 52.415 工日
大理石板 500mm × 500mm（单色）　1.0200 × 210.50 = 214.710m²
棉纱头　　　　　　　　　　　　　0.01 × 210.50 = 2.105kg
锯木屑　　　　　　　　　　　　　0.006 × 210.50 = 1.263m³
水泥砂浆（1:3）　　　　　　　　 0.0303 × 210.50 = 6.378m³
白水泥　　　　　　　　　　　　　0.103 × 210.50 = 21.682kg
素水泥浆　　　　　　　　　　　　0.001 × 210.50 = 0.211m³
石料切割锯片　　　　　　　　　　0.0035 × 210.50 = 0.737 片
水　　　　　　　　　　　　　　　0.026 × 210.50 = 5.473m³
灰浆搅拌机（200L）　　　　　　　0.0052 × 210.50 = 1.095 台班

2. 定额的换算

当施工图设计的工程项目内容，与选套的相应定额项目规定的内容不一致，如果定额规定有换算时，则应在定额规定的范围内进行换算。对换算后的定额项目，应在其定额编号后注明"换"字，以示区别，如2-5换。

消耗量定额项目换算的基本原理：消耗量定额项目的换算主要是调整分项工程人工、材料、机械的消耗指标。但由于"三量"是计算工程单价的基础，因此，从确定工程造价的角度来看，定额换算的实质，就是对某些工程项目预算定额"三量"的消耗进行调整。

定额换算的基本思路是：根据设计图纸所示建筑、装饰分项工程的实际内容，选定某一相关定额子目，按定额规定换入应增加的人工、材料和机械，减去应扣除的人工、材料和机械。这一思路可以用下式表述：

换算后工料消耗量 = 分项定额工料消耗量 + 换入的工料消耗量 − 换出的工料消耗量
(2-47)

定额换算的几种情形：建筑、装饰工程预算定额的总说明、分章说明及附注内容中，对定额换算的范围和方法都有具体的规定，这些规定是进行定额换算的基本依据。例如，2004年《辽宁省建筑工程消耗量定额》、《辽宁省建筑装饰装修工程消耗量定额》有关说明的规定：当工程设计中所采用的材料、半成品、成品的品种、规定型号与定额不符时，可按各章规定调整。

下面仅以2004年《辽宁省建筑工程消耗量定额》，《辽宁省建筑装饰装修工程消耗量定额》为例，说明建筑、装饰工程预算中常见定额的换算方法。

(1) 材料配合比不同的换算

配合比材料，包括混凝土、砂浆、保温隔热材料等，由于混凝土、装饰砂浆配合比的不同，而引起相应消耗量的变化时，定额规定必须进行换算。其换算的计算公式为：

换算后材料消耗量 = 分项定额材料消耗量 + 配合比材料定额用量
× (换入配合比材料原材单位用量   (2-48)
− 换出配合比材料原材单位用量)

【例2-17】 某工程M10水泥砂浆砌筑砖基础，试求该分项工程人工、材料、机械需用量。

【解】 根据设计说明的工程内容，只是所采用砌筑砂浆的强度等级不同，则只需调整水泥用量，查《辽宁省建筑工程消耗量定额》及"砌筑砂浆配合比表"得：

确定换算定额编号为："3-1换"

原定额水泥消耗量为：495.6kg

每 $1m^3$ 的M5水泥砌筑砂浆中水泥的含量为：$210kg/m^3$

每 $1m^3$ 的M10水泥砌筑砂浆中水泥的含量为：$331kg/m^3$

应用公式2-47换算定额水泥消耗量：

定额水泥消耗量 = 495.6 + 2.36 × (331 − 210) = $781.16kg/m^3$

其余工料消耗量同原定额消耗量。

(2) 抹灰厚度不同的换算

对于抹灰砂浆的厚度，如设计与定额取定不同时，定额规定可以换算抹灰砂浆的用量，其他不变。其换算公式为：

$$\text{分项定额换算消耗量} = \text{分项定额消耗量} \times \frac{\text{设计厚度}}{\text{定额厚度}} \quad (2-49)$$

【例 2-18】 某工程外墙水刷石，1:1.5 水泥白石子浆水刷石面层厚度为 15mm，工程量为：210.0m²，试求该分项工程工、料、机需用量。

【解】 ①根据 2004《辽宁省装饰装修工程消耗量定额》：查定额项目表，装饰工程预算定额取定水刷白石子面层厚度为 12mm。

②分析：根据 2004《辽宁省装饰装修工程消耗量定额》的有关规定，"厚度不同可以按比例换算材料，其他内容不变"。工程墙面装饰设计采用 1:1.5 水泥白石子浆面层厚度 15mm，与分项定额中面层厚度不相同，则分项工程的砂浆用量不相同。

③分项定额工、料、机消耗量。定额计量单位"m²"

1) 综合人工　　　　　　　　　0.367 工日
2) 水泥砂浆（1:3）　　　　　　0.0139m³
3) 水泥白石子浆（1:1.5）　　　0.0116m³
4) 水　　　　　　　　　　　　0.0283m³
5) 灰浆搅拌机（200L）　　　　 0.0042 台班

④换算后的工程分项工、料、机消耗量，利用公式（2-48）计算。

1) 综合人工　　　　　　　　　0.367 ×（15 ÷ 12）× 210 = 96.338 工日
2) 1:3 水泥砂浆　　　　　　　 0.0139 ×（15 ÷ 12）× 210 = 3.649m³
3) 1:1.25 水泥白石子浆　　　　0.0116 ×（15 ÷ 12）× 210 = 3.045m³
4) 水　　　　　　　　　　　　0.0283 ×（15 ÷ 12）× 210 = 7.429m³
5) 灰浆搅拌机（200L）　　　　 0.0042 ×（15 ÷ 12）× 210 = 1.103 台班

（3）门窗断面积的换算

门窗断面积的换算方法是按断面比例调整材料用量。

《辽宁省装饰装修工程消耗量定额》门窗工程说明规定：当设计断面与定额取定断面不同时，应按比例进行换算。框料以边框断面为准，扇料以立挺断面为准。其计算公式为：

$$\text{分项定额换算消耗量} = \text{分项定额消耗量} \times (\text{设计断面积} \div \text{定额断面积}) \quad (2-50)$$

【例 2-19】 某工程单层镶板门框料净断面为 60mm × 100mm，其工程量为 246.8m²。试求该分项工程一等木方需用量。

【解】 ①分析：根据设计说明的工程内容，所采用木门框料规格不同，则需调整木材用量，按定额说明规定换算。定额中所注明的断面均以毛料为准，如设计图纸注明的断面为净料时，应增加刨光损耗，板、方料一面刨光增加 3mm，两面刨光增加 5mm。

②查《辽宁省装饰装修工程消耗量定额》及定额项目表得：换算定额编号为 4-17 换；定额计量单位：100m²；定额中木框料断面（无纱镶板门框）为 60mm × 100mm。

定额一等木方耗量为：0.065 + 1.972 = 2.037m³

③计算换算定额一等木方耗量。根据已知条件，套用式 2-49 有：

定额一等枋材耗量 2.037 × [（105 × 63）÷（100 × 60）] = 2.246m³（注：设计断面积已增加刨光损耗）

④计算换算后的分项一等木方耗量。

分项一等木方需用量 $= 2.468 \times 2.246 = 5.543 m^3$。

(4) 利用系数换算

利用系数换算是根据定额规定的系数，对定额项目中的人工、材料、机械等进行调整的一种方法。此类换算比较多见，方法也较简单，但在使用时应注意以下几个问题：

1) 要按照定额规定的系数进行换算。

2) 要注意正确区分定额换算系数和工程量换算系数。前者是换算定额分项中的人工、材料、机械的指标量，后者是换算工程量，二者不得混用。

3) 正确确定项目换算的被调内容和计算基数。

其计算公式为：

$$\text{分项定额换算消耗量} = \text{分项定额消耗量} \times \text{调整系数} \quad (2-51)$$

【例 2-20】 某工程圆弧形外墙水刷豆石工程量为 $105.80 m^2$。试计算该分项工程人工、材料、机械需用量。

【解】 《辽宁省装饰装修工程消耗量定额》中分项说明规定：圆弧形、锯齿形等不规则墙面抹灰、镶贴块料按相应项目人工乘以系数 1.15，材料乘以系数 1.05。

①根据 2004《辽宁省装饰装修工程消耗量定额》查定额项目表得：选定定额编号为 2-74，定额计量单位为 $100 m^2$。

②分析：工程墙面水刷豆石，装饰设计采用 1：1.25 水泥豆石子浆面层基面状态与分项定额中所考虑的情形不相同，则分项工程的工、料用量也不相同。

③分项定额工、料、机消耗量。

1) 综合人工　　　　　　　　　　0.3692 工日
2) 水泥砂浆 (1:3)　　　　　　　 $0.0139 m^3$
3) 水泥白石子浆 (1:1.25)　　　　$0.0140 m^3$
4) 107 胶素水泥浆　　　　　　　 $0.0010 m^3$
5) 水　　　　　　　　　　　　　$0.0288 m^3$
6) 灰浆搅拌机（出料容量 200L）　0.0047 台班

④换算后的工程分项人工、材料、机械消耗量。根据已知条件，套用式（2-50）有：

1) 综合人工：　　　　　　　　　$0.3692 \times 1.15 \times 105.80 = 44.92$ 工日
2) 1:3 水泥砂浆：　　　　　　　 $0.0139 \times 1.05 \times 105.80 = 1.544 m^3$
3) 1:1.25 水泥白石子浆：　　　　$0.014 \times 1.05 \times 105.80 = 1.555 m^3$
4) 108 胶素水泥浆　　　　　　　 $0.0010 \times 1.05 \times 105.80 = 0.111 m^3$
5) 水　　　　　　　　　　　　　$0.0288 \times 1.05 \times 105.80 = 3.199 m^3$
6) 灰浆搅拌机（出料容量 200L） $0.0047 \times 1.05 \times 105.80 = 0.522 m^3$

(5) 其他换算

其他换算法包括直接增加工料法和实际材料用量换算法等。

1) 直接增加工料法：必须根据定额的规定具体增加有关内容的消耗量。

2) 实际材料用量换算法：主要是由于施工图纸设计采用材料的品种、规格与选套定额项目取定的材料品种、规格不同所致。换算的基本思路是：材料的实际耗用量按设计图纸计算。

【例 2-21】 某工程制作安装铝合金地弹门 30 樘，该地弹门为双扇带上亮无侧亮，门洞尺寸（宽×高）为 1800mm×3000m，上亮高 600mm，框料规格为 101.6mm×44.5mm×2mm，按框外围尺寸（1750mm×2975m，a = 2400mm）计算型材实际耗用量为 1117.40kg（已含 6%的损耗）。试计算该工程工料消耗量。

【解】 （1）查消耗量定额知，铝合金型材（框料规格 101.6mm×44.5mm×1.5mm）定额用量为 609.08kg。

（2）计算定额单位铝合金型材实际用量。（定额规定铝合金型材可按实际用量计算，其余工料不变）

1）地弹门工程量：$1.8 \times 3 \times 30 = 162m^2$

2）每 $100m^2$ 洞口面积型材实际用量：$1117.40 \div 162 \times 100 = 689.75$kg

（3）其他工料消耗量。除铝合金型材以外的其他工料未变，其消耗量直接利用定额消耗量。

【例 2-22】 某圆形烟囱工程，砖基础工程量为 23.4 m^3，试求该分项工程的工料耗量。

【解】 根据 2004《辽宁省建筑工程消耗量定额》：

（1）从定额目录中，查得砖基础工程的定额项目在 2004《辽宁省建筑工程消耗量定额》的第三章第一节，其部位为该章的第 1 子项目。

（2）通过分析可知，砖基础为圆形烟囱基础：按本章定额说明规定圆形烟囱基础按砖基础定额执行，人工乘系数 1.2。

（3）从定额项目表中查得该项目定额编号为 3-1，每 $10 m^3$ 砖基础消耗指标如下：综合人工为 12.180 工日、M5 水泥砂浆 $2.360m^3$、普通黏土砖 5.326 千块、水 $1.050m^3$、灰浆搅拌机（200L）0.390 台班。

（4）确定该工程砖基础分项人工、材料、机械台班的消耗量。

综合人工　　　　　　　　　　$12.180 \times 1.2 \times 2.34 = 34.201$ 工日
M5 水泥砂浆　　　　　　　　　$2.360 \times 2.34 = 5.522m^3$
标准砖　　　　　　　　　　　$5.326 \times 2.34 = 12.463$ 千块
水　　　　　　　　　　　　　$1.050 \times 2.34 = 2.457m^3$
灰浆搅拌机（200L）　　　　　$0.390 \times 2.34 = 0.913$ 台班

本例中按规定只换算了人工（人工乘系数 1.2，即增加 20%），其余工料均直接按定额计算消耗量。

3. 定额补充

施工图纸中的某些工程项目，由于采用了新结构、新材料和新工艺等原因，没有类似定额项目可供套用，就必须编制补充定额项目。

编制补充工程计价定额的方法通常有两种：一种是按照本节所述消耗量定额的编制方法，计算人工、材料和机械台班消耗量指标；另一种是参照同类工序、同类型产品消耗量定额的人工、机械台班指标，而材料消耗量，则按施工图纸进行计算或实际测定。

思 考 题

1. 什么是建筑工程定额？它有哪些特点？
2. 建筑工程定额如何分类？

3. 什么是劳动定额？有几种表现形式？
4. 什么是材料消耗定额？它有哪些制定方法？
5. 什么是机械台班使用定额？有几种表现形式？
6. 试用理论计算法计算 10m³ 一砖半墙所需标准砖和砂浆的净用量（灰缝 10mm）。
7. 什么是预算定额？它有哪些作用？
8. 什么是人工单价？人工单价由哪些内容组成？
9. 什么是材料预算价格？材料预算价格由哪些内容组成？
10. 机械台班的预算价格是如何确定的？机械台班使用费由哪两类费用组成？
11. 什么是建筑工程消耗量定额？建筑工程消耗量定额由哪些内容组成？
12. 试说明消耗量定额换算的一般形式与方法。

第三章 建筑安装工程费用

【本章学习提要】 本章主要学习建筑安装工程费用定额的有关内容。建筑安装工程费用组成包括直接费、间接费、利润和税金四个部分，其中直接费由直接工程费和措施费组成，直接工程费指施工过程中耗费的构成工程实体的各项费用，包括人工费、材料费、施工机械使用费；措施费由施工技术措施费和施工组织措施费组成；间接费由规费和企业管理费组成。

学习建筑安装工程各项费用的基本计算方法；学习建筑安装工程费用的基本计算程序；并结合本地区性的费用定额能正确计算各项费用，确定工程造价。

第一节 建筑安装工程费用组成及内容

在工程建设中，建筑安装工程概（预）算所确定的单项工程或单位工程的投资额就是建筑安装工程费用。它包括直接消耗在工程实体上的人力、物力和财力，也包括消耗在施工组织管理中的人力、物力和财力，还包括建筑企业向国家交纳的税金和税后留存的利润。

根据国家建设部、财政部建标〔2003〕206号文关于印发《建筑安装工程费用项目组成》的通知的规定，建筑安装工程费由直接费、间接费、利润和税金组成。见图3-1。

一、直接费
由直接工程费和措施费组成。

（一）直接工程费

直接工程费是指施工过程中耗费的构成工程实体的各项费用，包括人工费、材料费、施工机械使用费。

1. 人工费

是指直接从事建筑安装工程施工的生产工人开支的各项费用，内容包括：

(1) 基本工资：是指发放给生产工人的基本工资。

(2) 工资性补贴：是指按规定标准发放的物价补贴，煤、燃气补贴，交通补贴，住房补贴，流动施工津贴等。

(3) 生产工人辅助工资：是指生产工人年有效施工天数以外非作业天数的工资，包括职工学习、培训期间的工资，调动工作、探亲、休假期间的工资，因气候影响的停工工资，女工哺乳时间的工资，病假在六个月以内的工资及产、婚、丧假期的工资。

(4) 职工福利费：是指按规定标准计提的职工福利费。

(5) 生产工人劳动保护费：是指按规定标准发放的劳动保护用品的购置费及修理费，徒工服装补贴，防暑降温费，在有碍身体健康环境中施工的保健费用等。

2. 材料费

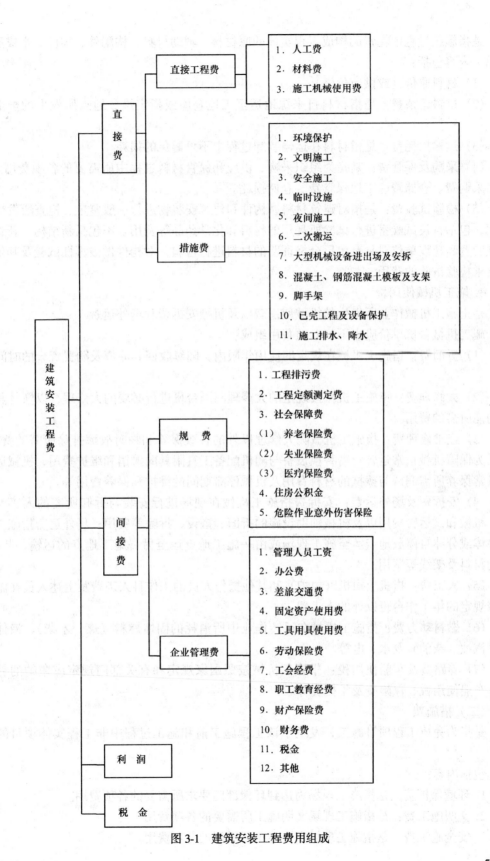

图 3-1 建筑安装工程费用组成

是指施工过程中耗费的构成工程实体的原材料、辅助材料、构配件、零件、半成品的费用。内容包括：

(1) 材料原价（或供应价格）。

(2) 材料运杂费：是指材料自来源地运至工地仓库或指定堆放地点所发生的全部费用。

(3) 运输损耗费：是指材料在运输装卸过程中不可避免的损耗。

(4) 采购及保管费：是指为组织采购、供应和保管材料过程中所需要的各项费用。包括：采购费、仓储费、工地保管费、仓储损耗。

(5) 检验试验费：是指对建筑材料、构件和建筑安装物进行一般鉴定、检查所发生的费用，包括自设试验室进行试验所耗用的材料和化学药品等费用。不包括新结构、新材料的试验费和建设单位对具有出厂合格证明的材料进行检验，对构件做破坏性试验及其他特殊要求检验试验的费用。

3. 施工机械使用费

是指施工机械作业所发生的机械使用费以及机械安拆费和场外运费。

施工机械台班单价应由下列七项费用组成：

(1) 折旧费：指施工机械在规定的使用年限内，陆续收回其原值及购置资金的时间价值。

(2) 大修理费：指施工机械按规定的大修理间隔台班进行必要的大修理，以恢复其正常功能所需的费用。

(3) 经常修理费：指施工机械除大修理以外的各级保养和临时故障排除所需的费用。包括为保障机械正常运转所需替换设备与随机配备工具附具的摊销和维护费用，机械运转中日常保养所需润滑与擦拭的材料费用及机械停滞期间的维护和保养费用等。

(4) 安拆费及场外运费：安拆费指施工机械在现场进行安装与拆卸所需的人工、材料、机械和试运转费用以及机械辅助设施的折旧、搭设、拆除等费用；场外运费指施工机械整体或分体自停放地点运至施工现场或由一施工地点运至另一施工地点的运输、装卸、辅助材料及架线等费用。

(5) 人工费：指机上司机（司炉）和其他操作人员的工作日人工费及上述人员在施工机械规定的年工作台班以外的人工费。

(6) 燃料动力费：指施工机械在运转作业中所消耗的固体燃料（煤、木柴）、液体燃料（汽油、柴油）及水、电等。

(7) 养路费及车船使用税：指施工机械按照国家规定和有关部门规定应缴纳的养路费、车船使用税、保险费及年检费等。

(二) 措施费

是指为完成工程项目施工，发生于该工程施工前和施工过程中非工程实体项目的费用。

包括内容：

1. 环境保护费：是指施工现场为达到环保部门要求所需要的各项费用。

2. 文明施工费：是指施工现场文明施工所需要的各项费用。

3. 安全施工费：是指施工现场安全施工所需要的各项费用。

4. 临时设施费：是指施工企业为进行建筑工程施工所必须搭设的生活和生产用的临时建筑物、构筑物和其他临时设施费用等。

临时设施包括：临时宿舍、文化福利及公用事业房屋与构筑物，仓库、办公室、加工厂以及规定范围内的道路、水、电、管线等临时设施和小型临时设施。

临时设施费用包括：临时设施的搭设、维修、拆除费或摊销费。

5. 夜间施工费：是指因夜间施工所发生的夜班补助费、夜间施工降效、夜间施工照明设备摊销及照明用电等费用。

6. 二次搬运费：是指因施工场地狭小等特殊情况而发生的二次搬运费用。

7. 大型机械设备进出场及安拆费：是指机械整体或分体自停放场地运至施工现场或由一个施工地点运至另一个施工地点，所发生的机械进出场运输及转移费用及机械在施工现场进行安装、拆卸所需的人工费、材料费、机械费、试运转费和安装所需的辅助设施的费用。

8. 混凝土、钢筋混凝土模板及支架费：是指混凝土施工过程中需要的各种钢模板、木模板、支架等的支、拆、运输费用及模板、支架的摊销（或租赁）费用。

9. 脚手架费：是指施工需要的各种脚手架搭、拆、运输费用及脚手架的摊销（或租赁）费用。

10. 已完工程及设备保护费：是指竣工验收前，对已完工程及设备进行保护所需费用。

11. 施工排水、降水费：是指为确保工程在正常条件下施工，采取各种排水、降水措施所发生的各种费用。

二、间接费

间接费由规费、企业管理费组成。

（一）规费

规费是指政府和有关权力部门规定必须缴纳的费用（简称规费）。包括：

1. 工程排污费：是指施工现场按规定缴纳的工程排污费。

2. 工程定额测定费：是指按规定支付工程造价（定额）管理部门的定额测定费。

3. 社会保障费

（1）养老保险费：是指企业按规定标准为职工缴纳的基本养老保险费。

（2）失业保险费：是指企业按照国家规定标准为职工缴纳的失业保险费。

（3）医疗保险费：是指企业按照规定标准为职工缴纳的基本医疗保险费。

4. 住房公积金：是指企业按规定标准为职工缴纳的住房公积金。

5. 危险作业意外伤害保险：是指按照建筑法规定，企业为从事危险作业的建筑安装施工人员支付的意外伤害保险费。

（二）企业管理费

企业管理费是指建筑安装企业组织施工生产和经营管理所需费用。内容包括：

1. 管理人员工资：是指管理人员的基本工资、工资性补贴、职工福利费、劳动保护费。

2. 办公费：是指企业管理办公用的文具、纸张、账表、印刷、邮电、书报、会议、水电、烧水和集体取暖（包括现场临时宿舍取暖）用煤等费用。

3．差旅交通费：是指职工因公出差、调动工作的差旅费、住勤补助费，市内交通费和误餐补助费，职工探亲路费，劳动力招募费，职工离退休、退职一次性路费，工伤人员就医路费，工地转移费以及管理部门使用的交通工具的油料、燃料、养路费及牌照费。

4．固定资产使用费：是指管理和试验部门及附属生产单位使用的属于固定资产的房屋、设备仪器等的折旧、大修、维修或租赁费。

5．工具用具使用费：是指管理使用的不属于固定资产的生产工具、器具、家具、交通工具和检验、试验、测绘、消防用具等的购置、维修和摊销费。

6．劳动保险费：是指由企业支付离退休职工的易地安家补助费、职工退职金、六个月以上的病假人员工资、职工死亡丧葬补助费、抚恤费、按规定支付给离休干部的各项经费。

7．工会经费：是指企业按职工工资总额计提的工会经费。

8．职工教育经费：是指企业为职工学习先进技术和提高文化水平，按职工工资总额计提的费用。

9．财产保险费：是指施工管理用财产、车辆保险。

10．财务费：是指企业为筹集资金而发生的各种费用。

11．税金：是指企业按规定缴纳的房产税、车船使用税、土地使用税、印花税等。

12．其他：包括技术转让费、技术开发费、业务招待费、绿化费、广告费、公证费、法律顾问费、审计费、咨询费等。

三、利润

利润是指施工企业完成所承包工程获得的盈利。

四、税金

是指国家税法规定的应计入建筑安装工程造价内的营业税、城市维护建设税及教育费附加等。

第二节 建筑安装工程费用的计算方法

建筑安装工程费用计算方法一般是由各省、市、自治区主管部门，根据国家有关文件的规定，并结合本地区实际情况自行制定的。它是该地区建筑安装工程造价计算的直接依据。根据国家建设部、财政部建标〔2003〕206号文关于建筑安装工程费用参考计算办法中规定，建筑安装工程的直接费、间接费、利润和税金计算方法如下：

一、直接费

$$直接费 = 直接工程费 + 措施费$$

（一）直接工程费

$$直接工程费 = 人工费 + 材料费 + 施工机械使用费 \tag{3-1}$$

1．人工费

$$人工费 = \Sigma（工日消耗量 \times 日工资单价） \tag{3-2}$$

$$日工资单价 = 基本工资 + 工资性补贴 + 生产工人辅助工资$$
$$+ 职工福利费 + 生产工人劳动保护费 \tag{3-3}$$

各地方执行的日工资标准由各省、市造价管理部门定期公布，例如湖北省2003年公布的日工资标准如表 3-1。

湖北省 2003 年日工资标准　　　　　　　　　　　　　　　　　　　　表 3-1

单位：元/工日

工程性质	建筑、市政、房屋维修及其他工程	安装工程	包工不包料、绿化工程、计时工
人工费	30.0	31.0	30.0

2．材料费

$$\text{材料费} = \Sigma(\text{材料消耗量} \times \text{材料基价}) + \text{检验试验费} \tag{3-4}$$

（1）材料基价

$$\text{材料基价} = [(\text{供应价格} + \text{运杂费}) \times (1 + \text{运输损耗率}(\%))] \times (1 + \text{采购保管费率}(\%))$$

$$\tag{3-5}$$

（2）检验试验费

$$\text{检验试验费} = \Sigma(\text{单位材料量检验试验费} \times \text{材料消耗量}) \tag{3-6}$$

3．施工机械使用费

$$\text{施工机械使用费} = \Sigma(\text{各施工机械台班消耗量} \times \text{各机械台班单价}) \tag{3-7}$$

机械台班单价

$$\text{台班单价} = \text{台班折旧费} + \text{台班大修费} + \text{台班经常修理费} + \text{台班安拆费及场外运费}$$
$$+ \text{台班人工费} + \text{台班燃料动力费} + \text{台班养路费及车船使用税}$$

$$\tag{3-8}$$

（二）措施费

通用措施费项目如环境保护、文明施工、安全施工等的计算方法，可按直接工程费的一定比例计取，各专业工程的专用措施费项目的计算方法由各地区或国务院有关专业主管部门的工程造价管理机构自行制定。

1．环境保护

$$\text{环境保护费} = \text{直接工程费} \times \text{环境保护费费率}（\%） \tag{3-9}$$

$$\text{环境保护费费率}(\%) = \frac{\text{本项费用年度平均支出}}{\text{全年建安产值} \times \text{直接工程费占总造价比例}(\%)} \tag{3-10}$$

2．文明施工

$$\text{文明施工费} = \text{直接工程费} \times \text{文明施工费费率}（\%） \tag{3-11}$$

$$\text{文明施工费费率}(\%) = \frac{\text{本项费用年度平均支出}}{\text{全年建安产值} \times \text{直接工程费占总造价比例}(\%)} \tag{3-12}$$

3．安全施工

$$\text{安全施工费} = \text{直接工程费} \times \text{安全施工费费率}（\%） \tag{3-13}$$

$$\text{安全施工费费率}(\%) = \frac{\text{本项费用年度平均支出}}{\text{全年建安产值} \times \text{直接工程费占总造价比例}(\%)} \tag{3-14}$$

4．临时设施费

临时设施费由以下三部分组成：①周转使用临建（如，活动房屋）；②一次性使用临建（如，简易建筑）；③其他临时设施（如，临时管线）。

临时设施费计算公式为：

$$\text{临时设施费} = (\text{周转使用临建费} + \text{一次性使用临建费})$$

$$\times [1 + 其他临时设施所占比例(\%)] \tag{3-15}$$

式中 ①周转使用临建费按下列公式计算:

$$周转使用临建费 = \Sigma \left[\frac{临建面积 \times 每平方米造价}{使用年限 \times 365 \times 利用率(\%)} \times 工期(天) \right] + 一次性拆除费$$
$$\tag{3-16}$$

②一次性使用临建费按下列公式计算:

$$一次性使用临建费 = \Sigma 临建面积 \times 每平方米造价 \times [1 - 残值率(\%)] + 一次性拆除费$$
$$\tag{3-17}$$

③其他临时设施在临时设施费中所占比例,可由各地区造价管理部门依据典型施工企业的成本资料经分析后综合测定。

以下为湖北省临时设施费计算办法,见表 3-2。

临 时 设 施 费 表 3-2

单位:%

工程性质		建筑市政工程	炉窑砌筑工程	金属构件制作安装	塑钢门窗安装	大型土石方工程		安装工程
						机械	人工	
计费基础		直接工程费 + 施工技术措施项目直接工程费						人工费
工程类别	一类工程	1.5	1.2	1.0	0.4	1.5	4.0	12.0
	二类工程	1.0	0.6	0.6	0.2			8.0
	三类工程	0.5	—	0.3	0.1			4.0
	四类工程	0.3	—	0.3	0.1			—

5. 夜间施工增加费

$$夜间施工增加费 = \left(1 - \frac{合同工期}{定额工期}\right) \times \frac{直接工程费中的人工费合计}{平均日工资单价}$$
$$\times 每工日夜间施工费开支 \tag{3-18}$$

6. 二次搬运费

$$二次搬运费 = 直接工程费 \times 二次搬运费费率(\%) \tag{3-19}$$

$$二次搬运费费率(\%) = \frac{年平均二次搬运费开支额}{全年建安产值 \times 直接工程费占总造价的比例(\%)} \tag{3-20}$$

7. 大型机械进出场及安拆费

$$大型机械进出场及安拆费 = \frac{一次进出场及安拆费 \times 年平均安拆次数}{年工作台班} \tag{3-21}$$

8. 混凝土、钢筋混凝土模板及支架

(1) 模板及支架费 = 模板摊销量 × 模板价格 + 支、拆、运输费 (3-22)

摊销量 = 一次使用量 × (1 + 施工损耗) × [1 + (周转次数 - 1)
× 补损率/周转次数 - (1 - 补损率)50%/周转次数] (3-23)

(2) 租赁费 = 模板使用量 × 使用日期 × 租赁价格 + 支、拆、运输费 (3-24)

9. 脚手架搭拆费

(1) 脚手架搭拆费 = 脚手架摊销量 × 脚手架价格 + 搭、拆、运输费 (3-25)

$$\text{脚手架摊销量} = \frac{\text{单位一次使用量} \times (1 - \text{残值率})}{\text{耐用期} \div \text{一次使用期}} \tag{3-26}$$

(2) 租赁费 = 脚手架每日租金 × 搭设周期 + 搭、拆、运输费   (3-27)

10. 已完工程及设备保护费

$$\text{已完工程及设备保护费} = \text{成品保护所需机械费} + \text{材料费} + \text{人工费} \tag{3-28}$$

11. 施工排水、降水费

排水降水费 = Σ排水降水机械台班费 × 排水降水周期 + 排水降水使用材料费、人工费

  (3-29)

二、间接费

1. 间接费计算方法分类

间接费的计算方法按取费基数的不同分为以下三种：

(1) 以直接费为计算基础

$$\text{间接费} = \text{直接费合计} \times \text{间接费费率}(\%) \tag{3-30}$$

(2) 以人工费和机械费合计为计算基础

$$\text{间接费} = \text{人工费和机械费合计} \times \text{间接费费率}(\%) \tag{3-31}$$

(3) 以人工费为计算基础

$$\text{间接费} = \text{人工费合计} \times \text{间接费费率}(\%) \tag{3-32}$$

$$\text{间接费费率}(\%) = \text{规费费率}(\%) + \text{企业管理费费率}(\%) \tag{3-33}$$

2. 规费费率

(1) 根据本地区典型工程发承包价的分析资料综合取定规费计算中所需数据：

1) 每万元发承包价中人工费含量和机械费含量；
2) 人工费占直接费的比例；
3) 每万元发承包价中所含规费缴纳标准的各项基数。

(2) 规费费率的计算公式

1) 以直接费为计算基础

$$\text{规费费率}(\%) = \frac{\Sigma \text{规费缴纳标准} \times \text{每万元发承包价计算基数}}{\text{每万元发承包价中的人工费含量}} \\ \times \text{人工费占直接费的比例}(\%) \tag{3-34}$$

2) 以人工费和机械费合计为计算基础

$$\text{规费费率}(\%) = \frac{\Sigma \text{规费缴纳标准} \times \text{每万元发承包价计算基数}}{\text{每万元发承包价中的人工费含量和机械费含量}} \times 100\% \tag{3-35}$$

3) 以人工费为计算基础

$$\text{规费费率}(\%) = \frac{\Sigma \text{规费缴纳标准} \times \text{每万元发承包价计算基数}}{\text{每万元发承包价中的人工费含量}} \times 100\% \tag{3-36}$$

规费费率由各地建设行政主管部门自行制定交费标准，例如湖北省规费费率由表3-3取定。

规费费率计算表　　　　　表 3-3

单位：%

计算基础	直接费	人工费		计算基础	直接费	人工费
综合费率	6.0	25.0	其中	医疗保险费	1.80	6.0
养老保险统筹基金	3.50	16.0		定额测定费	0.15	0.6
待业保险基金	0.50	2.0		工程排污费	0.05	0.4

（第一列的"其中"跨三行）

3. 企业管理费费率

企业管理费费率计算公式

(1) 以直接费为计算基础

$$企业管理费费率(\%) = \frac{生产工人年平均管理费}{年有效施工天数 \times 人工单价} \times 人工费占直接费比例(\%) \tag{3-37}$$

(2) 以人工费和机械费合计为计算基础

$$企业管理费费率(\%) = \frac{生产工人年平均管理费}{年有效施工天数 \times (人工单价 + 每一工日机械使用费)} \times 100\% \tag{3-38}$$

(3) 以人工费为计算基础

$$企业管理费费率(\%) = \frac{生产工人年平均管理费}{年有效施工天数 \times 人工单价} \times 100\% \tag{3-39}$$

各地在确定企业管理费费率时候，一般根据编制对象的不同工程类别，制定了不同的企业管理费费率标准。

三、利润

利润是指施工企业完成所承包工程应获取的盈利。利润的计算方法按取费基数的不同分为以下三种：

1. 以直接成本为计算基础

$$利润 = （直接费 + 间接费） \times 利润率 \tag{3-40}$$

2. 以人工费和机械费合计为计算基础

$$利润 = （直接费中人工费合计 + 直接费中机械费合计） \times 利润率 \tag{3-41}$$

3. 以人工费为计算基础

$$利润 = 直接费中人工费合计 \times 利润率 \tag{3-42}$$

造价管理部门在制定利润率的取定标准与计算基数时，也是根据不同的工程类别制定不同的利润率标准和计算基数。如湖北省编制施工图预算计算利润时按表 3-4 执行。

利润率的取定标准　　　　　表 3-4

费率, % ＼ 计费基础 ＼ 工程类别	直接工程费（直接费）	人工费	费率, % ＼ 计费基础 ＼ 工程类别	直接工程费（直接费）	人工费
一类工程	7.0	30.0	三类工程	3.0	10.0
二类工程	5.0	20.0	四类工程	2.0	—

四、税金

建筑工程造价中含的税金有营业税、城市维护建设税及教育费附加等，营业税按工程

造价的3%计取,城市维护建设税按所交营业税的7%计取,教育费附加按所交营业税的3%计取。三种税金计算公式如下:

$$税金 = (税前造价 + 利润) \times 税率(\%) \tag{3-43}$$

其中税率的计算公式为:

1. 纳税地点在市区的企业

$$税率(\%) = \frac{1}{1 - 3\% - (3\% \times 7\%) - (3\% \times 3\%)} - 1 = 3.41\%$$

2. 纳税地点在县城、镇的企业

$$税率(\%) = \frac{1}{1 - 3\% - (3\% \times 5\%) - (3\% \times 3\%)} - 1 = 3.35\%$$

3. 纳税地点不在市区、县城、镇的企业

$$税率(\%) = \frac{1}{1 - 3\% - (3\% \times 1\%) - (3\% \times 3\%)} - 1 = 3.22\%$$

第三节 建筑安装工程计价程序

根据建设部第107号部令《建筑工程施工发包与承包计价管理办法》和国家建设部、财政部建标〔2003〕206号文的规定,编制施工图预算多数采用工料单价法。工料单价法是以分部分项工程量乘以单价后的合计为直接工程费,直接工程费以人工、材料、机械的消耗量及其相应价格确定。直接工程费汇总后另加间接费、利润、税金生成工程发承包价,其计算程序可分为以直接费为计算基础、以人工费和机械费为计算基础和以人工费为计算基础等三种计价程序。

一、以直接费为计算基础计价程序

以直接费为计算基础计价程序如表3-5所示。

建筑安装工程计价程序 　　　　　　　表3-5

序 号	费 用 项 目	计 算 方 法	备 注
1	直接工程费	按预算表	
2	措施费	按规定标准计算	
3	小 计	(1) + (2)	
4	间接费	(3) × 相应费率	
5	利 润	[(3) + (4)] × 相应利润率	
6	不含税造价	(3) + (4) + (5)	
7	含税造价	(6) × (1 + 相应税率)	

二、以人工费和机械费为计算基础的计价程序

以人工费和机械费为计算基础的计价程序如表3-6所示。

建筑安装工程计价程序　　　　　　　表 3-6

序 号	费用项目	计算方法	备 注
1	直接工程费	按预算表	
2	其中人工费和机械费	按预算表	
3	措施费	按规定标准计算	
4	其中人工费和机械费	按规定标准计算	
5	小计	(1) + (3)	
6	人工费和机械费小计	(2) + (4)	
7	间接费	(6) ×相应费率	
8	利润	(6) ×相应利润率	
9	不含税造价	(5) + (7) + (8)	
10	含税造价	(9) × (1+ 相应税率)	

三、以人工费为计算基础的计价程序

以人工费为计算基础的计价程序如表 3-7 所示。

建筑安装工程计价程序　　　　　　　表 3-7

序 号	费用项目	计算方法	备 注
1	直接工程费	按预算表	
2	直接工程费中人工费	按预算表	
3	措施费	按规定标准计算	
4	措施费中人工费	按规定标准计算	
5	小计	(1) + (3)	
6	人工费小计	(2) + (4)	
7	间接费	(6) ×相应费率	
8	利润	(6) ×相应利润率	
9	不含税造价	(5) + (7) + (8)	
10	含税造价	(9) × (1+ 相应税率)	

四、建筑安装工程计价程序示例

由于我国幅员辽阔，各地基本建设现状和经济发展水平不尽相同。因此，各省、市在制定建筑安装工程计价程序上也各有其地域上的特征。如湖北省将措施费分为技术措施费与组织措施费，技术措施费运用消耗量定额计算，而组织措施费则按一定的费率计取。表 3-8 是湖北省运用 2003 年消耗量定额编制施工图预算时建筑安装工程计价程序。

建筑安装工程计价程序示例表　　　　　　　表 3-8

序号	费用项目		计算方法	
			以直接工程费为计费基础的工程	以人工费为计费基础的工程
1		直接工程费	Σ(工程量 × 定额基价) + 构件增值税	Σ(工程量 × 定额基价)
2		其中：人工费	Σ(工日耗用量 × 人工单价)	Σ(工日耗用量 × 人工单价)
3		材料费	Σ(材料耗用量 × 人工价格)	Σ(材料耗用量 × 人工价格)
4		机械费	Σ(机械台班耗用量 × 机械台班单价)	Σ(机械台班耗用量 × 机械台班单价)
5	直	构件增值税	构件制作费 × 税率	—
6	接	施工技术措施费	Σ(工程量 × 定额基价)	Σ(工程量 × 定额基价)
7	费	其中：人工费	—	Σ(工日耗用量 × 人工单价)
8		施工组织措施费	[(1) + (6)] × 费率	Σ[(2) + (7)] × 费率
9		其中：人工费	—	(8) × 人工系数
10	价格调整	价 差	用量 × (市场价格 − 定额取定价格)	
11		人工费调整	按规定计算	
12		机械费调整	按规定计算	

续表

序号	费用项目	计算方法	
		以直接工程费为计费基础的工程	以人工费为计费基础的工程
13	间接费 施工管理费	[(1)+(6)+(8)]×费率	[(2)+(7)+(9)]×费率
14	规费	[(1)+(6)+(8)]×费率	[(2)+(5)+(9)]×费率
15	利润	[(1)+(6)+(8)+(10)+(11)+(12)]×利润率	[(2)+(7)+(9)]×费率/[(1)+(6)+(8)+(10)+(11)+(12)]×费率
16	不含税工程造价	(1)+(6)+(8)+(10)+(11)+(12)+(13)+(14)+(15)	(1)+(6)+(8)+(10)+(11)+(12)+(13)+(14)+(15)
17	税金	(16)×税率	(16)×税率
18	含税工程造价	(16)+(17)	(16)+(17)

【例3-1】 某住宅小区一幢住宅楼工程，六层框架结构，建筑面积3000m²，檐高为20.9m，根据湖北省建筑工程消耗量定额及统一基价表［2003］计算后得：土建工程直接工程费为1050000.00元，非施工现场预制构件制作的直接工程费为33600.00元，施工技术措施费为450000.00元，经计算材料价差为226000.00元，试计算该工程土建造价。（按湖北省费用定额计算）

【解】 根据以上工程资料确定构件增值税率为7.05%，施工组织措施费按三类工程取综合费率2%，施工管理费与利润根据工程类别分别计取4.0%和3.0%，规费按综合费率6.0%计算，计算工程总造价的结果如表3-9。

某住宅楼土建工程造价 表3-9

工程名称：某住宅楼

序号	费用项目	计算式	金额（元）
1	直接工程费		1050000.00
2	构件增值税	33600.00×7.05%	2368.80
3	施工技术措施费		450000.00
4	施工组织措施费	[(1)+(2)+(3)]×2.0%	30047.38
5	材料价差		226000.00
6	施工管理费	[(1)+(2)+(3)+(4)]×4.0%	61296.65
7	规费	[(1)+(2)+(3)+(4)]×6.0%	91944.97
8	利润	[(1)+(2)+(3)+(4)+(5)]×3.0%	52752.49
9	不含税工程造价	(1)+(2)+(3)+(4)+(5)+(6)+(7)+(8)	1964410.29
10	税金	(9)×3.41%	66986.39
11	含税工程造价	(9)+(10)	2031396.68

思 考 题

1. 本地区现行的建筑安装工程费用由哪几种基本费用组成?
2. 建筑安装工程措施费由哪几种费用组成?各费用具体包含的内容有哪些?如何计算?
3. 建筑工程与安装工程在计算费用时,计算方法是否相同?为什么?
4. 已知某住宅工程的建筑面积为 1000m^2,其土建工程直接工程费为 235000.00 元,其中混凝土预制构件制作的直接工程费为 40000.00 元,施工技术措施项目直接工程费为 100000.00 元。

试求:①土建工程造价。

②每 1m^2 土建工程造价。

第四章 建筑工程工程量的计算

【本章学习提要】 建筑工程工程量计算是编制施工图预算及定额计价的重要依据。在熟悉图纸的基础上，按照定额计价的计算规则进行工程量的计算。本章主要学习定额计价的工程量计算规则，主要包括三大部分：建筑面积计算规则、实体项目与措施项目计算规则。

建筑面积计算规则是根据《建筑工程建筑面积计算规范》（GB/T 50353—2005）编制，适用于新建、扩建、改建的工业与民用建筑工程的面积计算。

实体项目包括土石方工程；桩与地基基础工程；砌筑工程；混凝土及钢筋混凝土工程；厂库大门、特种门、木结构工程；金属结构工程；屋面及防水工程；防腐、保温、隔热工程；楼地面工程；墙柱面装饰工程；顶棚装饰工程；门窗工程；油漆、涂料、裱糊工程；其他工程。

措施项目包括施工技术措施和施工组织措施两部分。建筑工程施工技术措施项目有排水、降水工程；混凝土、钢筋混凝土模板及支撑工程；脚手架工程；垂直运输工程；常用大型机械安拆及场外运输费用。装饰装修工程施工技术措施项目有脚手架工程、垂直运输工程、成品保护工程。施工组织措施包括：冬雨季施工增加费，夜间施工增加费，生产工具用具使用费，检验试验费，工程定位复测、场地清理费，成品保护费，二次搬运费，临时停水停电费，土建工程施工与生产同时进行增加费，在有害身体健康的环境中施工降效增加费。

第一节 建筑面积的计算规则

本规则根据《建筑工程建筑面积计算规范》（GB/T 50353—2005）的要求，适用于新建、扩建、改建的工业与民用建筑工程的面积计算，如遇有下述未尽事宜，应符合国家现行的有关标准规范的规定。

一、计算建筑面积的规定

1. 单层建筑物的建筑面积，应按建筑物外墙勒脚以上结构外围水平面积计算。并应符合下列规定：

（1）单层建筑物高度在 2.20m 及以上者应计算全面积；高度不足 2.20m 者应计算 1/2 面积。

（2）利用坡屋顶内空间时，净高超过 2.10m 的部位应计算全面积；净高在 1.20~2.10m 的部位应计算 1/2 面积；净高不足 1.20m 的部位不计算面积。

单层建筑物高度是指室内地面标高至屋面板板面结构标高之间的垂直距离。遇有以屋面板找坡的平屋顶单层建筑物，其高度指室内地面标高至屋面板最低处板面结构标高之间的垂直距离。

2. 单层建筑物内设有局部楼层者（如图4-1），首层建筑面积已包括在单层建筑物内，二层及以上楼层，有围护结构的应按其围护结构外围水平面积计算，无围护结构的应按其结构底板水平面积计算。层高在2.20m及以上者应计算全面积；层高不足2.20m者应计算1/2面积。单层建筑物计算时，应按不同的高度确定其面积。

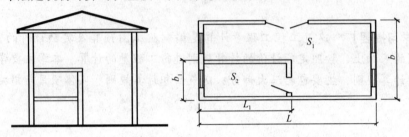

图4-1 单层建筑屋内设部分楼层

3. 多层建筑物建筑面积应按不同的层高分别计算（图4-2），其首层按其外墙勒脚以上结构外围水平面积计算，二层及以上楼层按其外墙结构外围水平面积计算。层高在2.20m及以上者应计算全面积；层高不足2.20m者应计算1/2面积。

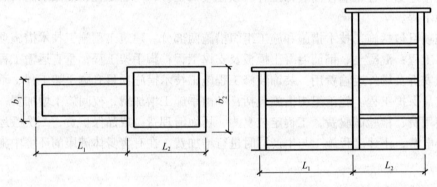

图4-2 多层建筑不同层高示意图

建筑物的层高是指上下两层楼面结构标高之间的垂直距离。建筑物最底层的层高，有基础底板的指基础底板上表面结构标高至上层楼面的结构标高之间的垂直距离；没有基础底板的指地面标高至上层楼面的结构标高之间的垂直距离。最上一层的层高是指楼面结构标高至屋面板板面结构标高之间的垂直距离，遇有以屋面板找坡的屋面，层高指结构标高至屋面板最低处板面结构标高之间的垂直距离。

4. 多层建筑坡屋顶内和场馆看台下，当设计加以利用时，净高超过2.10m的部位应计算全面积；净高在1.20m～2.10m的部位应计算1/2面积；当设计不利用或室内净高不足1.20m的部位不应计算面积。

5. 地下室、半地下室（车间、仓库、商店、车站、车库等），包括相应的有永久

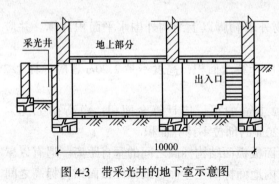

图4-3 带采光井的地下室示意图

性顶盖的出入口，应按其外墙上口（不包括采光井、防潮层及其保护墙）外边线所围成水平面积计算（图4-3）。层高在2.20m及以上者应计算全面积；层高不足2.20m者应计算1/2面积。

6. 坡地的建筑物吊脚架空层（图4-4）和深基础架空层，设计加以利用并有围护结构的，层高在2.20m及以上者应计算全面积；层高不足2.20m者应计算1/2面积。设计加以利用、无围护结构的建筑物吊脚架空层，应按其利用部位水平面积的1/2计算面积。设计不利用的坡地的建筑物吊脚架空层、深基础架空层、多层建筑物坡屋顶内、场馆看台下的空间不应计算面积。

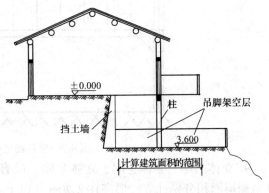

图4-4 坡地架空层示意图

7. 建筑物的门厅、大厅按一层建筑面积计算。门厅、大厅内设有回廊（图4-5、图4-6）时，应按其结构底板的水平面积计算。层高在2.20m及以上者应计算全面积；层高不足2.20m者应计算1/2面积。

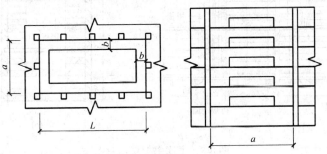

图4-5 六层大厅带回廊图

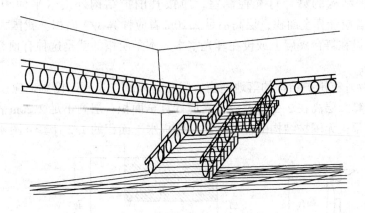

图4-6 回廊透视图

8. 建筑物间有围护结构的架空走廊，按其围护结构外围水平面积计算建筑面积。层高在2.20m及以上者应计算全面积；层高不足2.20m者应计算1/2面积。有永久性顶盖无围护结构的应按其结构底板水平面积的1/2计算（图4-7）。

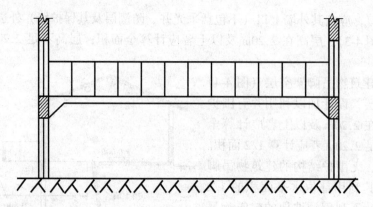

图 4-7 建筑物之间架空走廊图

9. 立体书库、立体仓库、立体车库,没有结构层的应按一层计算,有结构层的应按其结构层面积分别计算。层高在 2.20m 及以上者应计算全面积;层高不足 2.20m 者应计算 1/2 面积,如图 4-8 所示。

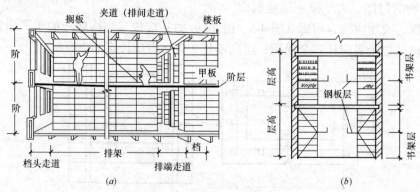

图 4-8 书库书架层示意图
（a）书库剖面图；（b）书架图层

10. 有围护结构的舞台灯光控制室,应按其围护结构外围水平面积计算。层高在 2.20m 及以上者应计算全面积;层高不足 2.20m 者应计算 1/2 面积。我国大部分剧院将舞台灯光控制室设在舞台夹层上或设在耳光室中,本条所指的就是这种有顶有墙的灯光控制室（如图 4-9）。

11. 建筑物外有围护结构的落地橱窗、门斗、挑廊、走廊、檐廊,应按其围护结构外围水平面积计算。层高在 2.20m 及以上者应计算全面积;层高不足 2.20m 者应计算 1/2 面积。有永久性顶盖无围护结构的应按其结构底板水平面积的 1/2 计算（图 4-10）。

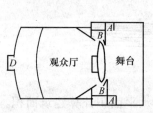

图 4-9 舞台灯光控制室示意图
A—内侧夹层；B—耳光室

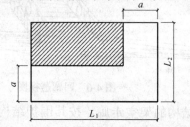

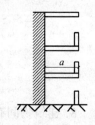

图 4-10 有盖走廊、檐廊示意图

12. 有永久性顶盖无围护结构的场馆看台应按其顶盖水平投影面积的 1/2 计算。

13. 建筑物顶部有围护结构的楼梯间、水箱间、电梯机房等，层高在 2.20m 及以上者应计算全面积；层高不足 2.20m 者应计算 1/2 面积（图 4-11）。

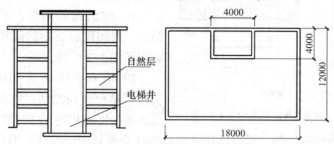

图 4-11 带电梯间的建筑示意图
水箱间建筑面积 $S = 4.0 \times 4.0 = 16m^2$

14. 设有围护结构不垂直于水平面而超出底板外沿的建筑物，应按其底板面的外围水平面积计算。层高在 2.20m 及以上者应计算全面积；层高不足 2.20m 者应计算 1/2 面积。

15. 建筑物内的室内楼梯间、电梯井、观光电梯井、提物井、管道井、通风排气竖井、垃圾道、附墙烟囱应按建筑物的自然层计算。

遇跃层建筑，其公用的室内楼梯应按自然层计算面积；上下两错层户室共用的室内楼梯，应选上一层的自然层计算面积（图 4-12）。

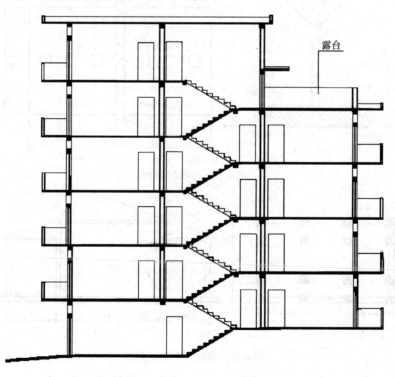

图 4-12 户室错层剖面示意图

16. 雨篷结构的外边线至外墙结构外边线的宽度超过 2.10m 者，应按雨篷结构板的水平投影面积的1/2计算（图4-13）。

17．有永久性顶盖的室外楼梯，应按建筑物自然层的水平投影面积的1/2计算。

18．建筑物的阳台，不论是凹阳台、挑阳台、封闭阳台、不封闭阳台均按其水平投影面积的1/2计算。

19．有永久性顶盖无围护结构的车棚、货棚、站台、加油站、收费站等，应按其顶盖水平投影面积的1/2计算（图4-14）。

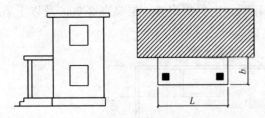

图4-13 雨篷

当 $b>2.10m$ 时，雨篷建筑面积 $S=L\times b\times 1/2$

20．高低联跨的建筑物，应以高跨结构外边线为界分别计算建筑面积。当高低跨内部连通时，其变形缝应计算在低跨面积内（图4-15）。

$$高跨建筑面积\ S_1 = L \times b \tag{4-1}$$

$$低跨建筑面积\ S_2 = L \times (a_1 + a_2) \tag{4-2}$$

式中　L——两端山墙勒脚以上外墙外边线间水平距离；

a_1、a_2——高跨中柱外边线至低跨柱外边线水平宽度；

b——高跨中柱外边线之间的水平宽度。

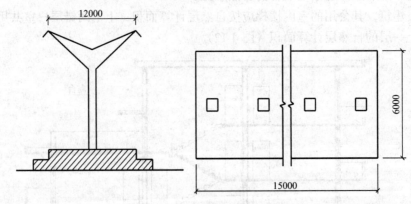

图4-14 单排柱站台

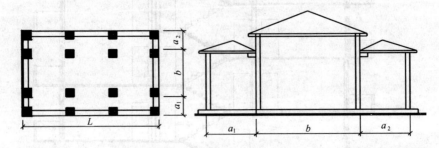

图4-15 高跨为中跨示意图

21．以幕墙作为围护结构的建筑物，应按幕墙外边线计算建筑面积。

22．建筑物外墙外侧有保温隔热层的，应按保温隔热层外边线计算建筑面积。

23．建筑物内的变形缝，应按其自然层合并在建筑面积内计算。所谓建筑物内的变形缝，是指与建筑物相连通的变形缝，即暴露在建筑物内，在建筑物内可以看得见的变形缝。

二、不应计算建筑面积的规定

1. 建筑物通道（骑楼、过街楼的底层）。

骑楼是指楼层部分跨在人行道上的临街楼房；过街楼是指有道路穿过建筑空间的楼房（图4-16）。

2. 建筑物内的设备管道层。

3. 建筑物内分隔的单层房间，舞台及后台悬挂幕布、布景的天桥、挑台等。

4. 屋顶水箱、花架、凉棚、露台、露天游泳池。

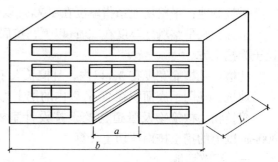

图4-16 过街楼

5. 建筑物内的操作平台、上料平台、安装箱和罐体的平台。

6. 勒脚、附墙柱、垛、台阶、墙面抹灰、装饰面、镶贴块料面层、装饰性幕墙、空调室外机搁板（箱）、飘窗、构件、配件、宽度在2.10m以内的雨篷以及与建筑物内不相连通的装饰性阳台、挑廊（图4-17）。

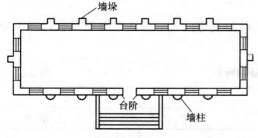

图4-17 突出墙面的构配件示意图

7. 无永久性顶盖的架空走廊、室外楼梯和用于检修、消防等的室外钢楼梯、爬梯。

对于室外楼梯而言，最上一层楼梯无永久性顶盖，或不能完全遮盖楼梯的雨篷，上层楼梯不计算建筑面积，上层楼梯可视为下层楼梯的永久性顶盖，下层楼梯应计算面积。

8. 自动扶梯、自动人行道。

9. 独立烟囱、烟道、地沟、油（水）罐、气柜、水塔、贮水（油）池、贮仓、栈桥、地下人防通道、地铁隧道。

第二节 土石方工程

在建筑工程中，常见的土石方工程主要有：人工挖土方、挖地坑、挖地槽（沟）、人工回填土、平整场地、运土方和机械挖石方等。

土方体积的计算，均以挖掘前的天然密实体积计算。如需以天然密实体积与夯实后体积、松填体积之间进行折算，可按表4-1计算。

体 积 折 算 表　　　　　　　　　　　　　　表4-1

天然密实体积	夯实后体积	松填体积	虚方体积
1.00	0.87	1.08	1.30
1.15	1.00	1.25	1.50
0.92	0.80	1.00	1.20
0.77	0.67	0.83	1.00

人工土方项目一般是按干土编制的，如挖湿土时，人工乘以 1.18 系数。干湿的划分，应根据地质勘测资料按地下常水位划分，地下常水位以上为干土，以下为湿土。

土方工程有关项目的划分：

平整场地：平整场地系指厚度在 ±30cm 以内的就地挖、填、找平。

土方：凡平整场地厚度在 30cm 以上，坑底宽度在 3m 以上及坑底面积在 20m² 以上的挖土为挖土方。

地槽：凡槽底宽度在 3m 以内，且槽长大于槽宽三倍的为地槽。

地坑：凡图示底面积在 20m² 以内的挖土为挖地坑。

建筑物、构筑物及管道沟挖土按设计室外地坪以下以立方米计算。设计室外地坪 300mm 以上的挖土按山坡切土计算。

一、平整场地

平整场地工程量按建筑物外墙外边线每边各增加 2m，以平方米计算。围墙按中心线每边各增加 1m 计算。道路及室外管道沟不计算平整场地。

二、挖土方工程的计算

1. 挖土石方工程计算要点

在计算中应根据土的类别、开挖深度、基础类型、基础尺寸和施工组织设计要求综合考虑，要注意以下几点：

（1）放坡的情况

挖地槽、地坑、土方需放坡者，可按（表 4-2）规定的放坡起点及放坡系数计算工程量。

土方工程放坡系数表　　　　　　　　表 4-2

土 类 别	放坡起点（m）	人工挖土	机 械 挖 土	
			坑 内 作 业	坑 上 作 业
普硬土	1.40	1:0.37	1:0.27	1:0.69
坚硬土	2.00	1:0.25	1:0.10	1:0.33

土方工程放坡起点的确定，混凝土垫层由垫层底面开始放坡，灰土垫层由垫层上表面开始放坡，无垫层的由基础底面开始放坡。计算工程量时，地槽交接处放坡产生的重复工程量不予扣除。因土质不好，基础处理采用挖土、换土时，其放坡起点应从实际挖深开始。

在挖土方、槽、坑时，如遇不同土类别，应根据地质勘测资料分别计算。边坡放坡系数可根据各土壤类别及深度加权取定。

（2）工作面的预留情况。

基础工程施工中需要增加的工作面一般按施工组织设计规定计算，如无规定可按表 4-3 的规定计算。

人工挖地槽、地坑深度超过 3m 时应分层开挖，底层深度 2m，层间按每侧留工作面 800mm 计算。

基础施工所需工作面宽度计算表　　　　表 4-3

基 础 材 料	每边各增加工作面宽度（mm）
砖基础	200
浆砌毛石、条石基础	150
混凝土基础垫层支模板	300
混凝土基础支模板	300
基础垂直面做防水层	800（防水面层）

(3) 开挖支挡情况。

挖地槽、地坑需支挡土板时。其宽度按图示沟槽、地坑底宽,单面加 10cm,双面加 20cm 计算。挡土板面积,按槽、坑垂直支撑面积计算。支挡土板,不再计算放坡。

2. 挖沟槽计算。(如图 4-18)

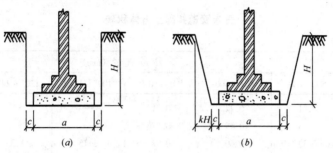

图 4-18 土方计算示意图
(a) 不放坡情况;(b) 放坡情况

计算公式为:

不放坡:
$$V_{无坡} = L(a + 2c)H \tag{4-3}$$

放坡:
$$V_{坡} = L(a + 2c + kH)H \tag{4-4}$$

式中 V——挖土体积(m^3);

L——槽底长(m),外墙地槽长度按图示尺寸的中心线计算;内墙地槽长度按图示尺寸的地槽净长线计算;

a——基础垫层外皮尺寸;

c——工作面宽度,见表 4-3;

H——槽深(m);

k——放坡系数,见表 4-2。

3. 挖地坑计算。(如图 4-19)

计算公式为:

不放坡:
$$V_{无坡} = ABH \tag{4-5}$$

放坡:
$$V_{坡} = ABH + kH^2\left(A + B + \frac{4}{3}kH\right)$$
$$= (A + kH)(B + kH)H + \frac{1}{3}k^2H^3 \tag{4-6}$$

式中 A——坑底长 $A = a + 2c$;

B——坑底宽 $B = b + 2c$;

k——放坡系数;

H——坑深。

4. 回填土计算。

建筑回填土通常指的是基础回填土和房心回填土,其工程量可按下列方法计算:

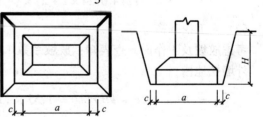

图 4-19 矩形地坑放坡土方计算示意图

(1) 基础回填土

$$V_{回填土} = V_{挖} - 设计室外地坪以下埋设物的体积 \qquad (4-7)$$

式中　设计室外地坪以下埋设物的体积包括：混凝土垫层、墙基、柱基、$\phi500$（不包括 $\phi500$）以上的管道以及地下建筑物、构筑物等体积，管道每米按表4-4的规定计算。

每米管道扣除土方体积表　　　　　　　　　　　　　　　表4-4

计量单位：m^3

管道名称	管道直径（mm）					
	500~600	601~800	801~1000	1001~1200	1201~1400	1401~1600
钢管	0.21	0.44	0.71	—	—	—
铸铁管	0.24	0.49	0.77	—	—	—
混凝土管	0.33	0.60	0.92	1.15	1.35	1.55

(2) 房心回填土

$$V_{房心回填} = 墙与墙间净面积 \times 回填土厚度 \qquad (4-8)$$

式中　回填土厚度为室外与室内设计地坪高差减去地面的厚度。

5. 土方运输

(1) 余土、取土的工程量按下式计算：

$$V_{余土运输} = V_{挖土} - V_{回填}（系指挖土多于回填土） \qquad (4-9)$$

$$V_{取土运输} = V_{回填} - V_{挖}（系指挖土少于回填土） \qquad (4-10)$$

(2) 土石方运输应按施工组织设计规定的运输距离及运输方式（工具）计算。土、石方运输工程量，按整个单位工程中外运和内运的土方量一并考虑。

注：挖出的土如部分用于灰土垫层时，这部分土的体积在余土外运工程量中不予扣除。大孔性土应根据实验室的资料，确定余土和取土工程量。

【例4-1】　某建筑物基础平面图、剖面图如图4-20、图4-21所示，地面面层厚70mm，3:7灰土垫层厚150mm。已知土质为普硬土，人工开挖，室外设计地坪以下各种工程量：混凝土垫层体积为15.12m^3，室外地坪以下砖基础体积为44.29m^3，钢筋混凝土地梁体积为5.88m^3。

试求此建筑物平整场地、挖土方、基础回填土、房心回填土、余土运输工程量。

【解】　(1) 平整场地

$$S = (11.4 + 0.24 \times 2 + 2) \times (9.9 + 0.24 \times 2 + 2) = 171.83 m^2$$

(2) 人工挖基槽土方

考虑放坡及工作面，查表知：放坡系数1:0.37，工作面宽度 $c = 0.3m$

外墙挖地槽

$$V_{外} = H(a + 2c + kH)L_{中} = 1.55 \times (1.04 + 2 \times 0.3 + 1.55 \times 0.37)$$

$$\times (11.4 + 0.12 + 9.9 + 0.12) \times 2 = 147.80 m^3$$

内墙挖地槽

$$V_{内} = H(a + 2c + kH)L_{内} = 1.55 \times (0.92 + 2 \times 0.3 + 1.55 \times 0.37)$$

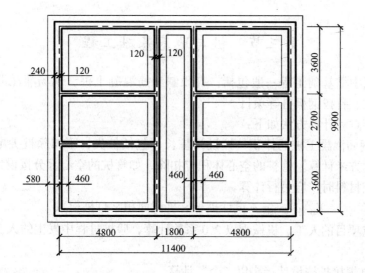

图 4-20 基础平面图

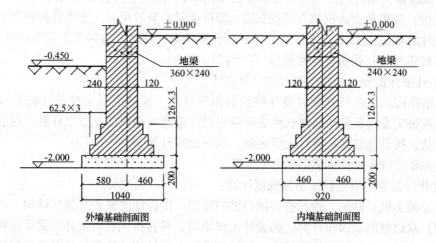

图 4-21 基础平面剖面图

$\times [(9.9 - 2 \times 0.46 - 2 \times 0.3) \times 2 + (4.8 - 2 \times 0.46 - 2 \times 0.3) \times 4] = 96.96 \text{m}^3$

挖基槽土方 $V_{挖} = V_{外} + V_{内} = 147.80 + 96.96 = 244.76 \text{m}^3$

(3) 回填土体积

外墙中心线长 $L_{中} = (11.4 + 0.12 + 9.9 + 0.12) \times 2 = 43.08 \text{m}$

内墙线净长 $L_{内} = (9.9 - 0.24) \times 2 + (4.8 - 0.24) \times 4 = 37.56 \text{m}$

基础回填土 $V_{基础回填} = V_{挖} -$ 设计室外标高以下埋设的基础量

$= 244.76 - 15.12 - 44.29 = 185.35 \text{m}^3$

房心回填土 $V_{房心回填} = (123.31 - 43.08 \times 0.365 - 37.56 \times 0.24)$

$\times (0.45 - 0.07 - 0.15) = 22.67 \text{m}^3$

总回填土体积 $V_{填} = V_{基础} + V_{房心} = 185.35 + 22.67 = 208.02 \text{m}^3$

(4) 余土外运 $V_{外运} = V_{挖} - V_{填} = 244.76 - 208.02 = 36.74 \text{m}^3$

第三节 桩与地基基础工程

在建筑工程中桩基础工程一般包括：打预制钢筋混凝土桩、现场灌注混凝土桩、砂桩、振冲碎石桩、打拔钢板桩等项目。

计算规则要点和计算方法如下：

1. 打预制钢筋混凝土桩的体积，按设计桩长（包括桩尖，不扣除桩尖虚体积）乘以桩截面面积以立方米计算。管桩的空心体积应扣除，如管桩的空心部分按设计要求灌注混凝土或其他填充材料时，应另行计算。

$$V_{预制混凝土桩} = 设计桩长 \times 桩截面积 \times 打桩根数 \tag{4-11}$$

试桩按相应项目的人工、机械乘以 2.0 系数计算，验桩过程中发生的人工、机械停滞费用另行计算。

2. 接桩：电焊接桩按设计接头以"个"计算。

电焊接桩接头钢材用量设计与定额项目不同时，可按设计用量进行换算。

3. 送桩：按桩截面面积乘以送桩长度（即打桩架底至桩顶面高度或自桩顶面至设计室外地坪面另加 0.5m）以立方米计算。送桩后孔洞如需回填时，按第二节相应项目计算。

4. 打拔钢板桩：按钢板桩重量以"t"计算。

5. 钻孔灌注混凝土桩按下列规定计算：

(1) 钻孔按实钻孔长度乘以设计桩截面面积计算，灌注混凝土按设计桩长（包括桩尖，不扣除桩尖虚体积）与超灌长度之和乘以设计桩断面面积以立方米计算。超灌长度设计有规定的，按设计规定；设计无规定的，按 0.25m 计算。

(2) 泥浆运输按成孔体积以立方米计算。

6. 打孔（沉管）灌注桩按下列规定计算：

(1) 混凝土桩、砂桩、砂石桩、碎石桩的体积，按设计的桩长（包括桩尖，不扣除桩尖虚体积）乘以桩的截面积计算，如设计无规定时，桩径按钢管管箍外径截面面积计算。

(2) 扩大桩的体积用复打法时按单桩体积乘以次数计算；用翻插法时按单桩体积乘以 1.5 系数。

(3) 打孔后先埋入预制混凝土桩尖，再灌注混凝土者，桩尖按第五节相应项目计算。灌注桩按设计长度（自桩尖顶面至桩顶面高度）乘以钢管管箍外径截面面积计算。

7. 人工挖孔混凝土桩按下列规定计算：

(1) 挖土按实挖体积以立方米计算。如设计无混凝土护壁者，挖土尺寸按设计桩身直径加 200mm 计算。

(2) 设计有混凝土护壁者，护壁混凝土按图示尺寸以立方米计算；设计无混凝土护壁者，护壁厚度按 100mm，高度按孔身高度计算。

(3) 如实际发生扩大头及护壁支护，另行计算。

(4) 人工挖孔桩从桩承台以下，按设计图示尺寸以立方米计算混凝土量，混凝土护壁另行计算，不得重复计算。

8. 深层搅拌桩、喷粉桩、振冲碎石桩、夯扩灌注桩按设计桩长乘以设计断面面积以立方米计算。振冲碎石桩填料调整量项目，按下列公式计算：

$$填料调整量 = 实际桩口填料量体积 - 1.35 \times 设计振冲桩体积 \qquad (4\text{-}12)$$

碎石密度取定为 $1.48t/m^3$。

9. 钢护筒的工程量按护筒的设计重量计算。设计重量为加工后的成品重量。

10. 钢筋笼制作按图示尺寸及施工规范以吨计算,套用第四章相应项目。钢筋笼运输及安装区别不同长度按相应项目计算。

钢筋笼的钢筋由直立钢筋和箍筋组成,如图 4-22 所示。

图 4-22 螺旋箍钢筋笼

$$钢筋笼重量 = 主筋重量 + 箍筋重量$$

$$主筋重量 = 直立钢筋长(加弯钩) \times 根数 \times 单位重量 \qquad (4\text{-}13)$$

$$圆形箍筋 = (圆箍中心周长 + 勾长 + 搭接长度) \times 根数 \times 单位重量$$

$$= [\pi \times (D - 2C + d) + 23.8d + l_{lE}] \times 根数 \times 单位重量 \qquad (4\text{-}14)$$

$$螺旋箍筋 = 螺旋箍筋长 \times 单位重量$$

$$= \left\{ \sqrt{1 + \left[\frac{\pi(D - 2C + d)}{b}\right]^2} \times H + 搭接长度 \right\} \times 单位重量 \qquad (4\text{-}15)$$

$$加强箍筋 = (加强圆箍中心周长 + 搭接长度) \times 根数 \times 单位重量 \qquad (4\text{-}16)$$

式中:D、d、l_{lE}、b、H、C 分别表示桩直径、箍筋直径、箍筋最小搭接长度、螺距、钢筋笼高度、桩混凝土保护层厚度。

11. 凿桩头按剔除截断长度乘以桩截面面积以立方米计算;截桩头、截桩以根计算。

注:凿桩头指凿桩长度在 500mm 以内;预制桩截桩长度在 500~1000mm 时,按截桩头计算。预制桩截桩长度在 1000mm 以上时,按截桩计算;灌注桩凿桩头、截桩不分长短均按凿桩头计算。

12. 喷射混凝土护坡按设计图示尺寸以实喷面积计算。初喷 50mm 为基本层,每增(减)10mm 按增(减)项计算。

13. 混凝土锚杆按设计图示尺寸以立方米计算。

第四节 砌筑工程

砌筑工程主要包括:砌体基础、墙身、砌体勾缝、构筑物和其他一些零星砌体等。在计算砌体工程量时首先要了解所计算砌体类别(如基础、墙身、构筑物等)、砌体材料、强度等级、砌体尺寸(如砌体长度、高度、厚度)等,同时要掌握砌体计算的规则方法。在计算砌体工程量前,一般要先统计和计算出有关的门、窗洞口、构配件(如梁、柱等)所占的体积。

一、砖基础

1. 基础与墙身的划分

当基础与墙身使用同种材料时以设计室内地坪为界,设计室内地坪以下为基础,以上为墙身。基础与墙身使用不同材料时,位于设计室内地坪 ±300mm 以内时,以不同材料为分界线,超过 ±300mm 时,以设计室内地坪为分界线。砖、石围墙,以设计室外地坪为界线,以下为基础,以上为墙身。砖柱不分柱身和柱基,其工程量合并后,按砖柱项目计算。

2. 砖基础计算规则要点和计算方法

砖基础一般采用大放脚形式，通常有等高式和不等高式两种。

$$外墙基础体积 = 外墙中心线长度 \times 基础断面积 - 应扣除项目的体积 \quad (4-17)$$

$$内墙基础体积 = 内墙基础净长 \times 基础断面积 - 应扣除项目的体积 \quad (4-18)$$

$$基础体积 = 外墙基础体积 + 内墙基础体积 \quad (4-19)$$

式中 基础断面积 = 基础墙宽度 × 设计高度 + 增加断面面积

$$= 基础墙宽度 \times (设计高度 + 折加高度) \quad (4-20)$$

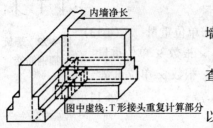

图 4-23 砖基础 T 形接头

等高式和不等高式大放脚的砌筑是有规律的，砖墙折加高度和增加断面面积见表 4-5。

砖柱基础一般为矩形四边放脚，为简便计算，可查表 4-6 和表 4-7 求得大放脚部分增加的体积。

基础大放脚在 T 形接头处的重叠部分（见图 4-23）以及嵌入基础的钢筋、铁件、基础防潮层及单个面积在 0.3m² 以内的孔洞、砖平碹所占的体积不予扣除，但靠墙暖气沟的挑檐亦不增加。附墙垛基础宽出部分体积应并入基础工程量内。

砖墙基础大放脚增加表　　表 4-5

放脚层	折加高度 (m)												增加断面面积 (m²)	
	1/2 砖		1 砖		1½ 砖		2 砖		2½ 砖		3 砖			
	等高	不等高	等高	不等高	等高	不等高	等高	不等高	等高	不等高	等高	不等高	等高	不等高
一	0.137	0.137	0.066	0.066	0.043	0.043	0.032	0.032	0.026	0.026	0.021	0.021	0.01575	0.01575
二	0.411	0.342	0.197	0.164	0.129	0.108	0.096	0.08	0.077	0.064	0.064	0.053	0.04725	0.03938
三			0.394	0.328	0.259	0.216	0.193	0.161	0.154	0.128	0.128	0.106	0.0945	0.07875
四			0.656	0.525	0.432	0.345	0.321	0.253	0.256	0.205	0.213	0.17	0.1575	0.126
五			0.984	0.788	0.647	0.518	0.482	0.38	0.384	0.307	0.319	0.255	0.2363	0.189
六			1.378	1.083	0.906	0.712	0.672	0.58	0.538	0.419	0.447	0.351	0.3308	0.2599
七			1.838	1.444	1.208	0.949	0.90	0.707	0.717	0.563	0.596	0.468	0.441	0.3465
八			2.363	1.838	1.553	1.208	1.157	0.90	0.922	0.717	0.766	0.596	0.567	0.4411
九			2.953	2.297	1.942	1.51	1.447	1.125	1.153	0.896	0.956	0.745	0.7088	0.5513
十			3.61	2.789	2.372	1.834	1.768	1.366	1.409	1.088	1.71	0.905	0.8663	0.6694

【例 4-2】 试计算例 4.1 图中所示的砖基础工程量。

【解】 砖基础高度 $H = 2.0 - 0.2 = 1.80\text{m}$

外墙厚 = 0.365m 外墙中心线长度 = 43.08m

砖基础采用的是三层等高式放脚砌筑，查表折算高度为 0.259m

外墙基础体积 = 43.08 × 0.365 × (1.80 + 0.259) = 32.38m³

内墙厚 = 0.24m 内墙净长 = 37.56m

砖基础采用的是三层等高式放脚砌筑，查表折算高度为 0.394m

内墙基础体积 = 37.56 × 0.24 × (1.80 + 0.394) = 19.78m³

基础体积 = 32.38 + 19.78 − 5.88 = 46.48m³

砖柱基础大放脚体积增加表（等高式） 表 4-6

$a+b$(m)	0.48	0.605	0.73	0.855	0.98	1.105	1.23	1.355	1.48
$a\times b$(m) ΔV(m³) / n	0.24×0.24	0.24×0.365	0.365×0.365 0.24×0.49	0.365×0.49 0.24×0.615	0.49×0.49 0.365×0.615	0.49×0.615 0.365×0.74	0.365×0.865 0.615×0.615 0.49×0.74	0.615×0.74 0.49×0.865	0.74×0.74 0.615×0.865
一	0.010	0.011	0.013	0.015	0.017	0.019	0.021	0.024	0.025
二	0.033	0.038	0.045	0.050	0.056	0.062	0.068	0.074	0.080
三	0.073	0.085	0.097	0.108	0.120	0.132	0.144	0.156	0.167
四	0.135	0.154	0.174	0.194	0.213	0.233	0.253	0.272	0.292
五	0.221	0.251	0.281	0.310	0.340	0.369	0.400	0.428	0.458
六	0.337	0.379	0.421	0.462	0.503	0.545	0.586	0.627	0.669
七	0.487	0.543	0.597	0.653	0.708	0.763	0.818	0.873	0.928
八	0.674	0.745	0.816	0.887	0.957	1.028	1.095	1.170	1.241
九	0.919	0.990	1.078	1.167	1.256	1.344	1.433	1.521	1.610
十	1.173	1.282	1.390	1.498	1.607	1.715	1.823	1.931	2.040

注：1. a、b—柱断面边长；
  2. ΔV—大放脚增加体积；
  3. n—大放脚层数。

砖柱基础大放脚体积增加表（间隔式） 表 4-7

$a+b$(m)	0.48	0.605	0.73	0.855	0.98	1.105	1.23	1.355	1.48
$a\times b$(m) ΔV(m³) / n	0.24×0.24	0.24×0.365	0.365×0.365 0.24×0.49	0.365×0.49 0.24×0.615	0.49×0.49 0.365×0.615	0.49×0.615 0.365×0.74	0.365×0.865 0.615×0.615 0.49×0.74	0.615×0.74 0.49×0.865	0.74×0.74 0.615×0.865
一	0.010	0.011	0.013	0.015	0.017	0.019	0.021	0.023	0.025
二	0.028	0.033	0.038	0.043	0.047	0.052	0.057	0.062	0.067
三	0.061	0.071	0.081	0.091	0.101	0.106	0.112	0.130	0.140
四	0.110	0.125	0.141	0.157	0.173	0.188	0.204	0.220	0.236
五	0.179	0.203	0.227	0.250	0.274	0.297	0.321	0.345	0.368
六	0.269	0.302	0.334	0.367	0.399	0.432	0.464	0.497	0.529
七	0.387	0.430	0.473	0.517	0.560	0.599	0.647	0.690	0.733
八	0.531	0.586	0.641	0.696	0.751	0.806	0.861	0.916	0.972
九	0.708	0.776	0.845	0.914	0.983	1.052	1.121	1.190	1.259
十	0.917	1.001	1.084	1.168	1.252	1.335	1.419	1.503	1.586

二、砖墙工程量计算规则要点及计算方法

计算砌筑工程时，应扣除门窗洞口、过人洞、空圈、嵌入墙身的钢筋混凝土柱、梁、过梁、圈梁、板头、砖过梁和暖气包壁龛的体积，不扣除每个面积在 $0.3m^2$ 以内的孔洞、

梁头、梁垫、檩头、垫木、木楞头、沿椽木、木砖、门窗走头、墙内的加固钢筋、木筋、铁件、钢管等所占的体积，突出砖墙面的窗台虎头砖、压顶线、山墙泛水、烟囱根、门窗套、三皮砖以下的腰线、挑檐等体积亦不增加。见图4-24。

1. 墙的长度：外墙按中心线长度计算，内墙按净长计算。

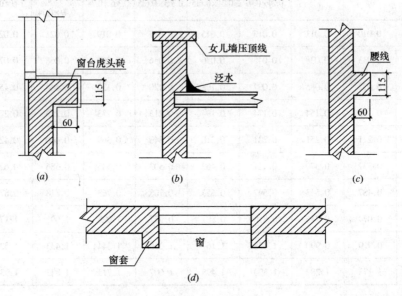

图 4-24 墙体细部构造示意图
（a）窗台虎头砖；（b）压顶线、泛水；（c）腰线；（d）门窗套

2. 墙身高度按下列规定计算：

（1）外墙墙身高度：无屋架斜（坡）屋面无檐口顶棚者算至屋面板底见图4-25（a）；有屋架、有檐口顶棚者，算至屋架下弦底面另加200mm见图4-25（b）；有屋架、无檐口顶棚者算至屋架下弦底加300mm；出檐宽度超过600mm时，应按实砌高度计算；平屋面算至钢筋混凝土板底见图4-25（c）。

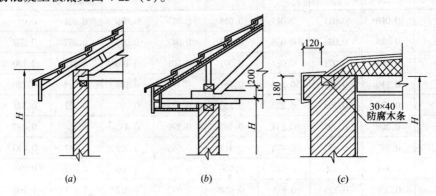

图 4-25 外墙高度示意图
（a）无檐口顶棚墙身；（b）有檐口顶棚墙身；（c）平屋面外墙身

（2）内墙墙身高度：位于屋架下弦者，其高度算至屋架底；无屋架者算至顶棚底另加100mm；有钢筋混凝土楼板隔层者算至板底；有框架梁时算至梁底；如同一山墙上高度不

同时，按平均高度计算，见图 4-26。

(3) 内外山墙墙身按其平均高度计算。

(4) 女儿墙高度，自板顶面至图示女儿墙顶面高度，分别按不同墙厚并入内外墙计算。

(5) 框架间砌体：分别按内、外墙及不同厚度，以框架间的净空面积乘以墙厚计算，框架外表面镶贴砖部分亦并入框架间墙的工程量一并计算。

(6) 砖垛、三皮砖以上的挑檐和腰线的体积，可并入墙身体积内计算。

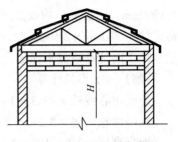

图 4-26 屋架下内墙身高度

3. 标准砖墙体厚度按表 4-8 计算

标准砖墙体厚度取定表   表 4-8

墙 身	$\frac{1}{4}$	$\frac{1}{2}$	$\frac{3}{4}$	1	$1\frac{1}{2}$	2	$2\frac{1}{2}$	3
计算厚度 (mm)	53	115	180	240	365	490	615	740

4. 砖墙体积计算

砖墙体积 =（墙长 × 墙高 − 门窗洞口面积）× 墙厚 − 应扣除嵌入墙内构件体积   (4-21)

【例 4-3】 某建筑物平面、立面如图 4-27 所示，墙身为 M5 混合砂浆砖墙，外墙为 365mm，内墙为 240mm。M-1 为 1200mm × 2500mm，M-2 为 900mm × 2000mm，C-1 为 1500mm

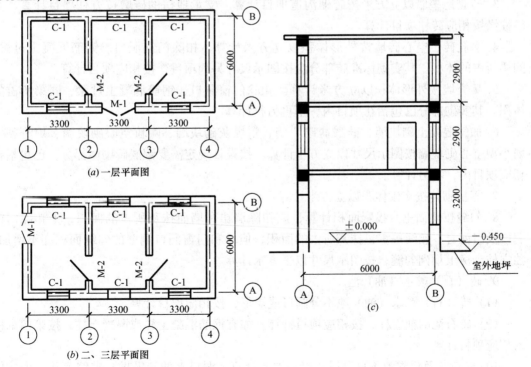

图 4-27 某建筑物平面、立面图

×1500mm，门窗洞口均设过梁，过梁宽同墙宽，高均为 120mm，长度为洞口宽加 500mm，构造柱为 240mm×240mm（2.72m³），每层设圈梁，圈梁沿墙满布，高度 200mm（4.73m³）。根据施工图计算墙身工程量。

【解】 工程量计算

外墙中心线长 $= (3.3 \times 3 + 0.12 + 6 + 0.12) \times 2 = 32.28m$

内墙净长 $= (6 - 0.24) \times 2 = 11.52m$

墙身高度 $= 3.2 + 2.9 \times 2 = 9m$

外墙门窗洞口面积 $= 1.2 \times 2.5 \times 3 + 1.5 \times 1.5 \times (5 + 6 \times 2) = 47.25m^2$

内墙门窗洞口面积 $= 0.9 \times 2 \times 2 \times 3 = 10.8m^2$

过梁体积 $= [(1.2 + 0.5) \times 3^{M-1} + (1.5 + 0.5) \times 17^{C-1}] \times 0.37 \times 0.12$
$\qquad + (0.9 + 0.5) \times 6^{M-2} \times 0.24 \times 0.12 = 1.98m^3$

墙身工程量 $= (32.28 \times 9 - 47.25) \times 0.365 + (11.52 \times 9 - 10.8)$
$\qquad \times 0.24 - 1.98 - 2.72 - 4.73 = 101.65m^3$

三、其他砌体工程量计算规则要点及计算方法

1. 暖气沟及其他砖砌沟道不分基础和沟身，其工程量合并计算，按砖砌沟道计算。

2. 砖砌地下室内、外墙身及基础，应扣除门窗洞口及 0.3m² 以上的孔洞、嵌入墙身的钢筋混凝土柱、梁、过梁、圈梁和板头等体积，但不扣除梁头、梁垫以及砖墙内加固的钢筋、铁件等所占体积。内、外墙与基础的工程量合并计算。墙身外面防潮的贴砖应另列项目计算。

3. 砖砌地垄墙以立方米按砖砌沟道项目计算。支承地楞的砖墩按方柱项目计算。大门柱墩按相应砖柱项目计算。

4. 多孔砖、空心砖墙按外形体积以立方米计算。扣除门窗洞口、钢筋混凝土过梁、圈梁所占的体积。其实砌标准砖部分应按图示尺寸另列项目，按相应项目计算。

5. 填充墙按外形体积以立方米计算。扣除门窗洞口、钢筋混凝土过梁、圈梁所占的体积。其实砌部分已包括在项目内，不再另行计算。

6. 加气混凝土砌块墙、硅酸盐砌块墙、粉煤灰砌块墙、陶粒空心砌块墙、炉渣砌块墙小型空心砌块墙按图示尺寸以立方米计算。按设计规定需要镶嵌砖砌体部分，已包括在相应项目内，不另计算。

7. 零星砌体按实砌体积以立方米计算。

8. 勾缝按墙面垂直投影面积计算，应扣除墙裙和墙面抹灰所占的面积，不扣除门窗洞口及门窗套、腰线等零星抹灰所占的面积，但垛和门窗洞口侧壁的勾缝面积亦不增加。独立柱、房上烟囱勾缝，按图示尺寸以平方米计算。

9. 砖（石）贮水（油）池。

（1）砖（石）贮水（油）池不分圆形或矩形，按相应项目计算。

（2）砖石池的独立柱，按相应项目计算。如有钢筋混凝土柱或混凝土柱，按第四章柱的相应项目计算。

10. 检查井及化粪池不分壁厚均以立方米计算，洞口上的砖平拱、拱碹等并入砌体体积内计算。

第五节 混凝土及钢筋混凝土工程

混凝土及钢筋混凝土项目除另有规定者外，均按图示尺寸以构件的实体积计算，不扣除钢筋混凝土中的钢筋、预埋铁件、螺栓所占的体积（综合基价中混凝土各构件中混凝土的消耗量扣除了钢筋所占的体积）。

现浇混凝土及钢筋混凝土墙、板等构件，均不扣除孔洞面积在 $0.3m^2$ 以内的混凝土体积，其预留孔工料亦不增加。面积超过 $0.3m^2$ 的孔洞，应扣除孔洞所占的混凝土体积。

一、混凝土基础

1. 带形基础

带形基础又分有梁式与无梁式两种。分别按毛石混凝土、混凝土、钢筋混凝土基础计算。凡有梁式带形基础，其梁高（指基础扩大顶面至梁顶面的高 H）超过 1.2m 时，其基础底板按带形基础计算，扩大顶面以上部分按混凝土墙项目计算（见图 4-28）。在计算时可根据内外墙基础并按不同基础断面形式分别计算。

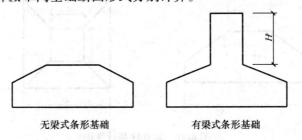

图 4-28 混凝土条形基础断面图

计算公式：

$$V_{外墙带形基础} = 外墙条形基础中心线长 \times 基础断面面积 \quad (4-22)$$

$$V_{内墙带形基础} = 内墙条形基础内墙净长 \times 基础断面面积 + V_{T形接头} \quad (4-23)$$

$$V_{T形接头} = \frac{1}{6} lh(B_2 + 2B_1) \quad (4-24)$$

式中：B_1、B_2、h 分别为垂直段条形基础断面上、下宽度和斜段高度；

l 为通长段条形基础断面斜段水平长度（见图 4-29）。

2. 独立基础

以设计图示尺寸的实体积计算，其高度从垫层上表面算至柱基上表面。现浇独立柱基与柱的划分：（H）高度为相邻下一个高度（H_1）2 倍以内者为柱基，2 倍以上者为柱身，套用相应柱的项目（见图 4-30、图 4-31）。

独立柱基体积 V 计算公式（见图 4-31）如下：

$$V = a \times b \times h + \frac{h_1}{6} [a \times b + (a + a_1)(b + b_1) + a_1 \times b_1] \quad (4-25)$$

式中各参数如图 4-31 所示。

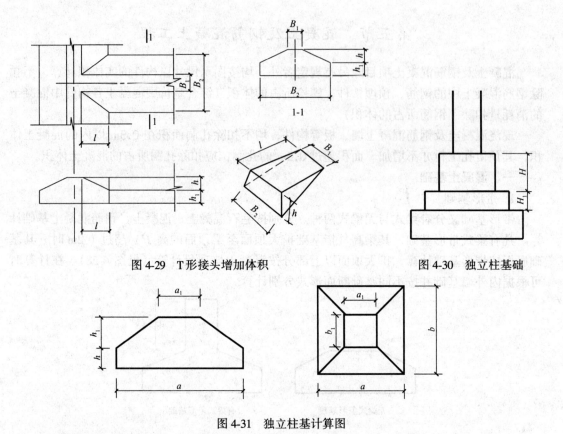

图 4-29 T形接头增加体积　　　　　图 4-30 独立柱基础

图 4-31 独立柱基计算图

3. 杯形基础

杯形基础连接预制柱的杯口底面至基础扩大顶面的高度（H）在 0.50m 以内的按杯形基础项目计算，在 0.50m 以上则 H 部分按现浇柱项目计算；其余部分套用杯形基础项目（见图 4-32）。

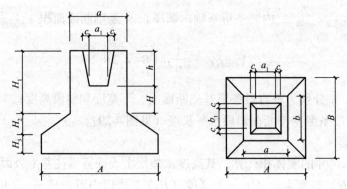

图 4-32 杯形柱基计算图

杯形基础体积计算公式为：

$$V = ABH_3 + \frac{H_2}{6}[AB + (A+a)(B+b) + ab] + abH_1 - V_{杯口} \qquad (4\text{-}26)$$

式中 $V_{杯口} = h \times \left[(a_1 + c)(b_1 + c) + \dfrac{c^2}{3} \right]$

式中各参数符号如图 4-32 所示。

4. 满堂基础：不分有梁式与无梁式，均按满堂基础项目计算。满堂基础有扩大或角锥形柱墩时，应并入满堂基础内计算。满堂基础梁高超过 1.2m 时，底板按满堂基础项目计算，梁按混凝土墙项目计算。箱式满堂基础应分别按满堂基础、柱、墙、梁、板的有关规定计算。

计算公式：$V_{满堂基础} = 地板长 \times 宽 \times 板厚 + V_{柱墩}$ (4-27)

5. 桩承台：应分别按带形和独立桩承台计算。满堂式桩承台按满堂基础相应项目计算。

计算公式： $V_{带形} = 承台长度 \times 承台纵断面面积$ (4-28)

$V_{独立} = 承台长度 \times 宽度 \times 厚度$ (4-29)

二、现浇混凝土构件

1. 柱

按图示尺寸以实体积计算工程量。

（1）独立柱或框架柱

柱高按柱基上表面或楼板上表面至柱顶上表面的高度计算（见图 4-33）。但无梁楼板的柱高，应自柱基上表面或楼板上表面至柱头（帽）的下表面的高度计算（图 4-34）。依附于柱上的牛腿应并入柱身体积内计算。

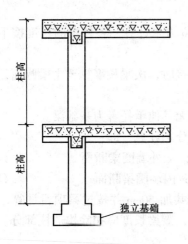

图 4-33　有梁板高度示意图

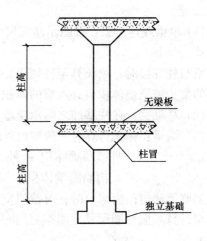

图 4-34　无梁板高度示意图

计算公式如下：

$柱体积 = 柱截面积 \times 柱高$ (4-30)

（2）构造柱

构造柱的体积应包含马牙槎部分的体积。（计算公式）如下：

$构造柱体积 = 构造柱截面积 \times 柱高 + 马牙槎体积$ (4-31)

其中马牙槎体积可按下式计算：

$马牙槎体积 = 0.03 \times 与砖墙交接面构造柱边长之和 \times 柱高度$ (4-32)

其中柱高度为构造柱柱基上表面至顶层圈梁顶面。

【例 4-4】 如图 4-35 所示,构造柱高度为 18m,断面尺寸除图中注明外均为 240mm×240mm,计算构造柱体积。

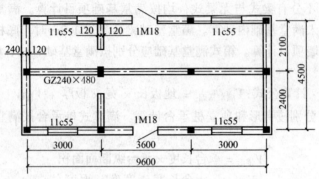

图 4-35 构造柱平面布置图

【解】 (1) 两面有马牙槎构造柱体积

$[0.24 \times 0.24 \times 18 + 0.03 \times 0.24 \times 2 \times 18] \times 7 = 9.07 m^3$

$[0.24 \times 0.48 \times 18 + 0.03 \times 0.24 \times 2 \times 18] \times 1 = 2.33 m^3$

(2) 三面有马牙槎构造柱体积

$[0.24 \times 0.24 \times 18 + 0.03 \times 0.24 \times 3 \times 18] \times 4 = 5.70 m^3$

构造柱体积小计:$9.07 + 2.33 + 5.70 = 17.10 m^3$

2. 梁

(1) 单梁或连续梁:按图示断面尺寸乘以梁长以立方米计算。各种梁的长度按下列规定计算:

梁与柱交接时,梁长算至柱侧面。次梁与主梁交接时,次梁长度算至主梁侧面,伸入墙内的梁头或梁垫体积应并入梁的体积内计算。

(2) 基础梁:在柱基础之间承受墙身荷载而下部无其他承托者为基础梁。

(3) 圈梁:体积计算时一般按内外墙和不同断面分别计算,即:

$$外墙圈梁体积 = 外墙圈梁中心线长 \times 外墙圈梁断面 \qquad (4-33)$$

$$内墙圈梁体积 = 内墙圈梁净长 \times 内墙圈梁断面 \qquad (4-34)$$

当圈梁通过门窗洞口时,可按门窗洞口宽度两端共加 50cm 并按过梁项目计算,其他按圈梁计算。圆形圈梁及地圈梁套用圈梁项目。同时,圈梁长度应扣除构造柱部分。

3. 墙

按图示墙长度乘以墙高及厚度以立方米计算。计算各种墙体积时,应扣除门窗洞口及 $0.3m^2$ 以上的孔洞体积。墙垛及突出部分并入墙体积内计算。

4. 板

凡带有梁(包括主、次梁)的楼板,梁和板的工程量分别计算,梁的高度算至板的底面,梁、板分别套用相应项目。无梁板是指不带梁直接由柱支撑的板,无梁板体积按板与柱头(帽)的和计算。钢筋混凝土板伸入墙砌体内的板头应并入板体积内计算。钢筋混凝土板与钢筋混凝土墙交接时,板的工程量算至墙内侧,板中的预留孔洞在 $0.3m^2$ 以内者不扣除。

5. 其他

(1) 整体楼梯

包括板式、单梁式或双梁式楼梯，应按楼梯和楼梯平台的水平投影面积计算。楼梯与楼板的划分以楼梯梁的外边缘为界，该楼梯梁已包括在楼梯水平投影面积内。楼梯段间（楼梯井）的空隙宽度在 50cm 以上者，应扣除其面积。伸入墙内部分的体积已包括在项目内不另计算。楼梯基础、室外楼梯的柱以及与地坪相连接的混凝土踏步等，项目内均未包括，应另行计算套用相应项目。

【例 4-5】 某工程现浇钢筋混凝土整体楼梯如图 4-36 所示，试计算该楼梯工程量（该建筑为 6 层，共 5 层楼梯）。

【解】 现浇钢筋混凝土整体楼梯工程量为：

$$S = (1.33 + 0.1 + 1.33) \times (1.25 + 3 + 0.2) \times 5 = 61.41 m^2$$

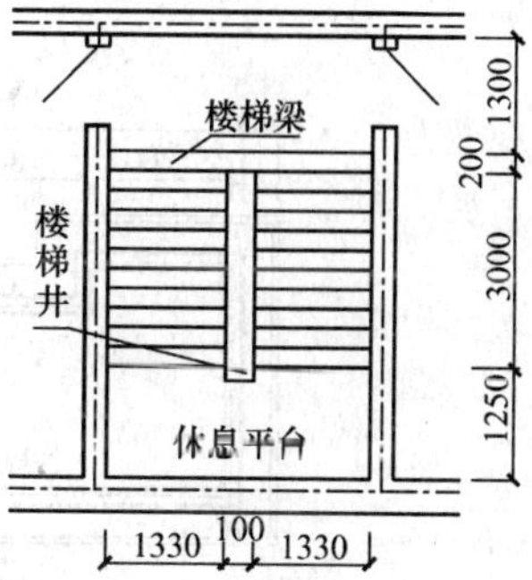

(2) 整体螺旋楼梯、柱式螺旋楼梯，按每一旋转层的水平投影面积计算，楼梯与走道板分界以楼梯梁外边缘为界，该楼梯梁包括在楼梯水平投影面积内。

螺旋楼梯栏板、栏杆、扶手套用相应项目，其人工乘以 1.3 系数，材料、机械乘以 1.1 系数。

柱式螺旋楼梯扣除中心混凝土柱所占的面积。中间柱的工程量另按相应柱的项目计算，其人工及机械乘以系数 1.5。柱式螺旋楼梯每一旋转层面积计算公式：

$$S = \pi(R^2 - r^2) \qquad (4-35)$$

式中　S——每一旋转层面积；

　　　r——圆柱半径；

　　　R——螺旋楼梯半径。

图 4-36　现浇钢筋混凝土整体楼梯图

(3) 悬挑板（直形阳台、雨篷及弧形阳台、雨篷）按图示尺寸以实体积计算。伸入墙内部分的梁及通过门窗口的过梁应合并按过梁项目另行计算。阳台、雨篷如伸出墙外超过 1.50m 时，梁、板分别计算，套用相应项目。阳台、雨篷四周外边沿的弯起，如其高度（指板上表面至弯起顶面）超过 6cm 时，按全高计算套用栏板项目。凹进墙内的阳台按现浇平板计算。

【例 4-6】 某工程现浇阳台结构如图 4-37 所示，试计算阳台工程量。

【解】 (1) 阳台工程量

$$体积 = 1.5 \times 4.8 \times 0.10 = 0.72 m^3$$

(2) 现浇阳台拦板工程量：

$$拦板体积 = [(1.5 \times 2 + 4.8) - 0.1 \times 2] \times (1.1 - 0.1) \times 0.1 = 0.76 m^3$$

(3) 现浇阳台扶手工程量：

$$阳台扶手体积 = [(1.5 \times 2 + 4.8) - 0.2 \times 2] \times 0.2 \times 0.1 = 0.15 m^3$$

(4) 挑檐天沟按实体积计算。当与板（包括屋面板、楼板）连接时，以外墙身外边缘为分界线；当与圈梁（包括其他梁）连接时，以梁外边线为分界线。外墙外边缘以外或梁外边线以外为挑檐天沟。挑檐天沟壁高度在 40cm 以内时，套用挑檐项目；挑檐天沟壁高度超过 40cm 时，按全高计算套用栏板项目。

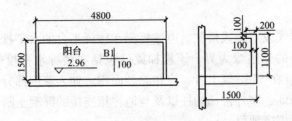

图 4-37 阳台结构图

【例 4-7】 某工程挑檐天沟如图 4-38 所示,计算该挑檐天沟工程量。

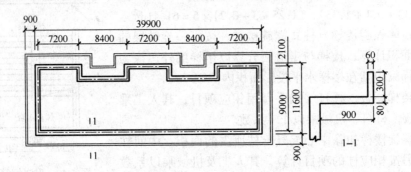

图 4-38 挑檐天沟图

【解】 挑檐板体积 = $\{[(39.9+11.6)\times 2+2.1\times 4]\times 0.9+0.9\times 0.9\times 4\}\times 0.08 = 8.28\text{m}^3$

天沟壁体积 = $\{[(39.9+11.6)\times 2+2.1\times 4+0.9\times 8]\times 0.06 - 0.06\times 0.06\times 4\}\times 0.3$
= 2.13m^3

挑檐天沟工程量小计:10.41m^3

(5) 栏板按实体积计算,适用于阳台、楼梯等栏板。

(6) 零星构件,适用于现浇混凝土扶手、柱式栏杆及其他未列项目且单件体积在 0.05m^3 以内的小型构件,其工程量按实体积计算。

(7) 预制钢筋混凝土框架柱的现浇接头(包括梁接头)按设计规定断面面积乘长度以立方米计算,套用框架柱接头项目。

(8) 预制钢筋混凝土板之间,按设计规定需现浇板缝时,若板缝宽度(指下口宽度)在 20cm 以内者,按预制板间补现浇板缝项目计算,板缝宽度超过 20cm 者,按平板项目计算。

(9) 混凝土后浇带按图示尺寸以实体积计算。

【例 4-8】 某工程楼板采用预应力钢筋混凝土空心板,板厚 130mm,布置如图 4-39 所示,试计算空心板间补现浇板缝工程量。

【解】 每条板缝宽度为:$(7.2-0.24-0.59\times 10)\div 9 = 117.8\text{mm}$ 板缝宽满足要求。

现浇混凝土板缝体积 = $(7.2-0.24-0.59\times 10)\times 3.6\times 0.13 = 0.50\text{m}^3$

三、预制混凝土构件

(1) 预制混凝土构件除另有规定外均按图示尺寸以实体积计算,不扣除构件内钢筋、铁件所占体积。

(2) 基础梁按相应断面形式梁的项目计算。

(3) 大型屋面板之间的槽形嵌板,按大型屋面板项目计算,T形嵌板按檩条项目计算。

(4) L形板按单肋板项目计算。

(5) 楼梯休息平台板、女儿墙板、壁柜板、吊柜板、碗柜板等小型平板,按预制平板项目计算。

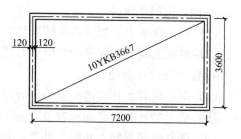

图 4-39 空心板布置图

(6) 预制大门框可分别按柱及过梁相应项目计算。

(7) 预制构件的制作工程量,应按图纸计算的实体积(即安装工程量)另加相应安装项目中规定的损耗量。

【例 4-9】 如上图 4-39 所示,计算预制混凝土空心板工程量。

【解】 查《建筑构件通用图集—预应力混凝土短向空心板》,每块 YKB3667 的体积为 $0.158m^3$。

空心板体积 $= 0.158 \times 10 = 1.58 \ m^3$

则空心板制作工程量 $= 1.58 \times 1.01 = 1.596 \ m^3$(安装损耗率 1%)

(8) 预应力钢筋混凝土构件

1) 预应力钢筋混凝土构件的计算方法与非预应力钢筋混凝土预制构件相同。

2) 预应力钢筋和普通钢筋(预应力构件中的非预应力钢筋),应分别套用相应项目。预应力钢筋的钢种可按设计规定换算。

四、构筑物混凝土工程

1. 烟囱

(1) 烟囱基础与筒身的划分:设计室外地坪以下为基础,以上为筒身。

(2) 砖烟囱的钢筋混凝土圈梁和过梁,应按实体积计算,分别套用本章相应项目。

(3) 烟囱的钢筋混凝土集灰斗(包括:分隔墙、水平隔墙、梁、柱等),应按相应项目计算。

(4) 烟道中的钢筋混凝土构件,应按相应项目计算。

(5) 钢筋混凝土烟道,按混凝土地沟项目计算,但架空烟道不能套用。

2. 水塔

(1) 水塔基础,按烟囱基础相应项目计算。

钢筋混凝土基础以实体积计算。钢筋混凝土筒式塔身以钢筋混凝土基础扩大顶面为分界线,以上为塔身,以下为基础;柱式塔身以柱脚与基础底板或与梁交接处为分界线,以上为塔身,以下为基础。与基础底板相连的梁,并入基础内计算。

(2) 钢筋混凝土筒式塔身以实体积计算,扣除门窗洞口所占体积,依附于筒身的过梁、雨篷、挑檐等,工程量并入筒身体积内计算;柱式塔身,不分柱、梁和直柱、斜柱,均以实体积合并计算。

(3) 水箱

钢筋混凝土水塔水箱的工程量按塔顶及槽底、水箱内外壁分别计算。塔顶包括顶板和圈梁,槽底包括底板挑出的斜壁板和圈梁等。

3. 钢筋混凝土沉井

(1) 沉井混凝土工程量以实体积计算。

(2) 封底混凝土工程量按井壁中心线范围以内的面积乘以厚度计算。

4. 检查井及化粪池

(1) 钢筋混凝土井（池）壁均不分厚度以实体积计算。凡与井（池）壁连接的管道和井（池）壁上的孔洞，其面积在 $0.05m^2$ 以内者不予扣除，超过 $0.05m^2$ 时，应予扣除。

(2) 预制钢筋混凝土井圈、井盖、盖板制作，按相应项目计算。

五、钢筋、铁件工程

1. 主要说明及计算规则要点

(1) 钢筋工程应区别现浇构件、预制构件、预应力先张法、预应力后张法按不同规格分别按图纸计算。铁件制安按图纸计算。

(2) 钢筋、铁件用量应按施工图及设计规定计算净用量（含张拉预留量），另加施工损耗。即：

现浇构件钢筋、铁件用量 = 钢筋、铁件净用量 × (1 + 钢筋、铁件损耗率)　　(4-36)

预制构件钢筋 = 钢筋、铁件净用量 × (1 + 构件损耗率) × (1 + 钢筋损耗率)　　(4-37)

钢筋、铁件施工损耗率：现浇3%，预制2%；预应力：低碳冷拔钢丝9%，大型屋面板、大楼板、槽形板、平板、矩形梁、T型梁、支撑、檩条、天窗上下档、天沟板、挑檐板、桥架、薄腹屋架、托架梁6%，鱼腹式梁T型吊车梁13%，后张预应力钢丝束10%，无黏结、有黏结预应力钢丝束6%，铁件1%。

直径5mm以内的钢筋按冷拔钢丝项目计算，冷拔钢丝价格内已包括加工费，不再另行计算。

每米钢筋质量表　　表4-9

直径 (mm)	断面 (cm^2)	每米质量 (kg)	直径 (mm)	断面 (cm^2)	每米质量 (kg)	直径 (mm)	断面 (cm^2)	每米质量 (kg)
4	0.126	0.099	10	0.785	0.617	20	3.142	2.47
5	0.196	0.154	12	1.131	0.888	22	3.801	2.98
6	0.283	0.222	14	1.539	1.21	25	4.999	3.85
6.5	0.332	0.260	16	2.011	1.58	28	6.158	4.83
8	0.503	0.395	18	2.545	2.000	32	8.042	6.31

(3) 钢筋接头设计图纸已规定的按设计图纸计算；设计图纸未作规定的，现浇混凝土的水平通长钢筋搭接量，直径25mm以内者，按8m长一个接头，直径25mm以上者按6m长一个接头，搭接长度按规范及设计规定计算。现浇混凝土竖向通长钢筋（指墙、柱的竖向钢筋）亦按以上规定计算，但层高小于规定接头间距的竖向钢筋接头，按每自然层一个计算。钢筋搭接采用电渣压力焊、冷挤压、锥螺纹钢筋接头者按设计规定套用相应项目，同时不再计算接头数量。钢筋重量参见表4-9取用。

(4) 纵向受力钢筋的混凝土保护层最小厚度要求如表4-10。

纵向受力钢筋的混凝土保护层最小厚度（mm）　　　　表 4-10

环境类别		板、墙、壳			梁			柱		
		≤C20	C25~C45	≥C50	≤C20	C25~C45	≥C50	≤C20	C25~C45	≥C50
一		20	15	15	30	25	25	30	30	30
二	a	—	20	20	—	30	30	—	30	30
	b	—	25	20	—	35	30	—	35	30
三		—	30	25	—	40	35	—	40	35

注：1. 基础纵向受力钢筋的混凝土保护层厚度应不小于40mm；当无垫层时不应小于70mm。

2. 混凝土结构的环境类别划分

环境类别		条　件
一		室内正常环境
二	a	室内潮湿环境；非严寒和非寒冷地区的露天环境、与无侵蚀性的水或土直接接触的环境
	b	严寒和寒冷地区的露天环境、与无侵蚀性的水或土直接接触的环境
三		使用除冰盐的环境；严寒和寒冷地区冬季水位变动的环境；滨海的室外环境
四		海水环境
五		受人为或自然的侵蚀性物质影响的环境

（5）纵向受力钢筋最小锚固长度按表 4-11、表 4-12、表 4-13 取值。

受拉钢筋最小锚固长度 l_a　　　　表 4-11

钢　筋　种　类			混凝土强度等级				
			C20	C25	C30	C35	≥C40
HPB235	普通钢筋		$31d$	$27d$	$24d$	$22d$	$20d$
HRB335	普通钢筋	$d≤25$	$39d$	$34d$	$30d$	$27d$	$25d$
		$d>25$	$42d$	$37d$	$33d$	$30d$	$27d$
HRB400 RRB400	普通钢筋	$d≤25$	$46d$	$40d$	$36d$	$33d$	$30d$
		$d>25$	$51d$	$44d$	$39d$	$36d$	$33d$

纵向受拉钢筋一、二级抗震锚固长度 l_{aE}　　　　表 4-12

钢　筋　种　类			混凝土强度等级				
			C20	C25	C30	C35	≥C40
HPB235	普通钢筋		$36d$	$31d$	$27d$	$25d$	$23d$
HRB335	普通钢筋	$d≤25$	$44d$	$38d$	$34d$	$31d$	$29d$
		$d>25$	$49d$	$42d$	$38d$	$34d$	$32d$
HRB400 RRB400	普通钢筋	$d≤25$	$53d$	$46d$	$41d$	$37d$	$34d$
		$d>25$	$58d$	$51d$	$45d$	$41d$	$38d$

纵向受拉钢筋三级抗震锚固长度 l_{aE}　　　　表 4-13

钢　筋　种　类			混凝土强度等级				
			C20	C25	C30	C35	≥C40
HPB235	普通钢筋		$33d$	$28d$	$25d$	$23d$	$21d$
HRB335	普通钢筋	$d≤25$	$41d$	$35d$	$31d$	$29d$	$26d$
		$d>25$	$45d$	$39d$	$34d$	$31d$	$29d$
HRB400 RRB400	普通钢筋	$d≤25$	$49d$	$42d$	$37d$	$34d$	$31d$
		$d>25$	$53d$	$46d$	$41d$	$38d$	$34d$

注：1. 四级抗震等级，$l_{aE} = l_a$。

2. 在任何情况下，锚固长度不得小于250mm。

(6) 纵向受拉钢筋绑扎搭接长度

$$抗震搭接长度\ l_{lE} = \xi l_{aE} \tag{4-38}$$

$$非抗震搭接长度\ l_l = \xi l_a \tag{4-39}$$

式中 ξ 为搭接长度修正系数，与纵向钢筋搭接接头面积百分率有关。按表4-14取值。

纵向钢筋搭接接头面积百分率　　　　　　表4-14

纵向钢筋搭接接头面积百分率（%）	≤25	50	100
ξ	1.2	1.4	1.6

对于梁类、板类及墙类构件，纵向钢筋搭接接头面积百分率不宜大于25%，对于柱类构件，纵向钢筋搭接接头面积百分率不宜大于50%。

在任何情况下，纵向受拉钢筋绑扎搭接接头的搭接长度均不应小于300mm。对于纵向受压钢筋，绑扎搭接接头的搭接长度一般取受拉钢筋直径的0.7倍，且任何情况下不应小于200mm。

(7) 有关钢筋长度计算

1) 钢筋弯钩增加长度

钢筋的弯钩形式主要有三种：半圆弯钩（180°）、直弯钩（90°）、斜弯钩（135°），如图4-40所示。半圆弯钩是最常用的一种弯钩，对于光圆钢筋其末端应做180°弯钩，弯后平直段长度不应小于$3d$，在作为受压钢筋时可不作弯钩。直弯钩一般应用较少，斜弯钩一般用在箍筋等直径较小的钢筋中。钢筋弯钩增加长度计算如图4-40所示，其计算值为：半圆弯钩为$6.25d$，直弯钩为$3.5d$，斜弯钩为$4.9d$。（按弯心直径$2.5d$，平直部分$3d$计算）

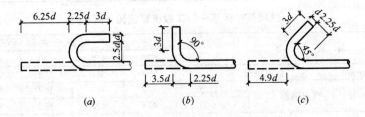

图4-40　钢筋弯钩计算简图

2) 弯起钢筋斜长

弯起钢筋斜长如图4-41所示，弯起钢筋斜长系数见表4-15。

弯起钢筋斜长系数表　　　　　　表4-15

弯起角度	$\alpha = 30°$	$\alpha = 45°$	$\alpha = 60°$
斜边长度 s	$2h_0$	$1.41h_0$	$1.15h_0$
底边长度 l	$1.732h_0$	h_0	$0.575h_0$
增加长度 $s-l$	$0.268h_0$	$0.41h_0$	$0.575h_0$

注：h_0为弯起高度。

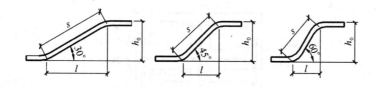

图 4-41 弯起钢筋长度计算示意图

3）箍筋长度计算

一般情况下箍筋多采用封闭式弯成矩形，封闭端采用135°的弯钩，弯钩平直段的长度，对于有抗震要求构件为$10d$，非抗震要求构件为$5d$，如图 4-42 所示。

箍筋长度 = 单根箍筋长度 × 箍筋根数

(4-40)

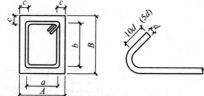

图 4-42 箍筋长度计算示意图

对于矩形构件箍筋单根长度（中心线长度）根据抗震和非抗震情况，可按下式计算：

抗震区： 单根箍筋长度 = 构件断面周长 $- 8c + 26.5d$ (4-41)

$= (a + b) \times 2 + 22.5d$ (4-42)

非抗震区： 单根箍筋长度 = 构件断面周长 $- 8c + 16.5d$ (4-43)

$= (a + b) \times 2 + 12.5d$ (4-44)

式中 箍筋中心断面长度——$(a + b) \times 2$；

c——构件受力钢筋保护层厚度；

d——箍筋的直径；

$$箍筋根数 = \frac{箍筋配置段长度}{箍筋间距} + 1 \quad (4\text{-}45)$$

箍筋配置段长度对于等截面构件来说，是等于构件长度减两端保护层厚度。对于有些构件存在部分区段箍筋加密时，在箍筋根数计算时应按加密和非加密区段的长度分别计算。

对于具有等截面带变截面的构件，也应分段计算。

2. 常见构件钢筋用量计算。

【例 4-10】 某工程基础平面布置如图 4-43 所示，试计算钢筋混凝土条形基础底板钢筋工程量。

【解】 钢筋保护层厚度为 40mm，分布筋纵向按 8m 一个搭接头，搭接长度为 $37d$。

（1）A 轴钢筋布置为：$\phi 14@110 + \phi 6@200$

主筋 $\phi 14$ 钢筋根数 $n =$ （基础长度 $- 2 \times$ 钢筋保护层厚度）÷ 主筋间距 + 1

$= (4.8 + 4.2 + 1.26 \times 2 - 0.04 \times 2) \div 0.11 + 1 = 105$ 根

单长 $l =$ 基础宽度 $- 2 \times$ 钢筋保护层厚度 + 两端弯钩长度

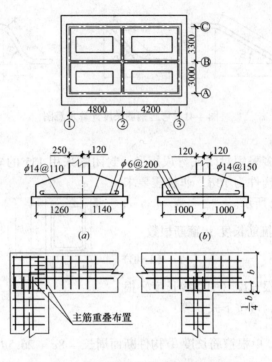

图 4-43 钢筋混凝土条形基础钢筋布置图

(a) 外墙基础大样；(b) 内墙基础大样

（注：主筋和分布筋搭接长度为260mm）

$$= 2.40 - 0.04 \times 2 + 12.5d = 2.495\text{m}$$

$\phi 14$ 钢筋长度 = 单长 × 根数 = $2.495 \times 105 = 261.98\text{m}$

分布筋 $\phi 6$ 根数 n = （基础宽度 − 2×钢筋保护层厚度）÷ 分布筋间距 + 1

$$= (2.40 - 0.04 \times 2) \div 0.2 + 1 = 12.6 \text{ 取 } 13 \text{ 根}$$

单长 l = 基础内净长 + 2×钢筋保护层厚度 + 两端与主筋搭接长度 + 两端弯钩长度 + 纵向超过 8m 时搭接头长度

$$= (4.8 + 4.2 - 1.14 \times 2) + 0.04 \times 2 + 0.26 \times 2 + 12.5d = 7.395\text{m}$$

$\phi 6$ 筋长度 = 单长 × 根数 = $7.395 \times 13 = 96.14\text{m}$

(2) C轴与A轴对称，C轴钢筋：$\phi 14$ 筋长度 = 261.98m，$\phi 6$ 筋长度 = 96.14m

由于拐角处主筋重叠布置，同理，①、③轴钢筋长度分别为：

$\phi 14$ 筋根数 $n = (3 + 3.3 + 1.26 \times 2 - 0.04 \times 2) \div 0.11 + 1 = 80.45$ 取 80 根

单长 $l = 2.40 - 0.04 \times 2 + 12.5d = 2.495\text{m}$

$\phi 14$ 筋长度 $= 2.495 \times 80 = 199.60\text{m}$

$\phi 6$ 筋根数 $n = (2.40 - 0.04 \times 2) \div 0.2 + 1 = 12.6$ 取 13 根

单长 $l = (3 + 3.3 - 1.14 \times 2) + 0.04 \times 2 + 0.26 \times 2 + 12.5d = 4.70\text{m}$

$\phi 6$ 筋长度 $= 4.70 \times 13 = 61.1\text{m}$

(3) B轴为内墙基础，T形接头处两端主筋分别布置到①、③轴宽度的内侧 1/4 处，钢筋布置为：$\phi 14@150 + \phi 6@200$。

$\phi 14$ 钢筋根数 n = （内墙基础净长 + 1/4 T形接头基础宽度）÷ 主筋间距 + 1

$$= [(4.8 + 4.2 - 1.14 \times 2) + (2.4 \div 4) \times 2] \div 0.15 + 1$$
$$= 53.8 \text{ 取 54 根}$$

单长 l = 基础宽度 $-2\times$ 钢筋保护层厚度 + 两端弯钩长度

$$= 2 - 0.04 \times 2 + 12.5d = 2.095\text{m}$$

$\phi 14$ 钢筋长度 $= 2.095 \times 54 = 113.13\text{m}$

$\phi 6$ 钢筋根数 $n = (2 - 0.04 \times 2) \div 0.2 + 1 = 10.6$ 取 11 根

单长 l = 内墙基础净长 + 1/4T形接头基础宽度 + 两端弯钩长度 + 纵向超过8m时搭接头长度

$$= [(4.8 + 4.2 - 1.14 \times 2) + (2.4 \div 4) \times 2 + 12.5d] = 7.995\text{m}$$

$\phi 6$ 钢筋长度 $= 7.995 \times 11 = 87.95\text{m}$

(4)②轴钢筋计算时,可分成两段计算,即 A 轴~B 轴和 B 轴~C 轴两段,其钢筋布置为:$\phi 14@150 + \phi 6@200$。同理,

$\phi 14$ 钢筋根数:

A 轴~B 轴间:$n_1 = [(3 - 1.14 - 1) + (0.6 + 0.5)] \div 0.15 + 1 = 14.1$ 取 14 根

B 轴~C 轴间:$n_2 = [(3.3 - 1.14 - 1) + (0.6 + 0.5)] \div 0.15 + 1 = 16.1$ 取 16 根

单长 $l = 2 - 0.04 \times 2 + 12.5d = 2.095\text{m}$

$\phi 14$ 钢筋长度 $= 2.095 \times (14 + 16) = 62.85\text{m}$

$\phi 6$ 钢筋根数 $n = (2 - 0.04 \times 2) \div 0.2 + 1 = 10.6$ 取 11 根

单长 l:

A 轴~B 轴:$l_1 = [(3 - 1.14 - 1) + (0.6 + 0.5) + 12.5d] = 2.035\text{m}$

B 轴~C 轴:$l_2 = [(3.3 - 1.14 - 1) + (0.6 + 0.5) + 12.5d] = 2.335\text{m}$

$\phi 6$ 钢筋长度 $= (2.035 + 2.335) \times 11 = 48.07\text{m}$

基础底板钢筋小计:$\phi 14$ 钢筋长 $= 1097.05\text{m}$,$\phi 6$ 钢筋长 $= 450.50\text{m}$

$\phi 14$ 钢筋重量 $= 1097.05 \times 1.21 \times 1.03 = 1367\text{kg}$

$\phi 6$ 钢筋重量 $= 450.50 \times 0.222 \times 1.03 = 103\text{kg}$

【例 4-11】 某砖混结构共两层,外墙为 370 墙,内墙为 240 墙,结构平面如图 4-44 所示。构造柱为 C20 混凝土,截面同墙宽,配筋为:GZ370×370 $6\phi 14 + \phi 6@200$;GZ370×240 $6\phi 14 + \phi 6@200$;GZ240×240 $4\phi 14 + \phi 6@200$,构造柱钢筋下至垫层顶,上端锚入顶层圈梁。各层圈梁沿墙满布,圈梁高度均为 180mm,顶层圈梁标高为 +6.60m。圈梁配筋为 370 墙:$6\phi 12 + \phi 6@200$;240 墙:$4\phi 12 + \phi 6@200$。计算构造柱的钢筋量。

【解】 构造柱钢筋:

由图中知,构造柱 370×370:4 根;370×240:6 根;240×240:2 根。

主筋单根长度 = 构造柱高度 - 顶层圈梁高 + 上下端锚固长度 + 搭接长度

$$= (6.60 + 1.8 - 0.1 - 0.4 - 0.18) + (0.56 \times 2 + 12.5d)$$
$$+ (0.67 + 12.5d) \times 2 = 10.705\text{m}$$

主筋 $\phi 14$ 长度 = 根数 × 单根长度

$$= (6 \times 4 + 6 \times 6 + 4 \times 2) \times 10.705 = 727.94\text{m}$$

箍筋 $\phi 6$ 单长:

370×370:$0.37 \times 4 - 0.03 \times 8 + 26.5d = 1.399\text{m}$

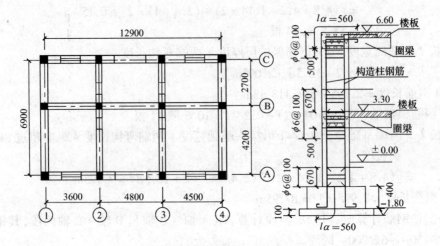

图 4-44 构造柱钢筋示意图
(a) 结构平面布置图；(b) 构造柱钢筋示意图

370×240：$(0.37 + 0.24) \times 2 - 0.03 \times 8 + 26.5d = 1.139$m
240×240：$0.24 \times 4 - 0.03 \times 8 + 26.5d = 0.879$m

单根构造柱箍筋根数可近似按下式计算：
单根构造柱箍筋根数 = 加密区根数 + 非加密区根数
加密区根数 =（加密区段长度÷加密区间距）
$\qquad = (0.67 \times 2 + 0.5 \times 2 + 0.18 \times 2) \div 0.1 = 2.7 \div 0.1$
$\qquad = 27$ 根
非加密区根数 =（构造柱箍筋布置长度 - 加密区段长度）÷非加密区间距 + 1
$\qquad = (6.6 + 1.8 - 0.1 - 0.03 \times 2 - 2.7) \div 0.2 + 1$
$\qquad = 28.7$ 取 29 根
单根构造柱箍筋根数 = 27 + 29 = 56 根
箍筋 $\phi 6$ 长度 = Σ（箍筋单长×构造柱根数）× 单根构造柱箍筋根数
$\qquad = (1.399 \times 4 + 1.139 \times 6 + 0.879 \times 2) \times 56 = 794.53$m

【例 4-12】 某结构 C20 混凝土矩形梁，如图 4-45 所示，计算该矩形梁的钢筋量。

【解】 钢筋最小锚固长度取 $39d$，保护层取 30mm。

上层通筋 2Φ20 长度 =（梁的净长 + 伸入支座钢筋长度 + 钢筋搭接长度）× 钢筋根数
$\qquad = (4.5 + 4.8 + 0.15 \times 2 - 0.03 \times 2 + 0.3 \times 2 + 39d \times 1.2) \times 2$
$\qquad = 22.152$m

支座钢筋 2Φ16 长度 =（从支座边延伸长度 + 伸入支座钢筋长度）× 钢筋根数
$\qquad = (1.3 + 0.3 - 0.03 - 0.3) \times 2 + (1.4 \times 2 + 0.3) \times 2$
$\qquad + (1.4 + 0.3 - 0.03 + 0.3) \times 2 = 13.88$m

下部纵筋 3Φ18 长度 =（梁的净长 + 伸入支座钢筋长度）× 钢筋根数
$\qquad = (4.2 + 0.25 + 0.3 - 0.03 + 0.24) \times 3 + (4.5 + 0.25 + 0.3 - 0.03 +$
$\qquad 0.24) \times 3$
$\qquad = 30.66$m

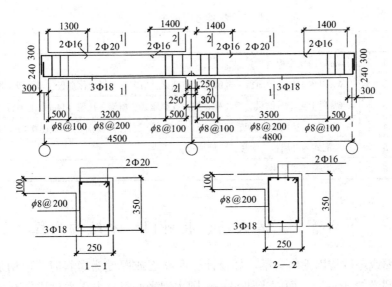

图 4-45 梁配筋示意图

箍筋 $\phi 8$：单长 $(0.25+0.35) \times 2 - 8 \times 0.03 + 26.5d = 1.172$ m

根数　加密区：$(0.5 \div 0.1 + 1) \times 4$ 取 24 根

　　　　非加密区：$(3.2 \div 0.2 - 1) + (3.5 \div 0.2 - 1) = 31.5$ 取 32 根

箍筋共计 56 根

箍筋 $\phi 8$ 长度：$1.172 \times 56 = 65.63$ m

六、预制混凝土构件安装与运输

本部分用于由构件堆放场地或构件加工厂至施工现场 25 km 以内的运输。运距超过 25km 时，由承发包双方协商确定全部运输费用。

1. 预制混凝土构件安装

（1）构件安装按下式计算

$$\text{预制混凝土构件安装工程量} = \text{施工图计算净用量} \tag{4-46}$$

（2）预制钢筋混凝土柱不分形状，均按柱安装项目计算；管道支架，按柱安装项目计算；多节预制柱安装，其首层柱按柱安装项目，首层以上柱按柱接柱项目计算。

（3）预制混凝土柱接柱，如设计规定采用钢筋焊接现浇柱结点时，其混凝土按第四章相应项目计算。

（4）排风道区分不同型号以延长米计算。

（5）组合钢屋架系指上弦为钢筋混凝土，下弦为型钢，计算安装工程量时，以混凝土实体积计算，钢杆件部分不另计。

2. 预制混凝土构件运输

（1）构件运输按表 4-16 分类计算

（2）预制混凝土构件运输工程量 = 预制混凝土构件的制作工程量

$$= \text{施工图计算净用量} \times (1 + \text{安装损耗率}) \tag{4-47}$$

（3）加工厂制作的加气混凝土板（块）、硅酸盐块运输，按 1m^3 折合 0.4m^3 钢筋混凝土体积，套用 1 类构件运输相应项目。

构件分类表 表4-16

类别		项目
预制混凝土构件	1	4m以内实心板
	2	6m以内的桩、屋面板、进深梁、基础梁、吊车梁、楼梯休息板、楼梯段、阳台板
	3	6m以上至14m的梁、板、柱、桩,各类屋架、桁架、托架(14m以上另行处理)
	4	天窗架、挡风架、侧板、端壁板、天窗上下档、门框及单体积在0.1m³以内小型构件
	5	装配式内外墙板、大楼板、厕所板
	6	隔墙板(高层用)

第六节 厂库大门、特种门、木结构工程

木材断面或厚度均以毛料为准。如设计注明断面或厚度为净料时,应增加刨光损耗:板方材一面刨光加3mm,二面刨光加5mm,圆木刨光按每立方米木材增加0.05m³计算。

计算规则要点和计算方法如下:

(1) 厂库房大门按构造分为木板大门扇(平开、推拉)、平开钢木大门扇、钢木折叠大门扇、推拉钢木大门扇等分别按扇外围面积计算。

(2) 厂库房钢大门、钢折叠门、钢围墙大门、密闭钢门等特种钢门,其中厂库房钢大门、钢折叠门、钢围墙大门、密闭钢门安装按框外围面积计算,钢围墙大门按扇外围面积计算。

(3) 平开式、折叠式、推拉式全板钢门制作按重量以吨(t)计算,安装工程量按框外围面积计算。

(4) 特种门包括冷库门、冻结间门、射线防护门、防火门、变电室门、保温隔声门等,其中冷库门、冻结间门、防火门、射线防护门按扇外围面积计算,电室门、保温隔声门按框外围面积计算。

(5) 钢制半截百叶门制作、安装均按重量以吨(t)计算。

(6) 屋架按竣工木料以"m³"计算。其后备长度及配制损耗均已包括在定额内,不另计算。屋架需刨光者,按加刨光损耗后的毛料计算。附属于屋架的木夹板、垫木、风撑和与屋架相连接的挑檐木均按竣工木料计算后,并入相应的屋架内。与圆木屋架连接的挑檐木、风撑等如为方木时,可另列项目按方檩木计算。单独的挑檐木也按方檩计算。

(7) 带气楼屋架的气楼部分及马尾、折角和正交部分的半屋架应并入相连接的正屋架的竣工材积计算。

四面坡屋面、山墙部位斜屋面处的半屋架称为马尾屋架。平面为L形的坡屋面,阴阳角处的半屋架称为折角屋架。平面为T形的坡屋面,纵横交接处的半屋架称为正交屋架(如图4-46)。

(8) 支承屋架的混凝土垫块,按钢筋混凝土分部中有关定额计算。

(9) 屋架的跨度是指屋架两端上、下弦中心线交点之间的长度。带气楼的屋架按所依附的屋架跨度计算。

(10) 屋架垂直运输费已包括在定额内,不论在屋顶组成或地面组成,均不换算。

(11) 檩木按竣工木料以 m³ 计算,檩垫木或钉在屋架上的檩托木已包括在定额内,不另计算。简支檩长度按设计规定计算,如设计未规定时按屋架或山墙中距增加 10cm 接头计算(两端出山墙檩条算至搏风板);连续檩的长度按设计长度计算,如设计无规定时,其接头长度按全部连续檩的总长度增加 5% 计算。正放檩木上的三角木应并入檩木材积内计算。

(12) 椽子、挂瓦条、檩木上钉屋面板等木基层,均按屋面的斜面积计算。天窗挑

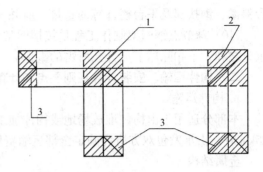

图 4-46 屋架
1—正交屋架;2—折角屋架;3—马尾屋架

檐重叠部分按设计规定增加,屋面烟囱及斜沟部分所占的面积不予扣除。

(13) 无檐口顶棚封檐板,按檐口的外围长度计算;搏风板按其水平投影长度乘屋面坡度的延长系数后每头加 15cm 计算(两坡水屋面共加 30cm)。

第七节 金属结构工程

金属构件制作包括分段制作和整体预装配等全部操作过程所使用的人工、材料及机械台班用量。整体预装配用的螺栓及锚固杆件用的螺栓已包括在项目内。金属结构构件制作项目内包括钢材损耗,并包括刷一遍防锈漆的工料。金属屋架单榀重量在 1t 以内者,按轻钢屋架项目计算。

一、构件制作计算规则要点和计算方法

(1) 金属结构构件制作按设计图示钢材尺寸以吨(t)计算,不扣除孔眼、切边的重量,焊条、铆钉、螺栓等重量已包括在项目内不另计算。在计算不规则或多边形钢板重量时均以其最大对角线乘以最大宽度的矩形面积计算。

(2) 实腹柱、吊车梁J型钢按图示尺寸计算,其中腹板及翼板宽度按每边增加 25mm 计算。

(3) 计算钢柱制作工程量时,依附于柱上的牛腿及悬臂梁重量应并入柱身的重量内计算。

(4) 计算吊车梁制作工程量时,依附于吊车梁的连接钢板重量并入吊车梁重量内,但依附于吊车梁上的钢轨、车档、制动梁的重量,应另列项目计算。

(5) 计算钢屋架制作工程量时,依附于屋架上的檩托、角钢重量并入钢屋架重量内计算。

(6) 计算钢托架(支撑中间屋架的构件)制作工程量时,依附于托架上的牛腿或悬臂梁的重量应并入钢托架重量内计算。

(7) 计算钢墙架(由钢柱、梁、连系拉杆组成的承重墙钢架结构)制作工程量时,墙架柱、墙架梁及连系拉杆重量并入钢墙架重量内计算。

(8) 钢支撑制作项目包括柱间、屋架间水平及垂直支撑以吨(t)为单位计算。

(9) 计算钢平台制作工程量时,平台柱、平台梁、平台板(花纹钢板或蓖式的)、平

台斜撑、钢扶梯及平台栏杆等的重量,应并入钢平台重量内计算。

(10)球节点钢网架制作工程量按钢网架整个重量计算,即钢杆件、球节点、支座等重量之和,不扣除球节点开孔所占的重量。

二、构件运输、安装计算规则要点和计算方法

1. 构件运输

本部分适用于由构件堆放场地或构件加工厂至施工现场25km以内的运输。运距超过25km时,由承发包双方协商确定全部运输费用。

金属结构

$$金属结构运输工程量 = 金属构件安装工程量$$
$$= 金属构件制作工程量 + 1.5\%焊条重量 \quad (4-48)$$

构件运输按表4-17分类计算。

2. 构件安装

(1) 构件安装是按机械起吊点中心回转半径15m以内的距离计算的,如超过回转半径应另按构件1km运输项目计算场内运输费用。建筑物地面以上各层构件安装,不论距离远近,已包括在项目的构件安装内容中,不受15m的限制。

(2) 金属结构构件安装是按檐口高度20m以内及构件重量25t以内考虑的,如构件安装高度在20m以上或构件单个重超过25t时,项目中的人工、机械乘以下列系数:单机吊装乘以1.3,必须使用双机抬吊乘以1.5(使用塔吊者不乘系数)。

(3) 金属构件拼装和安装未包括连接螺栓,其费用另计。

(4) 金属结构安装工程量

$$金属结构安装工程量 = 金属构件制作工程量 + 1.5\%焊条重量 \quad (4-49)$$

1) 栏杆安装适用于平台栏杆等,依附于扶梯上的扶手栏杆应并入扶梯工程量计算。

2) 梯子安装适用于板式踏步、蓖式踏步扶梯及直式爬梯。U形爬梯的安装人工已包括在各相应项目内,不另计算。

构 件 分 类 表 表4-17

金属结构构件	1	钢柱、屋架、托架梁、防风桁架
	2	吊车梁、制动梁、型钢檩条、钢支撑、上下档、钢拉杆、栏杆、盖板、垃圾出灰门、倒灰门、箅子、爬梯、零星构件、平台、操作台、走道休息台、扶梯、钢吊车梯台
	3	墙架、挡风架、天窗架、组合檩条、轻型屋架、滚动支架、悬挂支架、道支架

【例4-13】 试计算图4-47钢屋架水平支撑的制作工程量。

【解】 (1) 角钢∠75×5 重量:(3.715+3.630)×5.28×2=85.5kg

(2) 钢板-8 重量:0.25×0.275×62.8×2=8.64kg

(3) 钢板-8 重量:0.25×0.325×62.8×2=10.21kg

(4) 钢板-8 重量:0.1×0.1×62.8=0.63kg

合计:角钢∠75×5　85.50kg

　　　钢板-8　　　　19.48kg

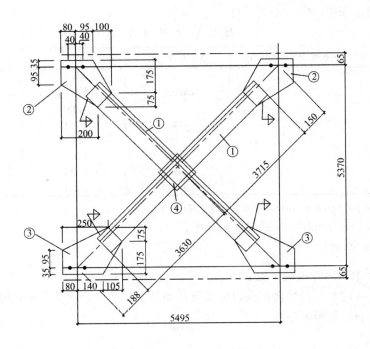

图 4-47 钢屋架水平支撑

第八节 屋面及防水工程

一、屋面防水工程

卷材及防水涂料屋面，均已包括基层表面刷冷底子油或处理剂一遍。油毡收头的材料包括在其他材料费内。卷材屋面坡度在 15°以下者为平屋面，超过 15°按卷材屋面人工增加表增加人工。

1. 瓦屋面

按图示尺寸的水平投影面积乘以屋面延尺系数，以平方米计算。不扣除房上烟囱、风帽底座、风道、屋面小气窗和斜沟等所占面积。而屋面小气窗出檐与屋面重叠部分的面积亦不增加。但天窗出檐部分重叠的面积应并入相应屋面工程量内计算。琉璃瓦檐口线及瓦脊以延长米计算。

2. 卷材及防水涂料屋面

按图示尺寸的水平投影面积乘以屋面延尺系数（见表 4-18），以平方米计算（见图 4-48）。不扣除房上烟囱、风帽底座、风道、斜沟等所占面积。平屋面的女儿墙、天沟和天窗等处弯起部分和天窗出檐部分重叠的面积应按图示尺寸，并入相应屋面工程量内计算。如图纸无规定时，伸缩缝、女儿墙的弯起部分可按 25cm 计算，天窗弯起部分可按 50cm 计算，但各部分

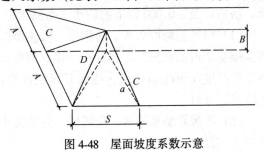

图 4-48 屋面坡度系数示意

的附加层已包括在项目内，不再另计。

屋面坡度系数表　　　　　　　　　　　表 4-18

坡度 B/A ($A=1$)	坡度 $B/2A$ ($A=1$)	坡角度 (α)	延尺系数 c ($A=1$)	隅延尺系数 ($A=1$)
1	1/2	45°	1.4142	1.7321
0.75		36°52′	1.2500	1.6008
0.70		35°	1.2207	1.5779
0.666	1/3	33°40′	1.2015	1.5620
0.65		33°01′	1.1926	1.5564
0.60		30°58′	1.1662	1.5362
0.577		30°	1.1547	1.5270
0.55		28°49′	1.1413	1.5170

注：1. 两坡排水屋面面积为屋面水平投影面积乘以延尺系数 C；
　　2. 四坡排水屋面斜脊长度 = $A \times D$（当 $S = A$ 时）；
　　3. 沿山墙泛水长度 = $A \times C$。

3. 平、瓦垄及压型板铁皮屋面

按图示尺寸的水平投影面积乘以屋面延尺系数，以平方米计算，不扣除房上烟囱、风帽底座、风道斜沟等所占面积。

4. 滴水线

按设计规定计算。设计无规定时，瓦屋面可加 5cm 计算；铁皮屋面有滴水线时，应另加 7cm 计算。

5. 薄钢板排水

按表 4-19 规定以展开面积计算。项目内已综合了刷油漆的工料，不再重复计算。

薄钢板排水单体零件工程量折算表　　　　　　表 4-19

名　称	单　位	折算 m²	名　称	单　位	折算 m²
带铁件部分			不带铁件部分		
圆形水落管	m	0.32	天沟	m	1.30
方形水落管	m	0.40	斜沟、天窗窗台泛水	m	0.50
檐沟	m	0.30	天窗侧面泛水	m	0.70
水斗	个	0.40	烟囱泛水	m	0.80
漏斗	个	0.16	通风管泛水	m	0.22
下水口	个	0.45	檐头泛水	m	0.24
			滴水	m	0.11

二、墙、地面防水、防潮工程

墙、地面防水、防潮工程适用于楼地面、墙基、墙身、构筑物、水池、水塔、室内厕所、浴室以及 ±0.000 以下的防水、防潮工程。

（1）建筑物地面防水、防潮层，按主墙间净空面积计算，扣除凸出地面的构筑物、设备基础等所占的面积，不扣除柱、垛、间壁墙、烟囱及 0.3m² 以内孔洞所占面积。与墙面连接处高度在 500mm 以内者按展开面积计算，并入平面工程量内；超过 500mm 时，按立面防水层计算。

（2）建筑物墙基防水、防潮层，外墙按中心线长度，内墙按净长线乘以墙基的宽度以平方米计算。

第九节 防腐、保温、隔热工程

保温、隔热适用于中温、低温及恒温的工业厂（库）房隔热工程及一般保温工程。

计算规则要点和计算方法如下：

1. 耐酸防腐

(1) 本节除注明者外，均以平方米计算。工程量按图示尺寸长度乘宽度（或高度）计算，扣除 $0.3m^2$ 以上的孔洞及突出地面的设备基础等所占的面积。混凝土工程量，按图示尺寸以立方米计算，并扣除 $0.3m^2$ 以上的孔洞及突出地面的设备基础等所占的体积。砖垛等突出墙面部分按展开面积计算，并入墙面工程量内。

(2) 踢脚板按实长乘高以平方米计算，并扣除门洞口所占的面积，侧壁的展开面积应增加。

(3) 平面砌双层耐酸块料，按相应项目加倍计算。

(4) 金属面刷过氯乙烯防腐漆计算规则按金属面油漆相应规则计算。

2. 保温、隔热

(1) 保温隔热层应区别不同保温隔热材料，均按设计实铺厚度以立方米计算，另有规定者除外。

(2) 墙体隔热层，均按墙中心线长度乘以图示尺寸高度及厚度以立方米计算。应扣除门窗洞口和 $0.3m^2$ 以上洞口所占体积。

(3) 软木、泡沫塑料板包柱子，其工程量按隔热材料展开长度的中心线乘以图示高度及厚度，以立方米计算。

(4) 软木、泡沫塑料板铺贴在混凝土板下，按图示长度、宽度、厚度的乘积，以立方米计算。

(5) 聚苯乙烯泡沫板附墙铺贴（胶浆粘结）、混凝土板下粘贴（无龙骨胶浆粘结）项目，按图示尺寸以平方米计算，扣除门窗洞口和 $0.3m^2$ 以上孔洞所占面积。

第十节 装饰装修工程量计算

一、楼地面工程

同一铺贴面上有不同种类、材质的材料，应分别按本节相应子目使用。

整体面层、块料面层中的楼地面项目，均不包括踢脚线（板）工料；楼梯面层不包括踢脚线、板侧面及板底抹灰，按设计要求使用相应项目时，均不包括找平层，如设计要求有找平层（垫层）时，按相应项目另行计算。

零星项目面层适用于楼梯侧面、台阶的侧面，小便池、蹲台、池槽，以及面积在 $1m^2$ 以内且未列项目的工程。

计算规则要点和计算方法如下：

(1) 楼地面面层、找平层按主墙间净面积计算。应扣除凸出地面的构筑物、设备基础及室内铁道等所占的面积（不需作面层的地沟盖板所占的面积亦应扣除），不扣除柱、垛、间壁墙、附墙烟囱及 $0.3m^2$ 以内孔洞所占的面积，但门洞、空圈和暖气包槽，壁龛的开口部分亦不增加。主墙是指砖墙、砌块墙厚度在180mm以上（包括180mm）或超过100mm以上（包括100mm）的钢筋混凝土剪力墙；其他非承重的间壁墙都视为非主墙。

（2）垫层按设计规定厚度乘以楼地面面积以立方米计算。

（3）块料面层楼地面装饰面积按饰面的实铺面积计算，不扣除$0.1m^2$以内的孔洞所占面积。拼花部分按实贴面积计算。

（4）楼梯面积（包括踏步、休息平台以及小于500mm宽的楼梯井）按水平投影面积计算。楼梯与楼面分界以楼梯梁外边缘为界。

楼梯防滑条按设计规定长度计算，如设计无规定者，可按踏步长度两边共减15cm计算。

（5）阶梯教室地面，按展开面积计算，套用相应的地面面层项目，人工乘以1.08系数，如地面面层是块料面层，其损耗率可按实际调整。

（6）台阶面层（包括踏步及最上一层踏步沿300mm宽）按水平投影面积计算。平台部分套地面子目。

（7）踢脚线按实贴长度乘高度以平方米计算（现场制作）；成品踢脚线按实贴延长米计算，高度不同时通过单价来考虑。

（8）点缀按个计算，计算主体铺贴地面面积时，不扣除点缀所占面积。

（9）零星项目按实铺面积计算。

（10）栏杆、栏板、扶手均按其中心线长度以延长米计算，不扣除弯头所占长度。

（11）弯头按个计算。

（12）台阶基层（包括踏步及最上一层踏步沿300mm宽）按水平投影面积计算。

（13）散水按设计图示尺寸以平方米计算，应扣除穿过散水的踏步、花台面积。

（14）防滑坡道按斜面积计算，坡道与台阶相连处，以台阶外围面积为界。与建筑物外门厅地面相连的混凝土斜坡道及块料面层按相应的地面项目人工乘以1.1系数计算。

【例4-14】 计算图4-49所示台阶及平台镶贴花岗石面层工程量。

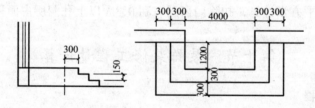

图4-49 台阶示意图

【解】 平台镶贴花岗石面层工程量：

$$(4.0 - 0.3 \times 2) \times (1.2 - 0.3) = 3.06 m^2$$

台阶镶贴花岗石面层工程量：

$$(4.0 + 0.3 \times 4) \times (1.2 + 0.3 \times 2) - 3.06 = 6.30 m^2$$

二、墙柱面工程

计算规则要点和计算方法如下：

1. 外墙抹灰

（1）外墙面、墙裙（系指高度在1.5m以内）抹灰，按平方米计算，扣除门窗洞口、空圈、腰线、挑檐、门窗套、遮阳板所占的面积，不扣除 0.3m² 以内的孔洞面积，但门窗洞口及空圈的壁和垛的侧壁应展开计算，并入相应的墙面抹灰工程量内计算。

（2）女儿墙顶及内侧、暖气沟、化粪池的抹灰，以展开面积按墙面抹灰相应项目计算，突出墙面的女儿墙压顶，其压顶部分应以展开面积，按普通腰线项目计算。

装饰线是指突出抹灰面所起的线脚，每突出一个棱角为一道灰线，檐口滴水槽不作为突出抹灰面线脚。普通腰线系指突出墙面一至二道棱角线。复杂腰线系指突出墙面三至四道棱角线（每突出墙面一个阳角为一道棱角线）。

（3）腰线按展开宽度乘以长度以平方米计算（展开宽度按图示的结构尺寸为准）。

（4）天沟、泛水、楼梯或阳台栏板、内外窗台板、压顶、厕所蹲台、浴池、水槽腿、锅台、独立的窗间墙及窗下墙、讲台侧面、烟囱帽、烟囱根及烟囱眼、垃圾箱、通风口、上人孔、碗柜及吊柜隔板、小型设备基座等项目的抹灰，按相应的普通腰线项目计算。

（5）楼梯或阳台栏杆、扶手、池槽、小便池、柱帽及柱脚、方（圆）窖井圈、花饰等项的抹灰，按相应的复杂腰线项目计算。

（6）挑檐、砖出檐、门窗套、遮阳板、花台、花池、宣传栏、雨篷、阳台等的抹灰，凡突出墙面一至二道棱角线的，按普通腰线项目计算；突出墙面三至四道棱角线的，按复杂腰线相应项目计算。

（7）内外窗台板抹灰工程量，如设计图纸无规定时，可按窗外围宽度共加 20cm 乘展开宽度以平方米计算，外窗台与腰线连接时并入相应腰线内计算。

（8）拉毛、喷涂、弹涂、滚涂均按实抹（喷）面积以平方米计算，套用相应项目。

2．内墙面抹灰

（1）内墙面抹灰面积按主墙间的图示净长尺寸乘以内墙抹灰高度计算。内墙抹灰高度：有墙裙时，自墙裙顶算至顶棚底或板底面；无墙裙时，其高度自室内地坪或楼地面算至顶棚底或板底面，应扣除门窗洞口、空圈所占的面积，不扣除踢脚板、挂镜线、0.3m² 以内的孔洞、墙与构件交接处的面积，洞口侧壁和顶面面积亦不增加，不扣除间壁墙所占的面积。垛的侧面抹灰工程量，应并入墙面抹灰工程量内计算。

（2）内墙裙抹灰面积，以墙裙长度乘以墙裙高度计算，应扣除门窗洞口、空圈和 0.3m² 以上孔洞所占面积，但不增加门窗洞口和空圈的侧壁和顶面的面积，垛的侧壁面积应并入墙裙内计算。

（3）顶棚有吊顶者，内墙抹灰高度算至吊顶下表面另加 10cm 计算。

3．独立柱及单梁

独立柱和单梁的抹灰，应另列项目按结构断面周长乘高度计算展开面积，柱与梁或梁与梁的接头面积不予扣除。

4．柱饰面面积按外围饰面尺寸乘以高度计算。

5．镶贴块料面层

（1）镶贴各种块料面层的工程量，应按设计的实贴面积计算。

（2）墙面贴块料、饰面高度在 300mm 以内者，按踢脚板项目计算。

（3）镶贴瓷砖、面砖块料，如需割角者，以实际切割长度，按延长米计算。

6．"零星项目"按设计图示尺寸以展开面积计算。

三、顶棚工程

计算规则要点和计算方法如下：

1. 顶棚抹灰

(1) 顶棚抹灰面积，按主墙间的净空面积计算，有坡度及拱形的顶棚，按展开面积计算，带有钢筋混凝土梁的顶棚，梁的侧面抹灰面积，并入顶棚抹灰工程量内计算。

(2) 计算顶棚抹灰面积时，不扣除间壁墙、垛、柱、附墙烟囱、附墙通风道、检查孔、管道及灰线等所占的面积。

(3) 楼梯底面抹灰，并入相应的顶棚抹灰工程量内计算。楼梯（包括休息平台）底面积的工程量按其水平投影面积计算，平板式乘以 1.3 系数，踏步式乘以 1.8 系数。

(4) 阳台、雨篷、挑檐下抹灰工程量，均按其水平投影面积计算。

2. 各种吊顶顶棚龙骨按主墙间净空面积计算，不扣除间壁墙、检查洞、附墙烟囱、柱、垛和管道所占面积。

3. 顶棚基层按展开面积计算。

4. 顶棚装饰面积，按主墙间实钉（胶）面积以平方米计算，不扣除间壁墙、检查口、附墙烟囱、垛和管道所占面积，但应扣除 $0.3m^2$ 以上的孔洞、独立柱、灯槽及与顶棚相连的窗帘盒所占的面积。

5. 灯光槽按延长米计算。

6. 嵌缝按延长米计算。

【例 4-15】 如图 4-50 所示房间进行吊顶，采用不上人轻钢龙骨纸面石膏板吊顶。窗帘盒不与顶棚相连，面层贴壁纸，与墙面交接处四周压石膏线。试计算吊顶工程量。

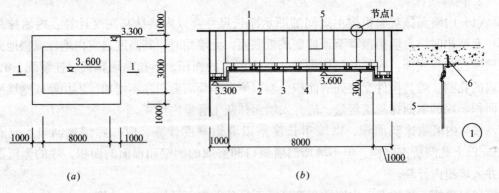

图 4-50 石膏板吊顶棚
(a) 顶棚平面示意图；(b) 1-1 剖面图
1—大龙骨；2—中龙骨；3—小龙骨；4—纸面石膏板面层；5—吊筋；6—射钉

【解】 (1) 吊顶顶棚龙骨按主墙间净空面积计算 $S = 10 \times 5 = 50m^2$

(2) 顶棚装饰面积，按主墙间实钉（胶）面积以平方米计算：
$$S = 10 \times 5 + (8 + 3) \times 2 \times 0.3 = 56.6m^2$$

(3) 面层贴壁纸面积 $S = 56.6m^2$

(4) 石膏线长 $l = (10 + 5) \times 2 = 30m$。

四、门窗工程

普通木作门窗木材断面或厚度均以毛料为准。如设计注明断面或厚度为净料时，应增加刨光损耗：板方材一面刨光加 3mm，二面刨光加 5mm。木窗扇制作、安装，不分平开、中转、推拉或翻窗扇，均按普通木窗扇制作、安装项目计算。

计算规则要点和计算方法如下：

(1) 普通木门窗工程量计算

木门窗工程量计算时，一般将其分为木门窗框和木门窗扇分别计算。门窗框分别按单、双裁口项目计算，余长和伸入墙内部分及安装用木砖已包括在项目内，不另计算。门窗扇按扇的外围面积计算。设计规定为部分框上安装玻璃者，扇的制作、安装与框上安玻璃的工程量应分别列项计算，框上安玻璃的工程量应以安装玻璃部分的框外围面积计算。若设计门窗框、扇的框料断面与附注规定不同时，项目中烘干木材含量，应按比例换算，其他不变。换算时以立边断面为准。

门连窗的窗扇和门扇制作、安装应分别列项计算，但门窗相连的框可并入木门框工程量内，按普通木门框制作、安装项目计算。

(2) 铝合金门窗制作、安装，成品铝合金门窗、彩板组角门窗、塑钢门窗安装均按洞口面积以平方米计算。

纱扇制作安装按纱扇外围面积计算。

(3) 防盗门、防盗窗、不锈钢格栅门按框外围面积以平方米计算。

(4) 实木门框制作安装以延长米计算。

实木门扇制作安装及装饰门扇制作按扇外围面积计算。

装饰门扇及成品门扇安装按扇计算。

(5) 木门扇皮制隔音面层和装饰板隔音面层，按单面面积计算。

(6) 不锈钢板包门框、门窗套、花岗石门套、门窗筒子板按展开面积计算。

门窗贴脸、窗帘盒、窗帘轨按延长米计算。

(7) 窗台板按实铺面积计算。

(8) 电子感应自动门、全玻转门及不锈钢电动伸缩门以樘为单位计算。

(9) 成品防火门以框外围面积计算，防火卷帘门从楼地面算至卷帘门顶点乘以设计宽度计算。

(10) 卷闸门安装按其安装高度乘以门的实际宽度以平方米计算。安装高度算至滚筒顶点为准。带卷筒罩的按展开面积计算。电动装置安装以套计算，小门安装以个计算，若卷闸门带小门时，小门面积不扣除。

五、油漆、涂料、裱糊工程

计算规则要点和计算方法如下：

(1) 楼地面、顶棚、墙、柱、梁面的喷（刷）涂料、抹灰面油漆及裱糊工程，均按表 4-24 相应的计算规则计算。

(2) 木材面的油漆工程量分别按表 4-20、表 4-21、表 4-22、表 4-23、表 4-24 相应的计算规则计算。

【例 4-16】 某建筑计算木墙裙的面积为 100m²，刷润油粉，刮腻子，聚氨酯清漆两遍，求其表面的实体费用。

【解】 查表得木墙裙按表4-23木护墙、木墙裙项目计算工程量,其系数为0.90
工程量 = $100 \times 0.9 = 90m^2$;
查地方基价表得综合基价 24.42 元/m^2
实体项目费用:
24.42 元/$m^2 \times 90m^2$ = 2197.80 元。

木材面油漆使用木门项目工程量系数表

表 4-20

	项 目	系数	计算方法
1	单层木门	1.00	按框外围面积计算
2	双层（一玻一纱）木门	1.36	
3	双层（单裁口）木门	2.00	
4	单层全玻门	0.83	
5	半截百叶门	1.53	

木材面油漆使用木窗项目工程量系数表

表 4-21

	项 目	系数	计算方法
1	单层玻璃窗	1.00	按框外围面积计算
2	双层（一玻一纱）木窗	1.40	
3	双层（单裁口）木窗	2.00	
4	双层框三层（二玻一纱）木窗	2.60	
5	单层组合窗	0.83	
6	双层组合窗	1.13	
7	木百叶窗	1.46	

木材面油漆使用木扶手项目工程量系数表

表 4-22

	项 目	系 数	计算方法
1	木扶手（不带托板）	1.00	按延长米计算
2	木扶手（带托板）	2.50	
3	窗帘盒	2.00	
4	封檐板、顺水板	1.70	
5	挂衣板、黑板框、单独木线条100mm以外	0.50	
6	挂镜线、窗帘棍、单独木线条100mm以内	0.40	

木材面油漆使用其他木材面项目工程量系数表

表 4-23

	项 目	系 数	计算方法
1	木板、纤维板、胶合板顶棚	1.00	长×宽
2	木护墙、木墙裙	0.90	
3	窗台板、筒子板、盖板、门窗套、踢脚线	0.83	
4	清水板条顶棚、檐口	1.10	
5	木方格吊顶顶棚	1.20	
6	吸音板墙面、顶棚面	0.87	
7	暖气罩	1.30	
8	木间壁、木隔断	1.90	单面外围面积
9	玻璃间壁露明墙筋	1.65	
10	木栅栏、木栏杆（带扶手）	1.82	
11	衣柜、壁柜	1.00	按实刷展开面积
12	零星木装修	0.87	展开面积
13	梁柱饰面	1.00	展开面积

抹灰面油漆、涂料、裱糊系数表

表 4-24

	项 目	系 数	计算方法
1	混凝土楼梯底（板式）	1.15	水平投影面积
2	混凝土楼梯底（梁式）	1.00	展开面积
3	混凝土花格窗、栏杆花饰	1.82	单面外围面积
4	楼地面、顶棚、墙、柱、梁面	1.00	展开面积

(3) 金属构件油漆的工程量按构件重量计算。

(4) 项目中的隔墙、护壁、柱、顶棚木龙骨及木地板中木龙骨带毛地板，刷防火涂料工程量计算规则如下：

1) 隔墙、护壁木龙骨按其面层正立面投影面积计算。

2) 柱木龙骨按其面层外围面积计算。

3) 顶棚木龙骨按其水平投影面积计算。

4) 木地板中木龙骨及木龙骨带毛地板按地板面积计算。

5) 隔壁、护壁、柱、顶棚面层及木地板刷防火涂料，使用其他木材面刷防火涂料相应子目。

(5) 木楼梯（不包括底面）油漆，按水平投影面积乘以 2.3 系数。

六、其他工程

其他工程包括招牌、美术字、装饰线条、暖气罩、货架、柜类等项目。

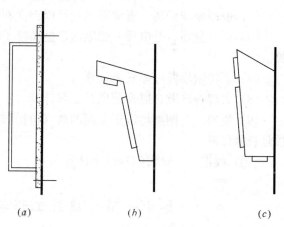

图 4-51 平面招牌
(a) 简单型；(b) 复杂型 1；(c) 复杂型 2

招牌是店面装饰的主要组成之一，它表示一家店铺的经营范围和特点以及显示该建筑的内部功能，具有较强的装饰性（图4-51）。

(1) 平面招牌是指安装在门前的墙面上。箱体招牌、竖式标箱是指六面体固定在墙面上；沿雨篷、檐口、阳台走向立式招牌，按平面招牌复杂项目使用。

(2) 一般招牌和矩形招牌是指正立面平整无凹凸面；复杂招牌和异形招牌是指正立面有凹凸面或造型，即其立面具有立体艺术形式的招牌。

(3) 招牌的灯饰均不包括在项目内。

暖气罩挂板式是指钩挂在散热器上；平墙式是指凹入墙内；明式是指凸出墙面；半凹半凸式按明式子目使用。

计算规则要点和计算方法如下：

(1) 招牌、灯箱

1) 平面招牌基层按正立面面积计算，复杂型的凹凸造型部分亦不增减。

2) 沿雨篷、檐口或阳台走向的立式招牌基层，使用平面招牌复杂型子目时，应按展开面积计算，如图 4-52。

3) 箱体招牌和竖式标箱的基层，按外围体积计算。突出箱外的灯饰、店徽及其他艺术装潢等另行计算。

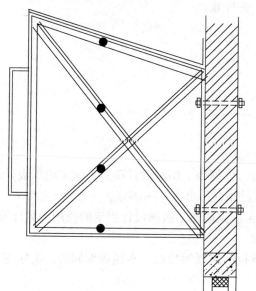

图 4-52 箱体招牌（雨篷式招牌）

4）灯箱的面层按展开面积以平方米计算。

5）广告牌钢骨架以吨（t）为单位计算。

(2) 美术字安装按字的最大外围矩形面积以个计算。

(3) 压条、装饰线条均按延长米计算。

(4) 暖气罩（包括脚的高度在内）按边框外围尺寸垂直投影面积计算。

(5) 镜面玻璃安装、盥洗室木镜箱以正立面面积计算。

(6) 塑料镜箱、毛巾环、肥皂盒、金属帘子杆、浴缸拉手、毛巾杆，安装以只或副计算。

(7) 不锈钢旗杆以延长米计算。

(8) 大理石洗漱台以台面展开面积计算（不扣除孔洞面积）。

(9) 货架、柜橱类均以正立面的高（包括脚的高度在内）乘以宽按平方米计算。其余按延长米计算。

(10) 收银台、试衣间等以个计算。

第十一节　建筑工程施工技术措施项目

一、排水、降水工程

排水、降水工程计算规则要点和计算方法：

(1) 井点排水按射流泵取定，如实际使用其他排水泵时，可以调整，附加的明排水泵，可按实际计算。

(2) 项目中单机抽水包括一台水泵、一个水箱及胶管等设备，双机抽水包括二台水泵、一个水箱及胶管等设备。

(3) 井点降水区别轻型井点、喷射井点、大口径井点、电渗井点，按不同井管深度的井管安装、拆除以根为单位计算，使用按套、天计算。

井点套组成：

轻型井点：50 根为一套；

喷射井点：30 根为一套；

大口径井点：45 根为一套；

电渗井点阳极：30 根为一套；

水平井点：10 根为一套；

水泥管深井井点：一根为一套。

井管间距应根据地质条件和施工降水要求，依据施工组织设计确定，施工组织设计没有规定时，可按轻型井点管距 0.8～1.6m、喷射井点管距 2～3m 确定。

使用天应以每昼夜 24 小时为一天，使用天数应按施工组织设计规定的使用天数计算。

二、混凝土、钢筋混凝土模板及支撑工程

模板工程是分别按施工中常用的组合钢模板、定型钢模板、木模板编制的，实际施工采用不同模板时可以调整。

现浇混凝土模板工程量除另有规定者外，均按混凝土与模板的接触面的面积以平方米计算，不扣除后浇带所占面积。二次浇捣的后浇带模板按后浇带体积以立方米计算。

(一) 现浇混凝土构件模板工程量计算规则要点和计算方法

1. 基础模板

(1) 带形基础

进行带形基础及其垫层模板计算时,一般按内外墙基础分别计算。有梁式带形基础,其梁高(指基础扩大顶面至梁顶面的高)超过 1.2m 时,其带形基础底板模板按无梁式计算,扩大顶面以上部分模板按混凝土墙项目计算。

(2) 独立基础

应分别按毛石混凝土和钢筋混凝土独立基础与模板接触面计算,其高度从垫层上表面算至柱基上表面。现浇独立柱基与柱的划分:(H)高度为相邻下一个高度(H_1)2倍以内者为柱基套用柱基模板项目;2倍以上者为柱身,套用相应柱的模板项目(参见图4-30)。

(3) 杯形基础

杯形基础连接预制柱的杯口底面至基础扩大顶面(H)高度在 0.50m 以内的按杯形基础模板项目计算,在 0.50m 以上 H 部分按现浇柱模板项目计算;其余部分套用杯形基础模板项目(见图4-53)。

(4) 满堂基础

无梁式满堂基础有扩大或角锥形柱墩时,应并入无梁式满堂基础内计算。有梁式满堂基础梁高超过 1.2m 时,底板按无梁式满堂基础模板项目计算,梁按混凝土墙模板项目计算。箱式满堂基础应分别按无梁式满堂基础、柱、墙、梁、板的有关规定计算。

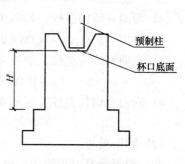

图 4-53 杯形基础

(5) 桩承台

应分别按带形和独立桩承台计算。满堂式桩承台按满堂基础相应模板项目计算。

(6) 设备基础

块体设备基础按不同体积,分别计算模板工程量。框架设备基础应分别按基础、柱、梁、板以及墙的相应项目计算;楼层地面上的设备基础并入梁、板项目计算,如在同一设备基础中部分为块体,部分为框架时,应分别计算。框架设备基础的柱模板高度应由底板或柱基的上表面算至板的下表面;梁的长度按净长计算,梁的悬臂部分应并入梁内计算。

(7) 混凝土护壁按混凝土实体积以立方米计算。

2. 现浇钢筋混凝土框架结构模板

现浇钢筋混凝土框架的模板工程量分别按柱、梁、板、墙计算。

(1) 框架柱模板

$$\text{框架柱模板} = \text{框架柱断面周长} \times \text{柱高} - \text{梁、板与柱的接触面积} \quad (4-50)$$

(2) 梁模板

$$\text{梁模板} = \text{梁支模断面长} \times \text{梁长} - \text{梁与梁的接触面积} \quad (4-51)$$

梁长:梁与柱相交,梁长算至柱侧面;主梁与次梁相交,次梁长算至主梁侧面。

(3) 板模板

$$\text{平板模板} = \text{平板水平投影面积} \quad (4-52)$$

对于有坡度的平板，其模板面积为水平投影面积乘以其坡度系数。

$$\text{无梁板模板} = \text{无梁板水平投影面积} - \text{与柱帽接触面积} + \text{柱帽侧面积} \quad (4\text{-}53)$$

$$\text{有梁板模板} = \text{有梁板水平投影面积} - \text{主次梁的底面积之和} \quad (4\text{-}54)$$

(4) 现浇混凝土墙模板

在现浇钢筋混凝土墙、板模板工程量计算时，单孔面积在 $0.3m^2$ 以内的孔洞不予扣除，同时，孔洞侧壁模板亦不增加；单孔面积在 $0.3m^2$ 以上时，应予扣除孔洞所占面积，孔洞侧壁模板面积并入墙、板模板工程量之内计算。对于附墙柱应并入墙的模板工程量内计算。

3. 砖混结构模板

(1) 构造柱模板

1) 两面有墙拐角柱，如图 4-54 (a)，模板面积为：

$$S = (a + b + 0.06 \times 4) \times \text{柱高} - \text{柱外露面与梁、板接触面积} \quad (4\text{-}55)$$

2) 两面有墙构造柱，如图 4-54 (b)，模板面积为：

$$S = (a + 0.06 \times 2) \times 2 \times \text{柱高} - \text{柱外露面与梁、板接触面积} \quad (4\text{-}56)$$

3) 三面有墙构造柱，如图 4-54 (c)，模板面积为：

$$S = (a + 0.06 \times 6) \times \text{柱高} - \text{柱外露面与梁、板接触面积} \quad (4\text{-}57)$$

4) 四面有墙构造柱，如图 4-54 (d)，模板面积为：

$$S = 0.06 \times 8 \times \text{柱高} \quad (4\text{-}58)$$

(2) 圈梁模板

圈梁模板计算时可按内外墙分别计算。

$$S_{\text{外墙}} = \text{外墙圈梁支模断面长} \times \text{外墙圈梁中心线长} - \text{与内墙圈梁接触面积} \quad (4\text{-}59)$$

$$S_{\text{内墙}} = \text{内墙圈梁支模断面长} \times \text{内墙圈梁净长} - \text{内墙圈梁之间接触面积} \quad (4\text{-}60)$$

圈梁长度（外墙圈梁中心线长、内墙圈梁净长）应扣除构造柱。

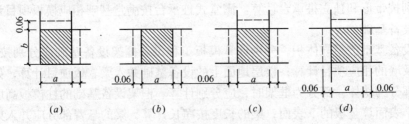

图 4-54 构造柱断面示意图

(3) 单梁模板

$$\text{单梁模板} = \text{单梁支模断面长} \times \text{单梁净长} \quad (4\text{-}61)$$

单梁伸入墙内部分的梁头不计算模板面积。

(4) 现浇过梁模板

$$\text{现浇过梁模板} = \text{过梁侧面支模高度之和} \times \text{过梁长度} + \text{过梁底宽} \times \text{洞口宽度} \quad (4\text{-}62)$$

(5) 预制板间补现浇板缝模板。

$$\text{板缝模板} = \text{板缝宽度} \times \text{板缝净长} \quad (4\text{-}63)$$

若板缝宽度（指下口宽度）在 2cm 以上 20cm 以内者，按预制板间补现浇板缝项目计算，板缝宽度超过 20cm 者，按平板项目计算。伸入墙内或梁内部分的板缝不计算模板面积。

4. 现浇钢筋混凝土楼梯模板

$$模板工程量 = 楼梯水平投影面积计算 \tag{4-64}$$

楼梯与楼板的划分以楼梯梁的外边缘为界，该楼梯梁包括在楼梯水平投影面积之内不扣除小于 500mm 楼梯井所占面积。楼梯的踏步、踏步板、平台梁等侧面模板不另计算。

对于整体螺旋楼梯、柱式螺旋楼梯，按每一旋转层的水平投影面积计算，楼梯与走道板分界以楼梯梁外边缘为界，该楼梯梁包括在楼梯水平投影面积内，楼梯的踏步、踏步板、平台梁等侧面模板，不另计算。

5. 现浇钢筋混凝土悬挑板

现浇钢筋混凝土悬挑板（雨篷、阳台）按图示外挑部分尺寸的水平投影面积计算，挑出墙外的梁及板边模板不另计算。如伸出墙外超过 1.5m 时，梁、板分别套用相应项目计算。

6. 挑檐天沟

挑檐天沟按混凝土体积以 m^3 计算。当与板（包括屋面板、楼板）连接时，以外墙身外边缘为分界线；当与圈梁（包括其他梁）连接时以梁外边线为分界线，即外墙外边缘以外或梁外边线以外为挑檐天沟。挑檐天沟壁高度在 40cm 以内时，套用挑檐项目；挑檐天沟壁高度超过 40cm 时，按全高套用栏板项目计算。

7. 混凝土台阶

混凝土台阶不包括梯带，按图示台阶尺寸的水平投影面积计算，台阶端头两侧模板，不另计算。

8. 现浇混凝土池槽

现浇混凝土池槽按构件实体积计算，池槽内、外侧及底部的模板不另计算。

9. 零星构件

零星构件适用于现浇混凝土扶手、柱式栏杆及其他未列项目且单件体积在 $0.05m^3$ 以内的小型构件，其工程量按混凝土实体积计算。

（二）预制钢筋混凝土构件模板工程量计算规则要点和计算方法

预制钢筋混凝土构件模板工程量，除另有规定者外，均按混凝土实体积以立方米计算。

1. 小型池槽

小型池槽按实体积以立方米计算。

2. 预制桩尖

预制桩尖按虚体积（不扣除桩尖虚体积部分）计算。

（三）构筑物模板工程量计算规则要点和计算方法

构筑物工程的模板工程量，除另有规定者外，应区别现浇、预制和构件类别，分别按现浇混凝土、预制混凝土工程的有关规定计算。

三、脚手架工程

（一）脚手架分类

本部分是以扣件式钢管脚手架、木脚手板为主编制的，实际施工时，不论采用何种材料，均应按本规定计算。

综合脚手架适用于计算建筑面积的混合结构、混凝土框排架结构等建筑物，不适用于钢结构、滑模施工的建筑物。

单项脚手架适用于构筑物以及不适用综合脚手架的建筑物。

1．综合脚手架

（1）综合脚手架中已包括了砖基础、内外墙砌筑、现浇混凝土基础、现浇框架混凝土、现浇混凝土电梯井壁、内外装饰、地下室墙防水、预制构件安装及金属构件安装等所需的各种脚手架。

（2）按综合脚手架计算时，有下列情况者，另加相应单项脚手架。

1）底面积超过 4m^2 或深度 1.5m 以上的设备基础；

2）高度超过 1.2m 的室内管沟墙；

3）电梯安装；

4）依附斜道；

5）建筑物垂直封闭、临街建筑安全过道和建筑物临时防护栏杆。

（3）综合脚手架中多层建筑的层高是按 3.6m 以内考虑的。当层高超过 3.6m 时，应增加综合脚手架费用。综合脚手架增加费以层高超过 3.6m 的建筑面积（不包括单独出现的楼梯间顶层休息平台至屋面高度超过 3.6m 的面积）套用该工程综合脚手架项目并乘以表 4-25 中系数计算。

层高超过 3.6m 的建筑综合脚手架增加费系数　　　　　　表 4-25

层　高	3.6<层高≤5.0m	5.0m<层高≤5.8m	5.8m<层高
系　数	0.4	0.6	0.8

（4）墙体高度超过 1.2m、层高在 2.2m 以内不计算建筑面积的设备管道层、贮藏间、阁楼等综合脚手架增加费的计算，按该层外墙外围水平投影面积，套用层高 2.2m 以内的综合脚手架项目。

（5）建筑物接层工程的脚手架，其工程量为原建筑物的面积（不包括地下室）乘以 0.4 系数与接层工程建筑面积之和，按接层后的建筑面积、建筑高度的综合脚手架项目计算。

2．单项脚手架

（1）凡墙体高度超过 1.2m 时应计算脚手架。

（2）吊篮脚手架、挑脚手架适用于单独施工的外墙装饰工程。

（3）水平防护架和垂直防护架系单独搭设的防护架，用于车辆通道、人行通道、临街防护等。

（4）水塔脚手架按相应的烟囱脚手架项目人工乘以 1.11 系数计算。

（5）钢结构建筑物和不能按照综合脚手架计算的混凝土预制构件安装脚手架按施工组织设计确定的脚手架搭设方案和搭设期计算脚手架费用。

（二）计算规则要点和计算方法

1．综合脚手架

（1）综合脚手架以建筑面积为计算依据，建筑面积按建筑面积计算规则计算。

(2) 建筑物的高度以设计室外地坪至檐口滴水的高度为准（无檐口滴水时，建筑物的高度以设计室外地坪至楼板顶面），如有女儿墙，其高度算至女儿墙顶面。多层（跨）建筑物如高度不同时，应分别按不同高度计算。同一建筑物中有不同结构时，分别以不同结构的建筑面积，按相应的结构类型、建筑物的总建筑面积及高度的综合脚手架项目计算。突出屋面的水箱间、电梯机房、楼梯间等其高度均不得计算在建筑物的高度之内，但其建筑面积应按规定计算，并入相连的主体结构的建筑面积内，按建筑物的高度套用相应的综合脚手架项目。

(3) 单层建筑如与多层建筑相连者，以相连的分界墙分界，分界墙所占的面积并入较高建筑物内，如建筑高度相等者，以相连的分界墙中心线分界，分别套用综合脚手架项目。

(4) 按综合脚手架计算的工程，其中另列单项脚手架时按下列方法计算：

1) 高度超过1.2m的室内管沟墙脚手架按墙的长度乘高度以平方米计算。砌筑室内管沟墙高度在3.6m以内时，按3.6m以内里脚手架计算，高度超过3.6m时，按相应高度的单排外脚手架项目乘以0.6系数计算，现浇混凝土室内管沟墙按相应高度的双排外脚手架项目乘以0.6系数计算。

2) 建筑物垂直封闭按封闭的墙面面积计算。

3) 建筑物临时防护栏杆按栏杆搭设长度以延长米计算。

2．单项脚手架

(1) 外脚手架的工程量按外墙外围长度乘以外墙高度以平方米计算。外墙高度系指设计室外地坪至檐口滴水的高度；山墙部分按山墙平均高度计算；带女儿墙的建筑物，其高度算至女儿墙顶。突出墙外宽度在24cm以内的墙垛、附墙烟囱等，其脚手架已包括在墙体脚手架内，不再另计，宽度超过24cm时按图示尺寸展开面积计算，并入外墙脚手架工程量内。

(2) 外脚手架，凡设计室外地坪至檐口滴水（或女儿墙顶面）的高度在15m以内时，按单排外脚手架计算；符合下列条件者按双排外脚手架计算：

1) 框架结构外墙；

2) 外墙门窗洞口面积超过整个建筑物外墙面积40%以上者；

3) 毛石外墙、空心砖外墙、填充外墙；

4) 外墙裙以上的外墙面抹灰面积占整个建筑物外墙面积（包括门窗洞口面积在内）25%以上者。

(3) 计算砌筑脚手架时，不扣除门、窗洞口及穿过建筑物的通道的空洞面积。

(4) 室内地坪或楼面至装饰顶棚高度在3.6m以内的抹灰顶棚、钉板顶棚、吊顶顶棚的脚手架按顶棚简易脚手架计算，室内地坪或楼面至装饰顶棚高度超过3.6m的抹灰顶棚、钉板顶棚、吊顶顶棚的脚手架按满堂脚手架计算，屋面板底勾缝、喷浆、屋架刷油的脚手架按活动脚手架计算。工程量按室内净面积以平方米计算。

满堂脚手架的高度以室内地坪或楼面至顶棚底面为准，无吊顶顶棚的算至楼板底，有吊顶顶棚的算至顶棚的面层，斜顶棚按平均高度计算。计算满堂脚手架后，室内墙柱面装饰工程不再计算脚手架。满堂脚手架的基本层高在3.6~5.2m之间者，计算满堂脚手架基本层，超过5.2m时，每超过1.2m计算一个满堂脚手架增加层。计算增加层脚手架时，超高部分在 0.6m 以内者舍去不计,超过 0.6m 者,计算一个增加层。

【例 4-17】 某建筑物顶棚高为 9.2m,室内净面积为 480m²,求其顶棚抹灰的脚手架工程量。

【解】 其满堂脚手架的增加层数为:

$$\frac{9.2 - 5.2}{1.2} = 3, 余 0.4m$$

即应计算一个满堂脚手架的基本层及 3 个增加层,余 0.4 米舍去不计。

满堂脚手架 3.6m 以上 5.2m 以内基本层的工程量为 480m²;

另计满堂脚手架每增高 1.2m 的工程量为 480×3 = 1440m²

(5) 砖石围墙、挡土墙砌筑脚手架,按墙中心线长度乘以其自然地坪至围墙、挡土墙顶面的平均高度以平方米计算。砖砌围墙、挡土墙高度在 3.6m 以内时,按 3.6m 以内里脚手架计算,高度超过 3.6m 时,按相应高度的单排外脚手架项目乘以 0.6 系数计算。石砌围墙、挡土墙高度在 3.6m 以内时,按 3.6m 以内里脚手架计算,高度超过 3.6m 时,按相应高度的双排外脚手架项目乘以 0.6 系数计算。围墙勾缝、抹灰按单面计算一次墙面简易脚手架,挡土墙勾缝、抹灰如不能利用砌筑脚手架时按单面计算一次墙面简易脚手架。

(6) 吊篮脚手架按外墙装饰面积(不扣除洞口面积)计算。

四、垂直运输

(一) 垂直运输的基本概念

1. 建筑物垂直运输

(1) 檐高是指设计室外地坪至檐口滴水线的高度,突出主体建筑屋顶的电梯间、水箱间等不计入檐口高度之内。

(2) 项目工作内容包括单位工程在合理工期内完成本综合基价项目所需的垂直运输机械台班,不包括机械的场外往返运输、一次安拆及路基铺垫和轨道铺拆等的费用。

(3) 同一建筑多种结构按不同结构分别计算。分别计算后的建筑物檐高均应以该建筑物总檐高为准。

(4) 单层钢结构工程按预制排架项目计算。

(5) 多层钢结构工程套用其他结构乘以 0.5 系数。

(6) 檐高 3.6m 以内的单层建筑不计算垂直运输机械费。

(7) 结构类型划分见表 4-26。

结构类型划分表 表 4-26

混合结构	现浇框架结构	全现浇结构	其他结构
砖混结构	分为柱、板框架系统;柱、梁、板框架系统;剪力墙框系统	承重墙和楼板均为现浇混凝土,并包括电梯筒壁,应用于高层住宅、宾馆、饭店	除混合结构、现浇框架结构、全现浇、滑模结构及预制排架结构以外的结构类型

2. 泵送混凝土

采用泵送混凝土的工程,其垂直运输机械费应按以下方法扣减:按泵送混凝土数量占现浇混凝土总量的百分比乘以 5%,再乘以按项目计算的整个工程的垂直运输费。

(二) 计算规则要点和计算方法

建筑物垂直运输费应区分不同建筑物的结构类型及高度按建筑物面积以平方米计算。

带地下室的建筑物按檐口高度套用相应项目，地下室面积与地上面积合并计算。单独的地下建筑物套用地下室相应项目计算。建筑面积按"建筑面积计算规则"规定计算。

五、建筑物超高费

（一）超高费的计算要求

1．建筑物檐高 20m 以上的工程应计算建筑物超高费。

2．檐高是指设计室外地坪至檐口滴水线的高度，突出主体建筑屋顶的电梯间、水箱间等不计入檐高之内。

3．同一建筑物高度不同时，按不同高度的建筑面积，分别按相应项目计算。

4．超高建筑增加费综合了由于超高导致施工人工、其他机械（扣除垂直运输、吊装机械、各类构件的水平运输机械以外的机械）降效以及加压水泵增加等费用。垂直运输、吊装机械的超高降效已综合在相应章节中。

（二）计算规则要点和计算方法

1．建筑物自设计室外地坪至檐口滴水线高度超过 20m 的建筑面积（以下简称超高建筑面积）计算超高增加费，其增加费均按与建筑物相应的高度标准计算。

2．超高建筑面积按"建筑面积计算规则"的规定计算，突出屋面的电梯机房、水箱间等不计算高度，其面积并入顶层面积。

3．同一建筑物高度不同时，按不同高度分别计算。附着于超高建筑物的裙房，其檐口高度在 20m 以内者不计算超高增加费。前后檐高不同时，以高檐为准。

4．建筑物高度虽超过 20m，但不足一层的，高度每超过 1m（包括 1m 以内）按相应超高项目的 25% 计算；超过 20m 以上的技术层（层高 2.2m 以下）按其结构外围水平投影面积计算，并套用相应超高费项目乘以 0.7 系数。

5．多层建筑物若 20m 以上部分的层高超过 3.6m 时，每增高 1m（包括 1m 以内）按相应超高项目提高 25%。

【例 4-18】 某框架结构的办公楼建筑，室外地坪标高为 -0.600m，共 8 层，1~7 层高为 3.60m，顶层层高为 4.8m，每层建筑面积均为 400m²，计算该建筑的建筑物超高费（如图 4-55）。

【解】 由图中可知，该建筑在第六层时建筑高度超过 20m，超过高度为 2.2m，该层超高面积为：$400 \times 25\% \times 3 = 300 m^2$

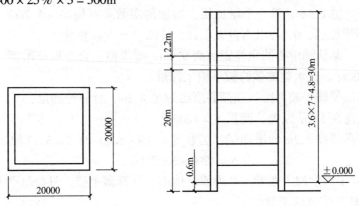

图 4-55 建筑物超高费计算示意图

第七层超高面积为：400m²

第八层超高面积为：400 + 400 × 25％ × 2 = 600m²

该建筑物超高面积总计为：1300m²

建筑物建筑高度为30.6m，套定额号为16-2，综合基价1205.7元/100m²

建筑物超高费：1205.7 × 13 = 15675元

六、大型机械一次安拆及场外运输费

（一）计算要求

1. 塔式起重机轨道基础及轨道铺拆，计算安拆费。

2. 特、大型机械每安拆一次费用

（1）安拆费中包括机械安装完毕后的试运转费用。

（2）自升塔安拆费是以塔高45m确定的，如塔高超过45m时，每增加10m安拆费增加20％。

3. 特、大型机械场外运输费用

（1）特、大型机械场外运输费用已包括机械的回程费用。

（2）特、大型机械场外运输费用为运距25km以内的机械进出场费用；超过25km时，由承发包双方协商确定全部运输费用。

（二）计算规则要点和计算方法

塔吊及轨道铺拆，特大型机械安拆次数及场外运输台次按施工组织设计确定。

第十二节 装饰装修工程施工技术措施项目

一、脚手架工程

顶棚装饰工程的脚手架，高度超过3.6m时和建筑工程计算规则一样，应计算满堂脚手架。

计算规则要点和计算方法：

（1）满堂脚手架，按实际搭设的水平投影面积计算，不扣除附墙柱、柱所占的面积，其基本层高以3.6m以上至5.2m为准。

凡超过3.6m、在5.2m以内的顶棚抹灰及装饰装修，应计算满堂脚手架基本层；层高超过5.2m，每增加1.2m计算一个增加层，增加的层数 =（层高 − 5.2m）/1.2m，余数超过0.6m取一下增加层，0.6m以内舍去不计，按四舍五入取整数。

【例4-19】 某活动中心的顶棚距地面9.0m，要求做铝合金板条吊顶，已知顶棚水平投影面积为1200m²，试求装饰装修脚手架工程量。

【解】 按满堂脚手架考虑，顶棚高度已超过5.2m，计算增加层：

①7-005 层高在5.2m以内，面积 $S = 1200m^2$

②7-006 层高超过5.2m的增加层：层数 $n =（9 − 5.2）/1.2 = 3.17$ 取3层

$$S = 1200 × 3 = 3600m^2$$

室内凡计算了满堂脚手架者，其内墙装饰不再计算脚手架，只按每平方米墙面垂直投影面积增加改架工0.0128工日。

（2）装饰装修外脚手架，按外墙的外边线长度乘墙高度以平方米计算，不扣除门窗洞

口的面积。同一建筑物各面墙的高度不同,且不在同一子目步距内时,应分别计算工程量。项目中所指的檐口高度,系指建筑物自设计室外地坪面至外墙顶点或构筑物顶面的高度。

(3) 利用主体外脚手架改变其步高作外墙装饰架时,按每平方米外墙垂直投影面积,增加改架工 0.0128 工日;独立柱按柱周长增加 3.6m 乘柱高套用装饰装修外脚手架相应高度的子目。

(4) 内墙(柱)装饰工程,高度超过 3.6m 未计算满堂脚手架时,按相应高度的内墙面装饰脚手架计算,工程量为内墙面垂直投影面积,不扣除门窗洞口面积。

(5) 安全过道按实际搭设的水平投影面积(架宽×架长)计算。

安全过道,即水平防护架,沿水平方向在一定高度搭设的脚手架,上面满铺脚手架板,下面可为人行通道、车辆通道等。搭设水平防护架的目的主要为防止建筑物上材料落下伤人,多为临街建筑物一面或建筑物的一些主要通道搭设。

(6) 封闭式安全笆按实际封闭的垂直投影面积计算。实际用封闭材料与项目不符时,可作调整。

临街的高层建筑物施工中,为防止建筑材料及其他物品坠落伤及行人或妨碍交通,而采取竹席等来进行外架全封闭,并且还具有防风作用,减轻了坏境污染。

(7) 斜挑式安全笆按实际搭设的(长×宽)斜面面积计算。

(8) 吊篮按外墙装饰面积计算,不扣除门窗洞口面积。

二、垂直运输及超高增加费

(一) 计算要求

1. 垂直运输费

(1) 本节不包括特大型机械进出场及安拆费,如实际发生可使用本章第十一节第六条相应项目。

本项目的工作内容包括单位工程在合理工期内完成全部工程项目所需的垂直运输机械台班。而塔式起重机的基础及轨道铺拆,机械的场外往返运输,一次安拆及路基铺垫等的费用应另行计算。

(2) 垂直运输高度:设计室外地坪以上部分指室外地坪至相应楼面的高度。设计室外地坪以下部分指室外地坪至相应地(楼)面的高度。

(3) 檐口高度 3.6m 以内的单层建筑物,不计算垂直运输机械费。

(4) 带一层地下室的建筑物,若地下室垂直运输高度小于 3.6m,则地下层不计算垂直运输机械费。应注意垂直运输高度与净空高度概念不一致(净空高度一般指楼地面至楼板底之间高度)

(5) 再次装饰装修工程利用电梯进行垂直运输或通过楼梯人力进行垂直运输的按实计算。

具备运输条件的再次装饰装修工程,利用电梯运输,按电梯实际发生运输台班费计算;通过人力上下楼梯进行运输时,可按人力日工资标准计算。

(6) 垂直运输费的取费可按 2003 年《河北省建筑、安装、市政、装饰装修工程费率》的有关规定计取。

2. 超高增加费

(1) 本项目适用于建筑物檐高 20m 以上的工程。

(2) 檐高是指设计室外地坪至檐口的高度。突出主体建筑屋顶的电梯间、水箱间等不计入檐高之内。

人工降效和机械降效是指当建筑物超过六层或檐高超过 20m 时，由于操作工人的功效降低、垂直运输距离加长而延长的时间、以及因操作人工降效而影响机械台班的降效等。

(二) 计算规则要点和计算方法

1. 垂直运输工程量

(1) 装饰装修楼层（包括楼层所有装饰装修工程量）应区别不同垂直运输高度（单层建筑物系檐口高度）按项目工日分别计算。

(2) 地下室超过二层或层高超过 3.6m 时，计取垂直运输费，其工程量按地下室全部工程计算。

2. 超高增加费工程量

装饰装修楼面（包括楼层所有装饰装修工程量）应区别不同的垂直运输高度（单层建筑物系檐口高度）以人工费与机械费之和按元分别计算。

$$降效补偿费 = （降效范围的人工费 + 机械费）× 相应檐高的降效率 \quad (4-64)$$

三、成品保护费

项目成品保护工程量按受保护面层相应子目的规则计算。

第十三节 施工组织措施费

各种施工组织措施项目费按建设工程项目的实体和技术措施项目中人工费与机械费之和（或按建设工程项目的实体和技术措施项目中人工费之和）乘以相应系数计算，供工程承发包双方参考，按合同约定执行。

施工组织措施费项目，包括以下内容：

(1) 冬雨季施工增加费，指冬雨季施工增加的一切费用，包括冬雨季施工增加的工序、劳动工效降低、防雨、保温、加热及冬季施工需要提高混凝土和砂浆强度所增加的材料、人工和设施费用。不包括暖棚搭设（发生时另计）。

(2) 夜间施工增加费，指合理工期内因施工工序需要必须连续施工而进行的夜间施工发生的费用，包括照明设施的安拆、劳动工效降低、夜餐补助等费用。

(3) 生产工具用具使用费，指施工生产所需不属于固定资产的生产工具及检验用具等的购置、摊销和维修费，以及支付给工人的自备工具补贴费。

(4) 检验试验费，指对建筑材料、构件和建筑物进行一般鉴定、检查所发生的费用（包括自设试验室进行试验所耗用的材料和化学药品等费用）以及技术革新和研究试制试验费，不包括新结构、新材料的试验费和建设单位要求对有出厂证明的材料进行试验，对构件破坏性试验及其他特殊要求的检验试验费用。

(5) 工程定位复测、场地清理费，包括工程定位复测及将建筑物正常施工中造成的全部垃圾清理至建筑物 20m 以外（不包括外运）的费用。

(6) 成品保护费，指为保护工程成品完好的措施费。

(7) 二次搬运费,指确因施工场地狭小,或由于现场施工情况复杂,工程所需材料、成品、半成品堆放点距建筑物(构筑物)近边在 150m 以外至 500m 以内时,不能就位堆放时而发生的二次搬运费。

(8) 临时停水停电费,指施工现场临时停水停电每周累计 8 小时以内的人工、机械、停窝工损失补偿费用。

(9) 临时设施费是指承包方为进行工程施工所必需的生活和生产用的临时建筑物、构筑物和其他临时设施的搭设、维修、拆除、摊销费用。

临时设施包括:临时宿舍、文化福利及公用事业房屋与构筑物,仓库、办公室、加工厂以及规定范围内道路、水、电、管线等临时设施和小型临时设施。

临时设施费考虑了正常施工必要的临时设施费用,达到文明施工工地标准的工程,其临时设施费乘以 1.48 系数。

(10) 土建工程施工与生产同时进行增加费,是指改扩建工程在生产车间或装置内施工,因生产操作或生产条件限制(如不准动火)干扰了施工正常进行而降效的增加费用;不包括为保证安全生产和施工所采取措施的费用。

(11) 在有害身体健康的环境中施工降效增加费,是指在民法通则有关规定允许的前提下,改扩建工程,由于车间或装置范围内有害气体或高分贝的噪声超过国家标准以致影响身体健康而降效的增加费用;不包括劳保条例规定应享受的工种保健费。

第十四节 工程量计算实例

某小区住宅楼工程为砖混结构三层,建筑面积为 225.63m²,其施工图纸见附录,根据该施工图纸计算实体项目与措施项目的工程量如表 4-27。

表 4-27

序号	工 程 项 目 及 名 称	定额数量	
		单位	数量
一、实 体 项 目			
1	建筑面积:合计:225.63m² 一层:(9+0.24)×(9.9+0.24)=93.69m² 二层:(9+0.24)×(9.9+0.24)=93.69m² 三层:(9+0.24)×(3.9+0.24)=38.25m²	m²	225.63
2	场地平整:底层建筑面积:(9+0.24+2)×(9.9+0.24+2)=136.45m²	m²	136.45
3	人工挖地槽:坚土,外墙中心线长=(9+9.9)×2=37.8m 1-1 截面:垫层宽度 600mm,挖土深度 1.5m,增加工作面宽度 300mm×2=600mm $(37.8+\underline{3+3-0.65-0.6}+\underline{3.6-1.2})×1.5×1.2=80.91m^3$ 　　　　　　L③内　　　　　L3内　　　槽深 槽宽 2-2 截面:垫层宽度 700mm,挖土深度 1.5m,增加工作面宽度 300mm×2=600mm $[\underline{9-0.6×2}+\underline{(3.9-0.6-0.65)×2}]×1.5×1.3=25.55m^3$ 　LC内　　　　L②、④内　　　　槽深 槽宽	m³	106.46

续表

序号	工 程 项 目 及 名 称	定额数量 单位	数量
4	C10 素混凝土基础垫层,厚 300mm 1-1 截面:宽度 600mm,$(37.8+3+3-0.35-0.3+3.6-0.6)\times 0.6\times 0.3=8.31m^3$ 2-2 截面:宽度 700mm,$[9-0.3\times 2+(3.9-0.3-0.35)\times 2]\times 0.7\times 0.3=3.13m^3$	m^3	11.44
5	中粗砂垫层,厚 300mm 1-1 截面:垫层宽度 600mm,$(37.8+3+5.35)\times 0.6\times 0.3=8.31m^3$ 2-2 截面:垫层宽度 700mm,$(3.25\times 2+8.4)\times 0.7\times 0.3=3.13m^3$	m^3	11.44
6	C20 现浇钢筋混凝土地圈梁断面尺寸为 $0.24mm\times 0.24mm$ 1-1 截面:$(37.8+3.36+5.76)\times 0.24\times 0.24=2.7m^3$ 2-2 截面:$(8.76+3.66\times 2)\times 0.24\times 0.24=0.93m^3$	m^3	3.63
7	M5 水泥砂浆砖基础 1-1 截面:$(37.8+3\times 2-0.24+3.6-0.24)\times 1.2\times 0.24-2.7=10.81m^3$ 2-2 截面:$[(3.9-0.24)\times 2+9-0.24]\times 1.2\times 0.24+0.01575(折算)-0.93=3.71m^3$	m^3	14.77
8	基础回填土(人工夯实):$V_{基础回填土}=V_{挖}-V_{砂垫层}-V_{混凝土垫层}-V_{砖基础}-V_{地圈梁}+$室内外高差所占砖体积: $V_{基础回填土}=106.46-11.44-11.44-14.77-3.63+(37.8+25.2)\times 0.3\times 0.24=69.72m^3$	m^3	69.72
9	房心回填土(机械夯实):$V_{房心回填土}:[底层建筑面积-(L_{中}+L_{内})\times 0.24]\times$回填厚度 $=[93.69-(37.8+25.2)\times 0.24]\times(0.3-0.09)=16.50m^3$	m^3	16.50
10	外运土方:运土方 = 挖土方 - 填土方 $=106.46-69.72-16.50=20.24m^3$	m^3	20.24
11	C20 现浇钢筋混凝土过梁,截面尺寸为 $0.24mm\times 0.24mm$ C2 过梁:$(1.2+0.5)\times 0.24\times 0.24\times 4=0.39$ C3 过梁:$(1+0.5)\times 0.24\times 0.24\times 4=0.34$ C5 过梁:$(1.2+0.5)\times 0.24\times 0.24=0.10$ C6 过梁:$(1+0.5)\times 0.24\times 0.24=0.09$ 过人洞过梁:$(1.8+0.5)\times 0.24\times 0.24=0.13$ 合计:$0.39+0.34+0.1+0.09+0.13=1.05m^3$	m^3	1.05
12	C20 现浇钢筋混凝土圈梁 $L_{中}=37.8\times 2+(9+3.9)\times 2=101.4m$;$L_{内}=22.56+21.84+7.32=51.72m$ $V_{圈梁}=(L_{中}+L_{内})\times 0.24\times 0.24-V_{现浇过梁}=(101.4+54.36)\times 0.24\times 0.24-1.05=7.77m^3$	m^3	7.77
13	预制过梁制作、运输、安装(查过梁图集 92ZG313 可得每根过梁安装体积): C1 过梁 GL21242:$0.112m^3\times 1$ 根 $=0.112m^3$ M1 过梁 GL15242:$0.058m^3\times 1$ 根 $=0.058m^3$ C4 过梁 GL15242:$0.058m^3\times 4$ 根 $=0.232m^3$ M2 过梁体积:$0.04m^3\times 6$ 根 $=0.24m^3$ M3 过梁体积:$0.037m^3\times 4$ 根 $=0.148m^3$ 合计:$0.112+0.058+0.232+0.24+0.148=0.79m^3$ 以上过梁运输体积为:$0.79*1.015=0.80m^3$	制作 运输 m^3 安装 m^3	0.80 0.79

续表

序号	工程项目及名称	定额数量单位	数量

14	M5 混合砂浆砌一砖外墙：
	一层[37.8 ×(3.5 - 0.24) - (2.1 × 1.8 + 1.2 × 0.8 + 1 × 0.8 + 1.5 × 1.8 + 1.5 × 2.8)] ×
	  $L_{中}$ 层高 圈梁高 C1 C2 C3 C4 M1
	0.24 - 0.112 - 0.04 - 0.058 = 26.36m³
	   $V_{C1过梁}$ $V_{M1过梁}$ $V_{C4过梁}$
	二层[37.8 ×(3.3 - 0.24) - 1.2 × 0.8 - 1 × 0.8 - 1.5 × 1.8 × 3] × 0.24 - 0.058 × 3 = 25.22m³
	  $L_{中}$ 层高 圈梁高 C2 C3 C4 $V_{C4过梁}$
	三层[(9 + 3.9) × 2 ×(2.7 - 0.24) - (0.9 × 2.1) + 1.2 × 0.8 + 1 × 0.8 + 1.2 × 1.5 + 1 ×
	   $L_{中}$ 层高 圈梁高 M2 C2 C3 C5 C6
	1.5] × 0.24 = 13.56m³
	女儿墙[(9 + 6 × 2 - 0.24) × 1 + (3.9 + 9) × 2 × 0.8] × 0.24 = 9.94m³
	合计:26.36m³ + 25.22m³ + 13.56m³ + 9.94m³ = 75.08m³
		m³	75.08

15	M5 混合砂浆砌一砖内墙：
	一层:[22.56 ×(3.5 - 0.24) - (0.9 × 2.1 + 0.8 × 2.5 × 2 + 1.2 × 0.8 + 1 × 0.8 + 1.8 ×
	    层高 圈梁高 M2 M3 C2 C3 过人洞
	3.26)] × 0.24 - 0.04 - 0.037 = 14.87m³
	     $V_{M2过梁}$ $V_{M3过梁}$
	二层:$L_{内}$ = 9 - 0.24 + 6 - 0.24 + (3.9 - 0.24) × 2 = 21.84m
	[21.84 ×(3.3 - 0.24) - (0.9 × 2.1 × 3 + 0.8 × 2.5)] × 0.24 - 0.04 × 3 - 0.037 - (3 +
	 $L_{内}$ 层高 圈梁高 M2 M3 $V_{M2过梁}$ $V_{M3过梁}$
	0.7 + 0.12) ×(0.4 - 0.24) × 0.24 = 14.41m³
	 L1 梁高 圈梁高
	三层:$L_{内}$ = (3.9 - 0.24) × 2 = 7.32m
	[7.32 ×(2.7 - 0.24) - (0.9 × 2.1 + 0.8 × 2.5)] × 0.24 - 0.04 - 0.037 = 3.49m³
	 $L_{内}$ M2 M3 $V_{M2过梁}$ $V_{M3过梁}$
	合计:14.87m³ + 14.41m³ + 3.49m³ = 32.77m³
		m³	32.77

16	现浇 C30 钢筋混凝土单梁： 一层单梁 L-1，截面尺寸 0.24mm × 0.4m;(3 + 0.12 + 0.7) × 0.24 × 0.4 = 0.37m³ 二层单梁 L-1，截面尺寸 0.24mm × 0.4m;(3 + 0.12 + 0.7) × 0.24 × 0.4 = 0.37m³ 一层单梁 L-2，截面尺寸 0.2m × 0.35m;(4.5 + 0.24) × 0.2 × 0.35 = 0.33m³ 二层单梁 L-2，截面尺寸 0.2m × 0.35m;(4.5 + 0.24) × 0.2 × 0.35 = 0.33m³ 合计:0.37m³ + 0.37m³ + 0.33m³ + 0.33m³ = 1.40m³	m³	1.40
17	C30 现浇钢筋混凝土平板，板厚 80mm： 二层:[(2.1 - 0.24) × (3.9 - 0.24) + (4.5 - 0.24) × (1.6 - 0.24) + (3.9 - 0.24) × (2.4 - 0.24)] × 0.08 = 1.64m³ 三层及二层屋面:[(2.1 - 0.24) × (3.9 - 0.24) + (4.5 - 0.24) × (1.6 - 0.24) + (3.9 - 0.24) × (2.4 - 0.24)] × 0.08 = 1.64m³ 屋面:[(2.1 - 0.24) × (3.9 - 0.24) + (3.9 - 0.24) × (2.4 - 0.24)] × 0.08 = 1.18m³ 合计:1.64m³ + 1.64m³ + 1.18m³ = 4.46m³	m³	4.46
18	C30 现浇钢筋混凝土平板，板厚 100mm： 二层:(3 - 0.24) × (3.6 - 0.24) × 2 × 0.1 = 1.86m³ 三层及二层屋面:[(6 - 0.24) × (3.6 - 0.24)] × 0.1 = 1.94m³ 屋面:(4.5 - 0.24) × (3.9 - 0.24) × 0.1 = 1.56m³ 合计:1.86m³ + 1.94m³ + 1.56m³ = 5.36m³	m³	5.36

续表

序号	工程项目及名称	定额数量 单位	数量
19	C30 现浇钢筋混凝土平板,板厚 140mm: 二层:$(5.4-0.24)\times(6-0.24)\times0.14=4.16m^3$ 三层:$(5.4-0.24)\times(6-0.24)\times0.14=4.16m^3$ 合计:$4.16m^3+4.16m^3=8.32m^3$	m^3	8.32
20	预制踏步板制作安装:$(5+4\times3+8\times2)\times0.0186$(每踏步板体积)$=0.61m^3$	m^3	0.61
21	C20 现浇钢筋混凝土挑檐: $(9+0.24)\times2\times[1\times0.1+(0.1+0.7\times1.414)\times0.08]=3.46m^3$	m^3	3.46
22	现浇混凝土雨篷:$(3.5+1.25\times0.414\times2)\times0.9\times0.1=0.41m^3$	m^3	0.41
23	C15 混凝土台阶基层、面层:$(0.7+1.5+0.7)\times1.2=3.48m^2$ $0.6\times1.2=0.72m^2$	m^2	4.2
24	80mm 厚 C15 散水混凝土:$[38.76-(0.7\times2+1.5)]\times1+1\times4=39.86m^2$	m^2	39.86
25	屋面排水管,PVC 落水管: 二层屋面:$(6.8+0.3)\times2=14.2m$ 三层屋面:$(9.5+0.3)\times2=19.6m$ 合计:$14.2m+19.6m=33.8m$	m	33.8
26	PVC 雨水斗,$DN100$,4 个	个	4
27	$DN100$ 铸铁下水口,4 个	个	4
28	20 厚 1:3 水泥砂浆找平层: 二层屋面:$(9-0.24)\times(6-0.24)=50.46m^2$ 三层屋面:$(9-0.24)\times(3.9-0.24)=32.06m^2$ 合计:$50.46+32.06=82.52m^2$	m^2	82.52
29	刷冷底子油一道,热沥青玛琋脂两道: 二层屋面:$50.46+(8.76+5.76)\times2\times0.25=57.71m^2$ 三层屋面:$32.06+(8.76+3.66)\times2\times0.25=38.26m^2$ 合计:$57.71+38.26=95.97m^2$	m^2	95.97
30	15 厚 1:3 水泥砂浆找平层: 二层屋面:$(9-0.24)\times(6-0.24)=50.46m^2$ 三层屋面:$(9-0.24)\times(3.9-0.24)=32.06m^2$ 合计:$50.46+32.06=82.52m^2$	m^2	82.52
31	SBS 改性沥青防水卷材: 二层屋面:$50.46+(8.76+5.76)\times2\times0.25=57.71m^2$ 三层屋面:$32.06+(8.76+3.66)\times2\times0.25=38.26m^2$ 合计:$57.71+38.26=95.97m^2$	m^2	95.97
32	1:8 膨胀珍珠岩保温层 100mm 厚: 二层屋面:$(9-0.24)\times(6-0.24)\times0.1=5.046m^3$ 三层屋面:$(9-0.24)\times(3.9-0.24)\times0.1=3.206m^3$ 合计:$5.046+3.206=8.252m^3$	m^3	8.252

续表

序号	工程项目及名称	定额数量 单位	数量
33	钢筋不再一一抽料,汇总后得混凝土钢筋 现浇构件钢筋直径 10 以内:0.521t 　　　　　直径 10 以外:1.370t 预制构件钢筋直径 10 以内:0.312t 　　　　　直径 10 以外:0.431t 预应力钢丝:0.047t 预埋铁件:0.017t	t	2.698
34	一层客厅、卧室等 600×600mm 瓷砖地面:62.2m² 客厅:(6-0.24)×(5.4-0.24)=27.4m²;餐厅:(3-0.24)×3.6=9.9m² 卧室:(3-0.24)×(3.6-0.24)=9.3m²;过厅:(4.5-0.24)×(3.9-0.24)=15.6m²	m²	62.2
35	一层卫生间、厨房 200×200mm 全瓷砖地面:14.7m² 卫生间:(2.1-0.24)×(3.9-0.24)=6.8m²;厨房:(2.4-0.24)×(3.9-0.24)=7.9m²	m²	14.7
36	二层卫生间 200×200mm 全瓷砖地面:6.8m² 卫生间:(2.1-0.24)×(3.9-0.24)=6.8m²	m²	6.8
37	二层卫生间防水: 6.8+[(2.1-0.24)+(3.9-0.24)]×2×0.15=8.46m²	m²	8.46
38	楼梯水泥砂浆地面:18.7m² 一~二层:[(3.9-0.24-1.43)+0.27×5]×1.05+(1.5-0.24)×1=8.2m² 二~三层:[(3.9-0.24-1.7)+0.27×5]×1.05+(4.5-0.24)×1=8.0m²	m²	16.2
39	二层卫生间 40 厚 C20 混凝土找平层: (2.1-0.24)×(3.9-0.24)=6.8m²	m²	6.8
40	二、三层客厅、卧室等瓷砖地面: 二层:卧室 1:(6-0.24)×(5.4-0.24)=27.4m² 书房:(2.4-0.24)×(3.9-0.24)=7.9m²;卧室 2:(6-0.24)×(3.6-0.24)=19.4m² 三层:房间 1:(3.9-0.24)×(2.1-0.24)=6.8m² 房间 2:(2.4-0.24)×(3.9-0.24)=7.9m²	m²	69.4
41	过道瓷砖地面: [15.6-(8.3+2.16×1.35)]+[15.6-(8.3+2.16×1.35-1.2×0.6)]=8m²	m²	8
42	顶棚抹灰:一、二层:[62.2+14.7-(8.3+2.16×1.35)]×2=65.7×2m²=131.4m² 三层:6.8+7.9+15.6=30.3m²	m²	161.7
43	3:7 灰土垫层: 一层客厅、卧室等:62.2×0.15=9.33m³ 一层卫生间、厨房:14.7×0.15=2.21m³	m³	11.54
44	C15 混凝土垫层: 一层客厅、卧室等:62.2×0.06=3.73m³ 一层卫生间、厨房:14.7×0.06=0.88m³ 二层卫生间:6.8×0.06=0.41m³	m³	5.02

125

续表

序号	工程项目及名称	定额数量单位	数量
45	一层内墙面抹灰： 客厅：$[(6-0.24)+(5.4-0.24)]\times 2\times(3.5-0.14-0.03)-1.8\times 3.12-(3-0.24)\times 3.07-2.1\times 1.8-1.5\times 2.8-0.9\times 2.1=48.8m^2$ 餐厅：$(3.6+2.76)\times 2\times(3.5-0.1-0.03)-2.76\times 3.07-1.2\times 0.8-0.8\times 2.5=31.4m^2$ 卧室：$(2.76+3.36)\times 2\times 3.37-1.2\times 0.8-1.5\times 1.8-0.9\times 2.1=35.7m^2$ 过厅：$(4.26+3.66)\times 2\times 3.37-1.8\times 3.12-0.8\times 2.5=45.8m^2$	m²	161.7
46	二层内墙面抹灰： 卧室1：$(5.76+5.16)\times 2\times 3.13-1.5\times 1.8\times 2-0.9\times 2.1=61m^2$ 卧室2：$(5.76+3.36)\times 2\times 3.17-1.5\times 1.8-0.9\times 2.1=53.3m^2$ 书房：$(2.16+3.66)\times 2\times 3.17-1.2\times 0.8-0.9\times 2.1=34m^2$ 楼梯间：$(4.26+3.66)\times 2\times 3.17-0.8\times 2.5-0.9\times 2.1\times 3=42.5m^2$	m²	190.8
47	三层内墙面抹灰：$(1.86+3.66+2.16+3.66)\times 2\times 2.62-1.2\times 0.8-1.0\times 0.8-0.8\times 2.5-0.9\times 2.1-1.2\times 1.5-1.0\times 1.5=50.5m^2$ 楼梯间：$(4.26+3.66)\times 2\times 2.6-0.8\times 2.5-0.9\times 2.1\times 2=35.4m^2$	m²	85.9
48	卫生间、厨房瓷砖墙面： 一层：$[(1.86+3.66)\times 2+(2.16+3.66)\times 2]\times(3.5-0.08-0.13)-1.2\times 0.8-1.0\times 0.8-0.8\times 2.5\times 2+(2\times 2+1.8\times 2)\times 0.09+(2.5\times 2+0.8)\times 2\times 0.07=70.4m^2$ 二层：$(1.86+3.66)\times 2\times(3.3-0.08-0.03)-1.0\times 0.8-0.8\times 2.5+1.8\times 2\times 0.09+(2.5\times 2+0.8)\times 0.07=33.2m^2$	m²	103.6
49	内墙涂料：$161.7+161.7+190.8+89.2+18.5+4.5+21.1=647.5m^2$	m²	647.5
50	150高水泥砂浆踢脚： 一层：$[(5.76+5.16)\times 2+3.36\times 2+(3.36+2.76)\times 2+(4.26+3.66)\times 2]\times 0.15=8.5m^2$ 二层：$[(5.76+5.16)\times 2+(3.36+5.76)\times 2+(2.16+3.66)\times 2+1.21\times 2+4.26]\times 0.15=8.8m^2$ 三层：$[(1.86+3.66)\times 2+(2.16+3.66)\times 2+1.21\times 2+4.26]\times 0.15=4.4m^2$	m²	21.7
51	外墙大理石贴面（300高）：$(9.24-2.2)\times 0.3=2.11m^2$	m²	2.11
52	外墙面砖：$9.24\times 9.5-2.1\times 1.8-1.5\times 1.8\times 4-1.2\times 1.5-1.0\times 1.5-1.5\times 2.8-0.9\times 2.1+(3.3\times 2\times 4+3.9\times 2+2.7\times 2+2.5\times 2)\times 0.09+(7.1+5.1)\times 0.07=68.7m^2$	m²	68.7
53	女儿墙抹灰：$[(9+6\times 2-0.24)\times 1+(3.9+9)\times 2\times 0.8]\times 2^{两侧}+[(9+6\times 2-0.24)+(3.9+9)\times 2]\times 0.24^{顶面}=82.8+11.2=94m^2$	m²	94
54	挑檐、雨篷瓦楞铁：$9.24\times 2\times(0.2+0.7\times 1.414)+(2.5\times 1.414+1)\times 0.1=22.5m^2$	m²	22.5
55	挑檐底部抹灰：$9.24\times 2\times 1=18.5m^2$	m²	18.5
56	雨篷顶部抹灰$(2.5\times 1.414+1)\times 1=4.5m^2$	m²	4.5
57	雨篷底部抹灰$(2.5\times 1.414+1)\times 1=4.5m^2$	m²	4.5
58	楼梯底部抹灰：$16.2\times 1.3=21.1m^2$	m²	21.1
59	外墙抹灰： 东、西立面：$(6\times 8.1+4.14\times 10.6)\times 2=185m^2$ 北立面：$9.24\times 10.6-(1.2\times 0.8\times 3+1.0\times 0.8\times 3)+(1.2+0.8+1+0.8)\times 2\times 0.09=93.3m^2$	m²	278.3

续表

序号	工程项目及名称	单位	数量
60	外墙涂料:(同54)	m²	278.3
61	楼梯扶手:$(1.63 \times 4 + 2.43 \times 4 + 1.05) \times 1.15 = 19.88$m	m	19.88
62	木门框:M-2:$(2.09 \times 2 + 0.88) \times 6 = 30.36$m M-3:$(2.49 + 0.78) \times 2 \times 4 = 26.16$m	m	56.5
63	夹板门木门扇:M-2:$2.038 \times 0.886 \times 6 = 10.83$m² M-3:$1.938 \times 0.786 \times 4 = 6.09$m²	m²	16.9
64	玻璃门亮:$0.465 \times 0.786 \times 4 = 1.5$m²	m²	1.5
65	木门油漆:M-2:$2.09 \times 0.88 \times 6 = 11.04$m² M-3:$2.49 \times 0.78 \times 4 = 7.77$m²	m²	18.8
66	木门运输:(同60)	m²	18.8
67	铝合金推拉窗:C-1:$2.1 \times 1.8 = 3.78$m²; C-2:$1.2 \times 0.8 \times 4 = 3.84$m² C-3:$1 \times 0.8 \times 4 = 3.2$m²; C-4:$1.5 \times 1.8 \times 4 = 10.8$m²; C-5:$1.2 \times 1.5 = 1.8$m² C-6:$1 \times 1.5 = 1.5$m²	m²	25
68	铝合金门:$1.5 \times 2.8 = 4.2$m²	m²	4.2
	二、措施项目		
1	综合脚手架	m²	225.63
2	垂直运输	m²	225.63
3	基础垫层模板:A轴$(9.6 + 3 + 4.8) \times 0.3 = 5.22$m² B轴$(3 + 3) \times 0.3 = 1.8$m² C轴$(3 + 4.8 + 1.45 + 3.8 + 1.75) \times 0.3 = 4.44$m² D轴$(9.6 + 1.45 + 3.8 + 1.75) \times 0.3 = 4.98$m² ①轴$(10.5 + 3.25 + 5.35) \times 0.3 = 5.73$m²;②轴$3.25 \times 2 \times 0.3 = 1.95$m² ③轴$(5.35 + 2.4 + 2.35) \times 0.3 = 3.03$m²;④轴$3.25 \times 3 \times 0.3 = 1.95$m² ⑤轴$(10.5 + 2.35 + 3.25 + 2.4) \times 0.3 = 5.55$m² 合计:$5.22 + 1.8 + 4.44 + 4.98 + 5.73 + 1.95 + 3.03 + 1.95 + 5.55 = 34.65$m²	m²	34.65
4	单梁模板: L-1:$[(3 - 0.24) \times 0.24 + (3 + 0.7 + 0.12) \times (0.4 \times 2 - 0.1 - 0.14)] \times 2 = 2.8 \times 2 = 5.6$m² L-2:$(4.5 - 0.24) \times 0.2 + (4.5 - 0.24) \times (0.35 \times 2 - 0.08) = 0.85 + 2.64 = 3.5$m² 合计:$5.6 + 3.5 = 9.1$m²	m²	9.1
5	现浇钢筋混凝土平板模板: 二层:$(3.9 - 0.24) \times (2.1 - 0.24) + (4.5 - 0.24) \times (1.6 - 0.24) + (3.9 - 0.24) \times (2.4 - 0.24) + (3 - 0.24) \times (3.6 - 0.24) \times 2 + (5.4 - 0.24) \times (6 - 0.24) = 6.81 + 5.79 + 7.91 + 18.55 + 29.72 = 68.78$m² 三层及二层屋面:$68.78$m² $+ 0.24 \times (3.6 - 0.24) = 69.58$m² 三层屋面:$(3.9 - 0.24) \times (2.1 - 0.24) + (3.9 - 0.24) \times (4.5 - 0.24) + (3.9 - 0.24) \times (2.4 - 0.24)$ $= 6.81 + 15.59 + 7.91 = 30.31$m² 合计:$68.78$m² $+ 69.58$m² $+ 30.31$m² $= 168.67$m²	m²	168.67

续表

序号	工程项目及名称	定额数量	
		单位	数量
6	现浇圈梁模板： 一层 $37.8×0.24×2+22.56×0.24×2=28.97m^2$ 二层 $37.8×0.24×2+21.84×0.24×2=28.63m^2$ 三层 $(9+3.9)×2×0.24×2+7.32×0.24×3=17.65m^2$ 合计：$28.97+28.63+17.65=75.25m^2$	m^2	75.25
7	现浇挑檐模板：3.46	m^3	3.46
8	现浇雨篷模板：$3.5×0.9=3.15m^2$	m^2	3.15
9	现浇混凝土台阶模板：$(0.7+1.5+0.7)×1.2=3.48m^2$	m^2	3.48

思 考 题

1. 计算工程量一般有哪些计算单位？
2. 如何计算人工孔桩的工程量？
3. 如何利用砖基础大放脚增加表计算砖基础工程量？
4. 如何计算混凝土带型基础工程量？
5. 如何计算现浇混凝土楼梯的混凝土工程量？
6. 如何计算卷材防水屋面防水层工程量？
7. 如何区分普通腰线和复杂腰线？
8. 如何计算散水和台阶的工程量？
9. 何时考虑计算超高费？
10. 成品保护属于什么项目？

第五章 建筑工程定额计价

【本章学习提要】 本章主要学习定额计价的编制依据和编制程序。主要依据是施工图纸、施工组织设计、预算定额和材料造价信息等编制工程造价。其基本程序是首先根据图纸、施工组织设计和工程量计算规则进行项目列项计算工程量;然后套定额查出各项项目的定额单价,根据项目定额单价乘以该项的工程量,求出工程的直接成本和措施性成本;再根据材料造价信息,通过工料分析进行材料找差,求出材料差价;最后利用定额计价程序表,求出工程造价。

第一节 建筑工程定额计价概述

一、建筑工程定额计价的含义

建筑工程定额计价是建筑工程造价的一种计算方法,又称为工料单价法。它是以现行的消耗量定额并结合地区性的单位估价表为主要依据,通过编制施工图预算文件来确定整个工程的预算价格。在我国建筑工程造价计算中,定额计价是过去常用的一种计价方法。

二、建筑工程定额计价的编制依据

建筑工程定额计价的编制依据有:

1. 施工图纸及说明和标准图集

经审定的施工图纸是编制建筑工程造价的重要资料,它包括附图文字说明、有关通用图集和标准图集,表明工程具体内容、结构尺寸、技术标准等。施工图纸必须经过建设、设计、施工、监理单位共同进行会审确定后,才能作为编制建筑工程造价的依据。

2. 施工组织设计或施工方案

施工组织设计,是确定单位工程进度计划、施工方法或主要技术措施以及施工现场平面布置等内容的文件。这些都直接影响工程量的计算和预算定额的套用。

3. 现行定额(或单位估价表)

现行定额(或单位估价表)包括现行预算定额(或单位估价表)、企业定额,有关费用定额和费用标准。

4. 材料、人工、机械台班预算价格及调价规定

材料、人工、机械台班预算价格是预算定额的三要素,是构成直接工程费的主要因素。尤其是材料费在工程成本中占的比重大,而且在市场经济条件下,材料、人工、机械台班的价格是随市场而变化的。为使预算造价尽可能接近实际,各地区主管部门对此都有明确的调价规定。因此,合理确定材料、人工、机械台班预算价格及其调价规定是编制施工图预算的重要依据。

5. 预算工作手册及有关工具书

预算工作手册及有关工具书是将常用数据、计算公式和系数等资料汇编成的工具性资

料，可供计算工程量和进行工料分析时参考。例如，各种结构构件面积和体积的公式，各种构件工程量及材料重量的计算公式等，特殊断面、结构构件的工程量的速算公式。

第二节 建筑工程定额计价的编制

当定额计价编制条件具备后，按照一定的编制程序，在规定的时间内以单位工程为对象进行编制。其编制过程如下：

一、熟悉施工图纸

施工图纸是编制定额计价的基本依据，因此，预算人员应首先熟悉图纸。对建筑物造型、平面布置、结构类型、应用材料以及图注尺寸、说明及其构配件的选用等方面的熟悉程度，将直接影响到能否准、全、快地进行预算编制工作。

图纸熟悉要点：

（1）熟悉施工平面图，了解设计意图。

（2）熟悉单位工程施工图纸及设计说明书。

土建工程施工图一般分为建筑图和结构图。建筑图包括：平、立、剖面图及建筑详图等，是关于建筑物的形式、大小、构造、应用材料等方面的图纸；结构图一般包括：基础平面图、楼层和屋面结构布置图、梁、板、柱、楼梯大样图等，是关于承重结构部分设计和用料尺寸等方面的图纸。熟悉施工图，了解施工图纸是否齐全清楚，结构、建筑、设备等施工图纸本身及相互之间是否有矛盾和错误，图纸与说明之间是否一致，平、立、剖面图是否相符，还要了解各部位构造要求和具体做法，进一步分析施工的可能性。

（3）熟悉详图及有关标准图集。

（4）熟悉设计变更。只有对施工图纸较全面详细了解之后，才能对施工图纸中的疑难问题、矛盾向设计单位提出质疑或合理建议，使设计更加合理化，同时也才能结合预算定额项目划分原则，正确而全面地分析确定该工程中各分部分项工程项目。

二、了解现场情况

为了预算能够更准确地反映实际情况，必须了解现场施工条件、施工方法、技术组织措施、施工设备、材料供应等情况。主要有以下几个方面：

（1）了解施工现场工程地质、自然地形和最高、最低地下水位情况。

（2）了解材料及半成品的供应地点及运距。

（3）了解工程施工方案及工程开、竣工时间及季节性施工情况。

如预算人员了解了现场地质情况、周围环境、土类别、土方采用机械或人工挖土、余土或缺土的处理等，就能确定出建筑物的标高、挖、填、运的土方量和相应的施工方法，以便能正确地确定工程项目的单价，从而得到正确的施工图预算结果。

三、熟悉消耗量定额（或单位估价表）和施工组织设计资料

消耗量定额（或单位估价表）是编制工程施工图预算的基础资料和主要依据，因为建筑工程中分部、分项工程项目的单位预算价值和人工、材料、机械台班使用消耗量，都需要依据消耗量定额（或单位估价表）来确定。因此，在编制预算之前，必须熟悉消耗量定额的内容、形式和使用方法。

地区性消耗量定额（或单位估价表）在使用中，除应了解它的分部说明、分项的工程

内容和附注说明外，在具体应用时尚应注意以下几点：

（1）项目的套用。总的要求是根据施工图纸、设计及施工说明，正确地选定套用项目，做到不漏算和不多算。其基本原则是工程项目的内容要与套用的定额项目相符。

（2）计量单位。选定项目之后，要注意定额规定的工程项目的计量单位。一般工程量的计量单位为延长米、平方米、立方米、吨、个等；计算面积则分为建筑面积、投影面积和展开面积等。

四、列出工程项目

在熟悉图纸的基础上，可根据建筑工程预算定额（或单位估价表）、企业定额上所列的工程项目，列出需编制的预算工程项目，如果定额上没有列出图纸上表示的项目，则往往需要补充该项目。对初学者，应首先按照定额分部工程项目的顺序进行排列，否则容易出现漏项。

五、工程计量

工程量计算是一项工作量大、繁重而细致的工作。作为编制预算的原始数据，它的计算精度直接影响到预算的质量，计算快慢直接影响到预算的速度。因此，在计算工程量时，不仅要求认真、细致、及时和准确，而且要按一定的计算规则和顺序进行，避免和防止产生漏算和重算等现象的发生，同时也便于校对和审核。

1. 工程量计算的的原则

（1）计算口径要一致，避免重复列项

计算工程量时，根据施工图列出的分项工程的口径（指分项工程所包括的工作内容和范围），必须与预算定额中相应分项工程的口径相一致。

（2）工程量的计算规则必须与现行定额规定的计算规则一致

按施工图样计算工程量时，应严格按照本地区现行定额各章节中规定的相应规则进行计算。

（3）工程量的计量单位必须与现行定额的计量单位一致

按施工图样计算工程量时，所列出的各分项工程的计量单位，必须与预算定额中相应项目的计量单位一致。

（4）工程量的计算应遵循着一定的要求进行计算

计算工程量时要遵循一定的计算顺序，并严格按照图样要求，依次进行计算，避免漏算或重复计算。

（5）工程量的计算精确度要统一

工程量的计算结果，除钢材、木材取三位小数外，其余项目一般取两位小数。计算建筑面积通常取整数。

2. 合理安排工程量的计算顺序

为了准确、快速地计算工程量，合理安排计算顺序非常重要。具体计算工程量的计算顺序一般有如下四种：

（1）按施工先后顺序计算

从平整场地、基础挖土算起，直至到装饰工程等全部施工内容结束为止。用这种方法计算工程量，要求具有一定的施工经验，能掌握组织施工的全部过程，并且要求对定额及图样内容十分熟悉，否则容易漏项。

(2) 按预算定额的分部分项顺序计算

按预算定额的章节、子项目顺序，由前到后，逐项对照，只需核对定额项目内容与图样设计内容一致即可。如河北省2003基价按：实体项目，如土石方、桩基础、砌筑、混凝土及钢筋混凝土、金属结构、门窗、木作工程、楼地面、屋面、防水等；施工技术措施项目，如：脚手架、模板、构建运输及安装、建筑物超高、大型机械一次安拆及场外运输等分部分项工程计算。这种方法，要求首先熟悉图样，要有很好的建筑工程基础知识。使用这种方法时还要注意：工程图样是按使用要求设计的，其平立面造型、内外装修、结构形式以及内容设施千变万化，有些设计采用了新工艺、新材料，或有些零星项目，可能套不上定额项目，在计算工程量时，应单列出来，待后面编补充定额或补充单位估价表。

(3) 按轴线编号顺序计算工程量

这种方法适用于计算内外墙的挖地槽、基础、墙砌体装饰等工程。

(4) 按图纸中的顺序计算：

1) 按顺时针方向计算。从图纸左上角开始，顺时针方向进行，如图5-1所示。这种方法适用于：外墙挖地槽、外墙砖石基础、外墙基础垫层、楼地面、顶棚、外墙粉刷等。

2) 按先横后竖计算。在图纸上先横后竖，从上而下、自左到右计算，如图5-2所示。这种方法适用于：内墙挖地槽、内墙基础及垫层、内墙墙体、间壁墙、油漆等。

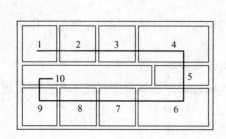

图5-1 按顺时针方向计算

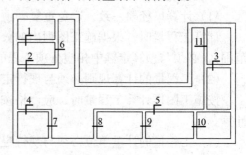

图5-2 按先横后竖计算

3) 按图纸上注明的编号顺序分类计算。按照图纸上所注构件、配件编号顺序，依次进行计算，如图5-3所示。顺序按柱 Z_1、Z_2、Z_3……，板 B_1、B_2、B_3……，主梁 L_1、L_2、L_3……，次梁 LL_1、LL_2、LL_3……图注编号分类计算。适用于：打桩工程，钢筋混凝土柱、梁、板等构件，以及木门窗和金属构件等。

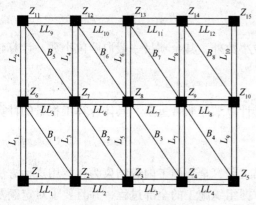

图5-3 编号计算法

3. 灵活运用"统筹法"计算原理

"统筹法"为工程量的简化计算开辟了一条新路，虽然它还存在一些不足，但其基本原理是适用的。这一方法的计算步骤是：

(1) 基数计算

基数是单位工程的工程量计算中反复多次运用的数据，提前把这些数据算出来，供各分项工程的工程量计算时查用。这些数据是：三线一面。其"三线"计算方法如下：

1) 外墙外边线长度 $L_{外}$ = 建筑平面图的外墙外围周长
2) 外墙中心线长度 $L_{中} = L_{外} -$（外墙墙厚 × 4）
3) 内墙净长线 $L_{内}$ = 建筑平面图中相同厚度内墙净长度之和

一面是指建筑面积。常用 S 表示。

"三线一面"的主要用途如下：

1) 外墙外边线总长 $L_{外}$ 是用来计算外墙装饰工程、挑檐、散水、勒脚、平整场地等分项工程工程量的基本尺寸。

2) 外墙中心线总长 $L_{中}$ 是用来计算外墙、女儿墙、外墙条形基础、垫层、挖地槽、地梁及外墙圈梁、模板等分项工程工程量的基本尺寸。还应注意由于不同厚度墙体的定额单价不同，所以 $L_{中}$ 应按不同墙厚分别计算，如 $L_{中37}$，$L_{中24}$。

3) 内墙净长线总长 $L_{内}$：是用来计算内墙、内墙条形基础、垫层、挖地槽、地梁及内墙圈梁、模板等分项工程工程量的基础尺寸。应注意由于不同厚度墙体单价不同，$L_{内}$ 应按不同墙厚分层计算，如 $L_{内37}$，$L_{内24}$。

4) 建筑面积（S）：是指建筑物的水平投影面积，可用作计算综合脚手架、垂直运输费等项目的基本数据。

(2) 按一定的计算顺序计算项目

尽可能做到前面项目的计算结果，能运用于后面的计算中，以减少重复计算。

(3) 联系实际，灵活机动

由于工程设计很不一致，对于那些不能用"线"和"面"基数计算的不规则的、较复杂的项目工程量的计算问题，要结合实际，灵活运用下列方法加以解决：

1) 分段计算法：如遇外墙的断面不同时，可采取分段法计算工程量。
2) 分层计算法：如遇多层建筑物各楼层的建筑面积不同时，可用分层计算法。
3) 补加计算法：如带有墙柱的外墙，可先计算出外墙体积，然后加上砖柱体积。
4) 补减计算法：如每层楼的地面面积相同，地面构造除一层门厅为水磨面外，其余均为水泥砂浆地面，可先按每层都是水泥砂浆地面计量各楼层的工程量，然后再减去门厅的水磨面工程量。

六、确定单位价值，进行分部分项工程计费

计算完成工程量并经反复核实以后，可按分项工程顺序逐项汇总计算单位工程实体项目费和技术措施项目费，根据各分部分项工程名称和编号，在预算定额（或综合基价）、企业定额中查出该分部分项工程的单位价值。

计算各分项工程实体项目费和技术措施项目费的方法是，先将工程量按照预算定额或综合定额各分部分项工程的排列顺序逐项填列在单位工程预算表或分项工程费汇总表中，然后套用相应的定额基价，即可计算出该分项工程的定额直接费或实体项目费，最后在表中将整个单位工程中所有的分项工程实体项目费和技术措施项目费进行汇总，即可得出整个单位工程的定额直接费。

必须指出，预算定额或综合定额的套用、换算和补充的正确与否，直接影响到直接费计算的准确程度，所以，在选套定额基价时一定要严肃认真，不准高套或低套，应当换算就要进行换算，应当补充单价就应补充单价，严禁随意填写。

单位工程预算表的格式参见表 5-1 所示。

单位工程预算表   表 5-1

工程编号_____ 工程名称_____

序号	定额编号	工程项目名称	单位	工程量	单价	合价	人工费		机械费		材料费	
							单价	合价	单价	合价	单价	合价

审核：   制表：

七、工料分析表

定额计价以货币的形式表现了单位工程中分部分项工程量及其预算价值，但完成单位工程及分部分项工程所需的人工、材料和机械的预算用量没能直观地表现出来。为了掌握这些人工、材料的预算用量，就需要对单位工程预算进行工料分析，编制工料分析表。

工料分析一般是按单位工程（土建、水暖、电气等）分别编制。根据工程造价中分部分项工程的数量、定额编号逐一计算各分项工程所含人工和各种材料的用量，并按照不同工种、材料品种和规格，分别汇总合计，反映出单位工程全部分项工程的人工和材料的预算用量，以满足各项生产与管理工作的需要。工料分析表的格式参见表 5-2 所示。

工 料 分 析 表   表 5-2

工程编号_____ 工程名称_____

定额编号	分部分项工程名称	单位	工程量	人工工日		水泥 42.5		圆钢 Φ12		……
				定额用量	合计	定额用量	合计	定额用量	合计	

八、工程取费

定额计价是以分部分项工程量乘以单价后的合计为直接工程费，直接工程费以人工、材料、机械的消耗量及其相应价格确定。直接工程费汇总后另加间接费、利润、税金生成工程发承包价，下面是河北省以人工费和机械费为计算基础的建筑工程取费表（表 5-3）：

以人工费和机械费为计算基础的工程取费表   表 5-3

序 号	费用项目	计算方法	备 注
1	直接工程费	按预算表	
2	其中：人工费和机械费	按预算表	
3	措施费	按规定标准计算	
4	其中：人工费和机械费	按规定标准计算	
5	小计	(1)+(3)	
6	人工费和机械费小计	(2)+(4)	

续表

序　号	费　用　项　目	计　算　方　法	备　注
7	间接费	（6）×相应费率	
8	利润	（6）×相应利润率	
9	不含税造价	（5）＋（7）＋（8）	
10	含税造价	（9）×（1＋相应税率）	

九、编制预算书

在预算书中一般是采用建筑工程预算表编制施工图预算。在预算表上填上工程量计算书中各分部分项工程的工程量，再把查得的单位价值填在相应的分项工程上，相乘后得出复价，然后把复价汇总得出单位工程直接费或综合费。表格形式见本章下节"预算实例"。然后，计算其他有关费用，计算得出单位工程预算总造价和单方造价，此外还应进行工料分析和汇总。

定额计价预算书包括如下内容：

1．预算书封面

包括工程名称、地点、建筑结构类型、建筑面积、总造价、单方造价、施工单位等项内容。

2．编制说明

编制说明主要是让有关各方人员了解该预算的编制依据和编制中对某些问题的处理情况。主要内容有：

（1）编制依据

1）说明本预算所采用的施工图的名称、设计单位、施工单位。

2）所依据的预算定额（或单位估价表）、企业定额的名称、时期；费用定额或有关文件的名称、文号。

（2）执行定额的有关问题

1）土方工程的挖、运机具及运距。

2）预制构件的运输距离等。

（3）其他

1）施工图中变更部位名称和处理情况。

2）甲乙双方协商确定的其他有关事宜。

3）其他遗留问题的说明等。

3．工程预算表

把已经计算好的分部分项工程的工程量，按照分部分项顺序整理后，依次把定额编号、分项工程名称、计量单位、工程量及从定额中查出的单价填入表格，最后汇总形成定额直接费。

第三节　建筑工程定额计价的编制实例

本节以第四章的工程量计算实例并结合地区性的单位估价表为基础编制的施工图预算，其施工图预算文件的构成内容和基本格式如下表。

工程概(预)算书

工程名称：<u>某小区住宅楼</u>
建筑面积：<u>225.63m²</u>
工程造价：<u>127415 元</u>
单方造价：<u>564 元/m²</u>
建设单位：<u>某住宅建设开发有限责任公司</u>
施工单位：<u>省建工集团有限责任公司二公司</u>
编制日期：_____

编制说明

一、工程概况

本工程为三层砖混结构住宅楼，建筑面积 225.63m²，基础为普通黏土砖大放脚基础，内外装修为普通装修做法，具体见施工图纸。

二、编制依据

1. 设计施工图及有关说明。
2. 采用现行的标准图集、规范、工艺标准、材料做法。
3. 使用现行的定额，材料价格及有关的补充说明解释等。
4. 根据现场施工条件、实际情况。

三、工程总造价为：**127415 元**。

单位工程取费表

工程名称：某小区住宅楼　　　　　　　　单位工程名称：一般建筑工程（三类工程）

序号	编码	取费项目	计算基础	费率	费用
1	ZJF	直接费及技术措施成本	RGF + CLF + JXF	100	93326.49
2	RGF	其中：人工费	RGF	100	24558.66
3	CLF	其中：材料费	CLF	100	62541.17
4	JXF	其中：机械费	JXF	100	6226.66
5	QTF	施工组织措施费	RGF + JXF	20.93	6443.37
6	QTR	施工组织措施费中的人工费	RGF + JXF	6.66	2050.3
7	QTJ	施工组织措施费中的机械费	RGF + JXF	4.6	1416.12
8	GLF	管理费	RGF + JXF + QTR + QTJ	29	9933
9	LR	利润	RGF + JXF + QTR + QTJ	15	5137.76
10	JC	据实调整材料价差	8054.67	100	8054.67
11	DLF	独立费	0	100	
12	GDFY	规费	ZJF + QTF + GLF + LR + JC + DLF	0.22	270.37
13	SJ1	税金	ZJF + QTF + GLF + LR + JC + DLF + GDFY	3.45	4249.22
14	HJ	合计	ZJF + QTF + GLF + LR + JC + DLF + GDFY + SJ1	100	127414.88

单位工程预（结）算表

工程名称：某小区住宅楼

序号	定额编号	分部分项工程名称	单位	数量	基价 人工费	基价 材料费	基价 机械费	基价 小计	合价 人工费	合价 材料费	合价 机械费	合价 小计
		一、实体项目										
1	1-8	人工挖地槽普硬土（深度2m以内）	100m³	1.065	830.16		4.18	834.34	884.12		4.45	888.57
2	1-31	人工土、石方平整场地	100m²	0.94	56.7			56.7	53.3			53.3
3	1-33	人工土、石方（夯填）回填土	100m³	0.697	529.2		185.22	714.42	368.85		129.1	497.95
4	1-102	机械土、石方挖掘 机挖土、自卸汽车运土普硬土运距1000m以内	1000m³	0.02	953.82	35.76	7327.88	8317.46	19.08	0.72	146.56	166.36
5	1-104	机械土、石方挖掘 机挖土、自卸汽车运土运距每增加1000m	1000m³	0.182			1240.8	1240.8			225.83	225.83
6	7-1	房心素土回填	10m³	1.65	78.84	5.96	22.98	107.78	130.09	9.83	37.92	177.84
7	3-1	砌砖基础 砌筑水泥砂浆中砂M5.0	10m³	1.477	280.14	776.29	16.56	1072.99	413.77	1146.58	24.46	1584.81
8	3-3	实砌内外墙（墙厚）一砖 砌筑水泥石灰砂浆中砂M5.0	10m³	7.508	382.72	791.33	16.13	1190.18	2873.46	5941.31	121.1	8935.87
9	3-3	实砌内外墙（墙厚）一砖 砌筑水泥石灰砂浆中砂M5.0	10m³	3.277	382.72	791.33	16.13	1190.18	1254.17	2593.19	52.86	3900.22
10	4-19换	现浇钢筋混凝土单梁连续梁 现浇混凝土中砂砾石C30-40	10m³	0.14	351.67	1464.59	72.47	1888.73	49.23	205.04	10.15	264.42
11	4-21	现浇钢筋混凝土圈梁弧形圈梁 现浇混凝土中砂碎石C20-40	10m³	0.363	546.25	1366.64	44.48	1957.37	198.29	496.09	16.15	710.53
12	4-21	现浇钢筋混凝土圈梁弧形圈梁 现浇混凝土中砂碎石C20-40	10m³	0.777	546.25	1366.64	44.48	1957.37	424.44	1061.88	34.56	1520.88
13	4-22	现浇钢筋混凝土过梁 现浇混凝土中砂碎石C20-40	10m³	0.105	591.79	1396.11	72.47	2060.37	62.14	146.59	7.61	216.34
14	4-32换	现浇钢筋混凝土平板 现浇混凝土中砂碎石C30-40	10m³	0.446	306.36	1533.9	73.64	1913.9	136.64	684.12	32.84	853.6
15	4-32换	现浇钢筋混凝土平板 现浇混凝土中砂碎石C30-40	10m³	0.536	306.36	1533.9	73.64	1913.9	164.21	822.17	39.47	1025.85

续表

序号	定额编号	分部分项工程名称	单位	数量	基 价				合 价			
					人工费	材料费	机械费	小计	人工费	材料费	机械费	小计
16	4-32换	现浇钢筋混凝土平板 现浇混凝土中砂碎石 C30-40	10m³	0.832	306.36	1533.9	73.64	1913.9	254.89	1276.2	61.27	1592.36
17	4-39	现浇钢筋混凝土直形雨篷 现浇混凝土中砂碎石 C20-20	10m³	0.041	532.68	1472.5	107.55	2112.73	21.84	60.37	4.41	86.62
18	4-44	现浇钢筋混凝土挑檐天沟 现浇混凝土中砂碎石 C20-20	10m³	0.346	526.01	1516.44	98.21	2140.66	182	524.69	33.98	740.67
19	4-62	预制钢筋混凝土过梁 预制混凝土中砂碎石 C30-40	10m³	0.08	306.82	1500.74	216.97	2024.53	24.55	120.06	17.36	161.97
20	14-8	2类预制混凝土构件（运距 1km 以内）运输	10m³	0.08	38.88	26.98	487.78	553.64	3.11	2.16	39.02	44.29
21	14-95	塔式起重机过梁安装及拼装	10m³	0.079	971.52	174.75	12.16	1158.43	76.75	13.81	0.96	91.52
22	4-92	预制钢筋混凝土实心踏步板 预制混凝土中砂碎石 C30-20	10m³	0.062	325.45	1595.47	206.78	2127.7	20.18	98.92	12.82	131.92
23	14-1	1类预制混凝土构件（运距 1km 以内）运输	10m³	0.062	48.96	22.7	554.73	626.39	3.04	1.41	34.39	38.84
24	14-107	塔式起重机楼梯踏步板安装及拼装	10m³	0.061	374.44	96.3	3.04	473.78	22.84	5.87	0.19	28.9
25	4-246	钢筋制作、安装现浇构件钢筋直径 10mm 以内	t	0.537	479.78	2174.69	32.24	2686.71	257.64	1167.81	17.31	1442.76
26	4-247	钢筋制作、安装现浇构件钢筋直径 20mm 以内	t	1.411	280.83	2201.46	80.18	2562.47	396.25	3106.26	113.13	3615.64
27	4-249	钢筋制作、安装预制构件钢筋直径 10mm 以内	t	0.318	365.01	2168.52	48.13	2581.66	116.07	689.59	15.31	820.97
28	4-250	钢筋制作、安装预制构件钢筋直径 20mm 以内	t	0.44	257.83	2215.29	69.96	2543.08	113.45	974.73	30.78	1118.96
29	4-253	铁件制作、安装	t	0.017	1343.43	2856.22	1053.19	5252.84	22.84	48.56	17.9	89.3
30	4-270	先张法预应力钢筋低碳冷拔钢丝	t	0.052	412.62	2885.6	231.73	3529.95	21.46	150.05	12.05	183.56
31	6-37	胶合板门扇制作（扇面积）	100m²	0.169	670.45	6646.86	242.26	7559.57	113.31	1123.32	40.94	1277.57

续表

序号	定额编号	分部分项工程名称	单位	数量	基价				合价			
					人工费	材料费	机械费	小计	人工费	材料费	机械费	小计
32	6-38	胶合板门扇安装（扇面积）	100m²	0.169	275.08			275.08	46.49			46.49
33	6-87	高600mm以内玻璃门亮制作（扇面积）	100m²	0.015	389.39	5738.33	196.06	6323.78	5.84	86.07	2.94	94.85
34	6-88	高600mm以内玻璃门亮安装（扇面积）	100m²	0.015	955.65	1277.11		2232.76	14.33	19.16		33.49
35	6-91	单裁口普通木门框制作	100延米	0.565	55.89	1234.87	25.34	1316.1	31.58	697.7	14.32	743.6
36	6-92	单裁口普通木门框安装	100延米	0.565	131.79	173.76	0.68	306.23	74.46	98.17	0.38	173.01
37	14-67	木门窗运距（10km以内）运输	100m²	0.188	13.68		447.69	461.37	2.57		84.17	86.74
38	6-298	塑料扶手（钢栏杆）	10m	1.988	93.24	388.27	183.7	665.21	185.36	771.88	365.2	1322.44
39	6-175	铝合金推拉窗安装	100m²	0.25	1127	18163.68	105.24	19395.92	281.75	4540.92	26.31	4848.98
40	6-168	铝合金地弹门安装	100m²	0.042	1288	36009.04	78.09	37375.13	54.1	1512.38	3.28	1569.76
41	7-4	砂垫层（基础垫层，调整人工、机械）	10m³	1.144	88.13	340.97	3.79	432.89	100.82	390.07	4.34	495.23
42	7-23换	混凝土垫层 现浇混凝土中砂碎石C10-40（基础垫层，调整人工、机械）	10m³	1.144	283.39	1072.93	55.84	1412.16	324.2	1227.43	63.88	1615.51
43	7-25	水泥砂浆找平层在硬基层上（平面）20mm 抹灰水泥砂浆中砂1:3	100m²	0.825	179.4	298.86	10.62	488.88	148.01	246.56	8.76	403.33
44	7-27	水泥砂浆找平层在填充材料上（平面）20mm 抹灰水泥砂浆中砂1:3	100m²	0.825	184	327.71	13.59	525.3	151.8	270.36	11.21	433.37
45	7-2	灰土垫层3:7	10m³	1.154	135.72	193.89	51.06	380.67	156.62	223.75	58.92	439.29
46	7-23	混凝土垫层 现浇混凝土中砂碎石C15-40	10m³	0.502	236.16	1202.41	46.53	1485.1	118.55	603.61	23.36	745.52
47	7-141	水泥砂浆楼梯（水平投影面积）抹灰水泥砂浆中砂1:2.5	100m²	0.162	1409.9	623.62	19.11	2052.63	228.4	101.03	3.1	332.53
48	7-173	地板砖楼地面（水泥砂浆）每块周长2400mm以内 抹灰水泥砂浆中砂1:4	100m²	0.622	1004.76	4520.43	31.65	5556.84	624.96	2811.71	19.69	3456.36
49	7-173	地板砖楼地面（水泥砂浆）每块周长2400mm以内 抹灰水泥砂浆中砂1:4	100m²	0.692	1004.76	4520.43	31.65	5556.84	695.29	3128.14	21.9	3845.33

续表

序号	定额编号	分部分项工程名称	单位	数量	基价				合价			
					人工费	材料费	机械费	小计	人工费	材料费	机械费	小计
50	7-173	地板砖楼地面（水泥砂浆）每块周长2400mm以内 抹灰水泥砂浆中砂1:4	100m²	0.08	1004.76	4520.43	31.65	5556.84	80.38	361.63	2.53	444.54
51	7-29	二层卫生间细石混凝土找平层在硬基层上 30mm 细石混凝土C20-10	100m²	0.068	186.76	488.85	21.26	696.87	12.7	33.24	1.45	47.39
52	7-30	二层卫生间细石混凝土找平层每增减5mm	100m²	0.136	32.43	74.58	3.38	110.39	4.41	10.14	0.46	15.01
53	7-102	聚氨酯二遍卫生间防水	100m²	0.085	176.18	3816.57		3992.75	14.98	324.41		339.39
54	7-169	地板砖楼地面（水泥砂浆）每块周长800mm以内 抹灰水泥砂浆中砂1:4	100m²	0.068	1162.8	3744.93	31.65	4939.38	79.07	254.66	2.15	335.88
55	7-169	地板砖楼地面（水泥砂浆）每块周长800mm以内 抹灰水泥砂浆中砂1:4	100m²	0.147	1162.8	3744.93	31.65	4939.38	170.93	550.5	4.65	726.08
56	7-140	水泥砂浆踢脚板 抹灰水泥砂浆中砂1:3	100m²	0.217	864.57	313.41	10.62	1188.6	187.61	68.01	2.3	257.92
57	8-14	隔气层冷底子油一遍热沥青二遍	100m²	0.96	43.01	945.44		988.45	41.29	907.62		948.91
58	8-30	SBS改性沥青防水卷材	100m²	0.96	184	2369.4		2553.4	176.64	2274.62		2451.26
59	8-70	塑料水落管排水φ110mm	100m	0.338	517.5	2435.75		2953.25	174.92	823.28		998.2
60	8-74	塑料水斗排水落水口直径φ110mm	10个	0.4	69	148.47		217.47	27.6	59.39		86.99
61	8-76	落水口（含箅子板）	10套	0.4	92	85.85		177.85	36.8	34.34		71.14
62	9-223	干铺珍珠岩屋面保温	10m³	0.825	65.16	1029.23		1094.39	53.76	849.11		902.87
63	10-32	混凝土顶棚水泥砂浆	100m²	1.617	408.02	186.69	7.22	601.93	659.77	301.88	11.67	973.32
64	10-32	混凝土顶棚水泥砂浆	100m²	0.486	408.02	186.69	7.22	601.93	198.3	90.73	3.51	292.54
65	10-35	标准砖内墙面水泥砂浆抹灰	100m²	4.384	383.64	300.43	11.46	695.53	1681.88	1317.09	50.24	3049.21
66	10-35	标准砖外墙面水泥砂浆	100m²	3.723	383.64	300.43	11.46	695.53	1428.29	1118.5	42.67	2589.46

续表

序号	定额编号	分部分项工程名称	单位	数量	基价				合价			
					人工费	材料费	机械费	小计	人工费	材料费	机械费	小计
67	10-147	周长 1200mm 内墙面、墙裙镶贴内墙瓷砖面层	100m²	1.036	1525.32	2970.43	28.47	4524.22	1580.23	3077.37	29.49	4687.09
68	10-154	10mm 缝周长 400mm 内墙面、墙裙镶贴外墙面砖面层	100m²	0.687	2214.36	4716.22	28.47	6959.05	1521.27	3240.04	19.56	4780.87
69	10-262	三遍成活内墙涂料	100m²	6.475	123.28	61.41		184.69	798.24	397.63		1195.87
70	10-263	抹灰面外墙涂料	100m²	2.783	163.07	691.89	33.06	888.02	453.82	1925.53	92.01	2471.36
71	[02]2-048	砖墙面水泥砂浆粘贴大理石	m²	2.11	20.56	258.81	0.67	280.04	43.38	546.09	1.41	590.88
		二、技术措施项目										
72	12-33	1000m² 以内高度在 9m 以内混合结构多层建筑脚手架	100m²	2.256	271.86	509.32	75.99	857.17	613.32	1149.03	171.43	1933.78
73	13-10	现浇混凝土基础垫层模板	100m²	0.347	265.88	2074.99	37.05	2377.92	92.26	720.02	12.86	825.14
74	13-27	现浇单梁连续梁模板	100m²	0.091	906.66	839.5	173.18	1919.34	82.51	76.39	15.76	174.66
75	13-29	现浇直形圈梁模板	100m²	0.753	747.04	821.55	74.61	1643.2	549.07	603.84	54.84	1207.75
76	13-43	现浇平板模板	100m²	1.687	637.56	954.19	177.35	1769.1	1075.56	1609.72	299.19	2984.47
77	13-55	现浇直形雨篷（投影面积）模板	10m²	0.315	132.02	193.88	39.61	365.51	41.59	61.07	12.48	115.14
78	13-59	现浇台阶（投影面积）模板	10m²	0.348	53.36	114.1	3.49	170.95	18.57	39.71	1.21	59.49
79	13-61	现浇挑檐天沟模板	10m³	0.346	2116.69	1489.33	475.89	4081.91	732.37	515.31	164.66	1412.34
80	15-1	混合结构建筑物高度 20m（6层）以内卷扬机垂直运输	100m²	2.256			1411.12	1411.12			3183.49	3183.49
		合计							24558.66	62541.17	6226.66	93326.49

人工、材料、机械台班汇总表

工程名称：某小区住宅楼

编码	人工、材、机名称	单位	数量	预算价	合价	市场价	价差
	人工用量						
_10000001	综合用工一类	工日	138.357	36	4980.85	36	
_10000002	综合用工二类	工日	754.767	23	17359.64	23	
_10000003	综合用工三类	工日	123.229	18	2218.12	18	
	材料用量						
_AA1C0001	钢筋 φ10 以内	t	0.857	2139.96	2742.4	3200	908.45
_AA1C0002	钢筋 φ20 以内	t	1.851	2176.68	5738.1	3100	1709.07

续表

编 码	人工、材、机名称	单位	数量	预算价	合 价	市场价	价 差
_AA1C0009	圆钢 φ20	kg	108.127	2.17	346.01	3.2	111.37
_AB1C0001	钢板	t	0.01	2288.43	38.5	3850	15.62
_AC4C0078	锻铁	t	0.003	2231.03	10.8	3600	4.11
_AC9C0001	型钢	t	0.098	2288.75	377.3	3850	153
_AE1-0005	低碳冷拔钢丝	t	0.052	2769.3	187.2	3600	43.2
_AE2-0007	钢丝绳 φ8	kg	0.18	5.61	1.01	5.61	
_AE2C0050	钢丝绳	kg	0.045	6.68	0.3	6.68	
_BA1C1001	烘干木材	m³	0.392	2142.36	776.16	1980	-63.65
_BA1C1002	烘干木材	m³	0.374	1767.78	598.4	1600	-62.75
_BA2-1040	锯屑	m³	0.965	10	9.65	10	
_BA2C1013	二等方木	m³	0.008	1676.97	13.42	1676.97	
_BA2C1016	木模板	m³	0.723	1366.4	987.91	1366.4	
_BA2C1018	木脚手板	m³	0.329	1331.65	438.11	1331.65	
_BA2C1021	二等板方材	m³	0.002	1676.97	3.35	1676.97	
_BA2C1023	支撑方木	m³	0.476	1676.97	798.24	1676.97	
_BA2C1027	木材	m³	0.071	1676.97	119.06	1676.97	
_BA3-0038	三层胶合板	m²	40.729	7.4	301.39	7.4	
_BB1-0047	水泥 32.5	kg	18.364	0.24	4.41	0.24	
_BB1-0101	水泥 32.5	t	29.172	240	7001.28	240	
_BB1-0102	水泥 42.5	t	7.043	275	1831.18	260	-105.65
_BB3-0001	白水泥	t	0.033	400	13.2	400	
_BB3-0129	白水泥 一级	kg	0.327	0.4	0.13	0.4	
_BC1-0002	生石灰	t	4.938	75	370.35	75	
_BC1-0014	石渣	kg	39.525	0.25	9.88	0.25	
_BC2-0002	黏土	m³	37.397				
_BC3-0022	砾石	t	2.003	26	64.1	32	12.02
_BC3-0030	碎石	t	70.649	30.36	2260.77	32	115.86
_BC4-0013	中砂	t	152.752	19.53	2983.25	19.53	
_BC4-0015	中砂	kg	68.323	0.02	1.37	0.02	
_BD1-0001	标准砖 240×115×53	千块	65.046	110	8455.98	130	1300.92
_BF2-0029	大理石板（综合）	m²	2.152	245	527.24	245	
_BG1-0117	面砖 100×100	m²	59.968	50	2998.4	50	
_BG1-0155	陶瓷地面砖 200×200	m²	21.93	34	745.62	34	
_BG1-0208	陶瓷地面砖 600×600	m²	142.885	41.4	5915.44	41.4	
_BG2-0007	瓷砖 200×300	m²	107.226	25	2680.65	25	
_BH1-0003	平板玻璃 3mm	m²	1.35	13	17.55	13	

续表

编 码	人工、材、机名称	单位	数量	预算价	合 价	市场价	价 差
_CA1C0007	电焊条 J422	kg	12.076	3.3	39.85	3.3	
_DA1-0004	大白粉	kg	46.75	0.2	9.35	0.2	
_DA1-0027	清油 Y00-1	kg	0.033	13	0.43	13	
_DA1-0028	油漆溶剂油	kg	0.474	7	3.32	7	
_DA1-0031	色粉	kg	9.462	4	37.85	4	
_DA1-0049	聚丁胶黏合剂	kg	57.6	14.98	862.85	14.98	
_DA1-0056	油灰	kg	1.077	1.2	1.29	1.2	
_DQ1C0008	防锈漆	kg	4.377	13	56.9	13	
_DR1-0031	聚醋酸乙烯乳液	kg	0.907	7.4	6.71	7.4	
_DR1-0032	松节油	kg	0.013	6.5	0.08	6.5	
_DR1-0033	防腐油	kg	2.317	3	6.95	3	
_DS1-0022	内墙涂料	kg	324.074	1	324.07	1	
_DZ1-0051	外墙涂料	kg	278.3	6	5009.4	18	3339.6
_EA1-0039	煤油	kg	0.084	3.4	0.29	3.4	
_EA1C0062	汽油	kg	36.221	3.2	115.91	3.2	
_EB1-0010	草酸	kg	0.021	5.3	0.11	5.3	
_EB1-0025	二甲苯	kg	22.222	5	111.11	5	
_EB1-0109	氧气	m³	2.205	3	6.62	3	
_EB1-0112	乙炔气	m³	4.924	15	73.86	15	
_EB1-0114	硬白蜡 50 号	kg	0.056	5.1	0.29	5.1	
_EB1-0126	聚氨酯甲料	kg	9.149	15	137.24	15	
_EB1-0127	聚氨酯乙料	kg	14.315	12	171.78	12	
_ED1-0014	TG 胶	kg	117.23	2	234.46	2	
_ED1-0030	乳胶	kg	6.454	10.8	69.7	10.8	
_ED1-0149	YJ-Ⅲ胶粘剂	kg	0.888	12	10.66	12	
_ED1-0187	密封胶	kg	4.191	26	108.97	26	
_ED1-0188	玻璃胶 350g	kg	13.556	25	338.9	25	
_EF1-0009	隔离剂	kg	28.774	0.52	14.96	0.52	
_EF1-0016	羧甲基纤维素	kg	1.166	9	10.49	9	
_FA1-0002	石油沥青 10 号	t	0.341	1460	497.86	1460	
_FA1-0003	石油沥青 30 号	t	0.18	1600	288	1600	
_FB3-0001	SBS 改性沥青防水卷材 3mm	m²	134.4	9.5	2016	15	739.2
_FD2-0005	密封油膏	kg	10.092	10.3	103.95	10.3	
_FP0-0091	塑料堵头	只	0.577	10	5.77	10	
_GH1-0010	珍珠岩粉	m³	10.296	82.47	849.11	82.47	
_IA1-0016	卡箍膨胀螺栓 110	个	34.46	2.6	89.6	2.6	

续表

编码	人工、材、机名称	单位	数量	预算价	合价	市场价	价差
IA1-0106	木螺丝	百个	2.068	3	6.2	3	
IA2-0027	玻璃钉	kg	0.006	4.2	0.03	4.2	
IA2C0071	铁钉	kg	43.158	4.7	202.84	4.7	
ID1-0024	合金钢钻头 $\phi 10$	个	15.744	6.5	102.34	6.5	
IE2-0009	地脚	个	140.498	0.08	11.24	0.08	
IE2-0016	砂纸	张	32.375	0.3	9.71	0.3	
IE2-0026	砂布	张	8.708	0.5	4.35	0.5	
IF2-0101	镀锌钢丝 8 号	kg	78.21	2.57	201	2.57	
IF2-0108	镀锌钢丝 22 号	kg	19.111	3.28	62.68	3.28	
JA1C0027	组合钢模板	kg	242.509	3.47	841.51	3.47	
JA1C0034	零星卡具	kg	61.716	2.95	182.06	2.95	
JA1C0035	梁卡具	kg	2.383	2.95	7.03	2.95	
JA1C0092	支撑钢管及扣件	kg	121.912	2.85	347.45	2.85	
JB1-0003	脚手架底座	个	0.406	4.06	1.65	4.06	
JB1-0004	直角扣件	个	8.866	4.08	36.17	4.08	
JB1-0006	回转扣件	个	0.496	4.12	2.04	4.12	
JB2-0027	对接扣件	个	1.512	4.2	6.35	4.2	
KC4-0301	铝合金地弹门（90 系列白色含玻璃）	m²	4.032	360	1048.32	260	-403.2
KC4-0801	铝合金推拉窗（50 系列白色含玻璃纱扇）	m²	23.75	170	4275	180	237.5
KZ7-0022	塑料扶手	m	21.073	10	210.73	10	
OA0-0024	钢管 $\phi 50mm$	kg	50.647	2.43	123.07	2.43	
OA0C0023	钢管	t	0.001	2480	2.48	2480	
OG1-0012	UPVC 排水管 $\phi 110$	m	35.49	17.83	632.79	17.83	
OP1-0031	UPVC 水斗 $\phi 110$	个	4.04	12.1	48.88	12.1	
OP1-0134	UPVC 弯头落水口（含箅子板）$\phi 110$	套	4.04	8.5	34.34	8.5	
ZA1-0002	水	m³	152.649	2.98	454.89	2.98	
ZB1-0004	草袋	m²	51.678	2	103.36	2	
ZC1-0002	烟煤	t	0.038	180	6.84	180	
ZC1-0003	焦炭	kg	0.204	0.3	0.06	0.3	
ZC1-0005	安全网	m²	36.525	10	365.25	10	
ZD1-0009	棉纱头	kg	3.353	4.7	15.76	4.7	
ZD1-0011	尼龙帽	个	3.367	0.66	2.22	0.66	
ZD1-0012	草板纸 80 号	张	75.39	0.9	67.85	0.9	

续表

编码	人工、材、机名称	单位	数量	预算价	合价	市场价	价差
ZD1-0028	嵌缝料	kg	0.174	2.6	0.45	2.6	
ZE1-0018	石料切割锯片	片	1.864	20	37.28	20	
ZE1-0647	预制构件	m³	1.421				
ZG1-0001	其他材料费	元	155.261	1	155.26	1	
ZG1-0019	台座及张拉设备摊销	元	5.469	1	5.47	1	
	机械台班用量						
00001002	履带式推土机 75kW	台班	0.009	448.56	4.04	448.56	
00001041	履带式单斗液压挖掘机 0.6m³	台班	0.04	400.64	16.03	400.64	
00001068	夯实机（电动）夯击能力 20~62N·m	台班	9.927	23.21	230.41	23.21	
00003017	汽车式起重机 5t	台班	0.706	359.85	254.05	359.85	
00003027	门式起重机 10t	台班	0.008	260.87	2.09	260.87	
00003037	塔式起重机 起重力距60kN·m	台班	0.028	376.86	10.55	376.86	
00004006	载货汽车 6t	台班	0.286	294.53	84.24	294.53	
00004007	载货汽车 8t	台班	0.065	362.3	23.55	362.3	
00004015	自卸汽车 8t	台班	0.74	470	347.8	470	
00004030	机动翻斗车 1t	台班	0.089	102.13	9.09	102.13	
00004034	洒水车 4000L	台班	0.012	320.62	3.85	320.62	
00005010	电动卷扬机（单筒慢速）50kN	台班	0.441	73.99	32.63	73.99	
00005020	皮带运输机 15 压刨床 0.5m	台班	0.036	121.11	4.36	121.11	
00006016	灰浆搅拌机 200L	台班	8.725	42.46	370.46	42.46	
00006053	滚筒式混凝土搅拌机 500L 以内	台班	2.823	97.1	274.11	97.1	
00006059	混凝土振捣器（平板式）	台班	2.904	11.7	33.98	11.7	
00006060	混凝土振捣器（插入式）	台班	3.012	9.97	30.03	9.97	
00007001	钢筋调直机 直径40mm	台班	0.32	33.64	10.76	33.64	
00007002	钢筋切断机 直径40mm	台班	0.716	37.38	26.76	37.38	
00007003	钢筋弯曲机 直径40mm	台班	0.654	21.53	14.08	21.53	
00007006	预应力钢筋拉伸机 拉伸力 650kN	台班	0.29	30.18	8.75	30.18	
00007012	木工圆锯机 φ500mm	台班	0.54	22.58	12.19	22.58	
00007021	木工压刨床 四面 300mm	台班	0.367	90.69	33.28	90.69	
00007022	木工开榫机 榫头长度 160mm	台班	0.284	53.42	15.17	53.42	
00007023	木工打眼机 MK212	台班	0.49	10.64	5.21	10.64	
00007024	木工裁口机 多面 400mm	台班	0.048	34.57	1.66	34.57	
00007027	普通车床 φ400×2000mm	台班	0.036	86.18	3.1	86.18	
00007046	摇臂钻床 φ25mm	台班	0.007	52.37	0.37	52.37	

续表

编码	人工、材、机名称	单位	数量	预算价	合价	市场价	价差
_00007072	管子切割机 φ150mm	台班	1.233	41.13	50.71	41.13	
_00009002	交流弧焊机 32kVA	台班	3.304	103.4	341.63	103.4	
_00009010	对焊机 75kVA	台班	0.445	128.44	57.16	128.44	
_00009025	点焊机 长臂 75kVA	台班	0.169	148.68	25.13	148.68	
_00010011	电动空气压缩机 0.6m³/h	台班	1.531	60.1	92.01	60.1	
_00013135	电锤 功率520W	台班	3.498	8.46	29.59	8.46	
_00013155	石料切割机	台班	4.515	13.93	62.89	13.93	
_00014011	载货汽车 综合	台班	1.712	303.95	520.36	303.95	
_00014014	慢速卷扬机（带塔）综合	台班	23.891	133.25	3183.48	133.25	
_90000001	其他机械费	元	0.781	1	0.78	1	

主要材料调价表

工程名称：某小区住宅楼

编码	材机名称	单位	数量	预算价	合价	市场价	价差
_AA1C0001	钢筋 φ10以内	t	0.857	2139.96	2742.4	3200	908.45
_AA1C0002	钢筋 φ20以内	t	1.851	2176.68	5738.1	3100	1709.07
_AA1C0009	圆钢 φ20	kg	108.127	2.17	346.01	3.2	111.37
_AB1C0001	钢板	t	0.01	2288.43	38.5	3850	15.62
_AC4C0078	锻铁	t	0.003	2231.03	10.8	3600	4.11
_AC9C0001	型钢	t	0.098	2288.75	377.3	3850	153
_AE1-0005	低碳冷拔钢丝	t	0.052	2769.3	187.2	3600	43.2
_BA1C1001	烘干木材	m³	0.392	2142.36	776.16	1980	-63.65
_BA1C1002	烘干木材	m³	0.374	1767.78	598.4	1600	-62.75
_BB1-0102	水泥 42.5	t	7.043	275	1831.18	260	-105.65
_BC3-0022	砾石	t	2.003	26	64.1	32	12.02
_BC3-0030	碎石	t	70.649	30.36	2260.77	32	115.86
_BD1-0001	标准砖 240×115×53	千块	65.046	110	8455.98	130	1300.92
_DZ1-0051	外墙涂料	kg	278.3	6	5009.4	18	3339.6
_FB3-0001	SBS改性沥青防水卷材 3mm	m²	134.4	9.5	2016	15	739.2
_KC4-0301	铝合金地弹门（90系列白色含玻璃）	m²	4.032	360	1048.32	260	-403.2
_KC4-0801	铝合金推拉窗（50系列白色含玻璃纱扇）	m²	23.75	170	4275	180	237.5
	主要材料用量 小计				35775.62		8054.67

建筑工程三材汇总表

工程名称：某小区住宅楼

编码	材机名称	单位	数量	预算价	合价	市场价	价差
	钢材用量						
AB1C0001	钢板	t	0.01				
AC4C0078	锻铁	t	0.003				
AC9C0001	型钢	t	0.098				
AE2-0007	钢丝绳 φ8	t	0.0002				
AE2C0050	钢丝绳	t					
	钢材用量 小计		0.1112				
	钢筋用量						
AA1C0001	钢筋 φ10以内	t	0.857				
AA1C0002	钢筋 φ20以内	t	1.851				
AA1C0009	圆钢 φ20	t	0.1081				
AE1-0005	低碳冷拔钢丝	t	0.052				
	钢筋用量 小计		2.8681				
	木材用量						
BA1C1001	烘干木材	m³	0.392				
BA1C1002	烘干木材	m³	0.374				
BA2C1013	二等方木	m³	0.008				
BA2C1016	木模板	m³	0.723				
BA2C1018	木脚手板	m³	0.329				
BA2C1021	二等板方材	m³	0.002				
BA2C1023	支撑方木	m³	0.476				
BA2C1027	木材	m³	0.071				
	木材用量 小计		2.375				
	水泥用量						
BB1-0047	水泥 32.5	t	0.0184				
BB1-0101	水泥 32.5	t	29.172				
BB1-0102	水泥 42.5	t	7.043				
BB3-0001	白水泥	t	0.033				
BB3-0129	白水泥 一级	t	0.0003				
	水泥用量 小计		36.2667				

思 考 题

1. 定额计价编制的步骤是什么？
2. 计算工程量为什么应严格遵循计算规则？否则会带来什么结果？
3. 计算工程量为什么应遵循一定的顺序？
4. 工料分析的目的是什么？
5. 定额计价编制的依据是什么？
6. 举例说明施工组织设计是定额计价编制的依据。

第六章 工程量清单计价

【本章学习提要】 工程量清单计价是一种综合单价计价办法，它包括分部分项工程费、措施项目费、其他项目费和规费、税金五部分组成。具体的计价过程为：首先，根据当地的消耗量定额与人工、材料、机械的单价确定的分部分项工程量清单的综合单价，并考虑施工管理费与利润；然后确定措施项目费与其他项目费；按当地取费文件确定规费与税金；最后合计单位工程造价。

编制的工程量清单计价文件应包括：封面；工程量清单计价编制说明；单项工程费汇总表；单位工程费汇总表；分部分项工程量计价表；措施项目计价表；其他项目计价表；分部分项工程项目与措施项目综合单价分析表与主要材料价格总表等。

以招标人提供的工程量清单为平台，投标人根据自身的技术、财务、管理能力进行投标报价，招标人根据具体的评标细则进行优选，这种计价方式是市场定价体系的具体表现形式。随着我国建设市场与市场经济的不断成熟发展，工程量清单计价方法将是工程投标报价的主要方式，也将必然会越来越成熟和规范。

第一节 工程量清单计价概述

一、工程量清单计价的含义

随着建设工程市场的快速发展，项目法人制、招标投标制与合同管理制的逐步推行，以及加入 WTO 与国际建设工程市场接轨等要求，传统的工程造价计价办法已不能适应市场经济的发展要求。经过多年的试点，工程量清单计价办法已得到各级造价管理部门、建设单位与施工单位的广泛赞同与认可。建设部按照市场形成价格，企业自主报价的市场经济管理模式，编制了《建设工程工程量清单计价规范》（GB50500—2003），从 2003 年 7 月 1 日开始实施。

根据《建设工程工程量清单计价规范》规定：工程量清单，是表现拟建工程的分部分项工程项目、措施项目、其他项目名称及其相应工程数量的明细清单。

工程量清单计价，是指投标人完成由招标人提供的工程量清单所需的全部费用，包括分部分项工程费、措施项目费、其他项目费和规费、税金。在建设工程招标投标中，招标人按照国家统一的工程量计算规则提供工程数量，由投标人依据工程量清单自主报价的报价方式。

二、工程量清单计价与传统施工图预算的主要区别

1. 编制工程量的单位不同

传统定额预算计价办法是：建设工程的工程量分别由招标单位和投标单位分别按图计算。工程量清单计价是：工程量由招标单位统一计算或委托有工程造价咨询资质单位统一计算，"工程量清单"是招标文件的重要组成部分，各投标单位根据招标人提供的"工程

量清单",根据自身的技术装备、施工经验、企业成本、企业定额、管理水平自主填写报单价。

2. 编制工程量清单时间不同

传统的定额预算计价法是在发出招标文件后编制（招标与投标人同时编制或投标人编制在前，招标人编制在后）。工程量清单报价法必须在发出招标文件前就开始编制。

3. 表现形式不同

采用传统的定额预算计价法一般是工料单价法。工程量清单报价法采用综合单价形式。综合单价包括人工费、材料费、机械使用费、管理费、利润，并考虑风险因素。工程量清单报价具有直观、单价相对固定的特点，工程量发生变化时，单价一般不作调整。

4. 编制的依据不同

传统的定额预算计价法依据图纸；人工、材料、机械台班消耗量依据建设行政主管部门颁发的预算定额；人工、材料、机械台班单价依据工程造价管理部门发布的价格信息进行计算。工程量清单报价法，根据建设部第107号令规定，标底的编制根据招标文件中的工程量清单和有关要求、施工现场情况、合理的施工方法以及按建设行政主管部门制定的有关工程造价计价办法编制。企业的投标报价则根据企业定额和市场价格信息，或参照建设行政主管部门发布的社会平均消耗量定额编制。

5. 费用组成不同

传统预算定额计价法的工程造价由直接工程费、现场经费、间接费、利润、税金组成。工程量清单计价法的工程造价包括分部分项工程费、措施项目费、其他项目费、规费、税金；包括完成每项工程所含的全部工程内容的费用；包括完成每项工程内容所需的费用（规费、税金除外）；包括工程量清单中没有体现的，施工中又必须发生的工程内容所需费用；包括考虑风险因素而增加的费用。

6. 评标采用的办法不同

传统预算定额计价投标一般采用百分制评分法。采用工程量清单计价法投标，一般采用合理低报价中标法，既要对总价进行评分，还要对综合单价进行分析评分。

7. 项目编码不同

采用传统的预算定额项目编码，全国各省市采用不同的定额子目。采用工程量清单计价全国实行统一编码，项目编码采用十二位阿拉伯数字表示。一到九位为统一编码，其中，一、二位为附录顺序码，三、四位为专业工程顺序码，五、六位为分部工程顺序码。七、八、九位为分项工程项目名称顺序码，十到十二位为清单项目名称顺序码。前九位码不能变动，后三位码由清单编制人根据项目设置的清单项目编制。

8. 合同价调整方式不同

传统的定额预算计价合同价调整方式有：变更签证、定额解释、政策性调整。工程量清单计价法合同价调整方式主要是索赔。工程量清单的综合单价一般通过招标中报价的形式体现，一旦中标，报价作为签订施工合同的依据相对固定下来，工程结算按承包商实际完成工程量乘以清单中相应的单价计算，减少了调整活口。采用传统的预算定额经常有"这个定额解释"，"那个定额规定"，结算中又有"政策性文件调整的问题"。工程量清单计价单价不能随意调整。

9. 计算工程量时间前置

工程量清单，在招标前由招标人或委托的招标代理机构编制。采用施工图预算报价法则由施工方根据详细的施工图纸计算工程量，然后根据当地的预算定额与取费标准计算工程报价。

10．投标计算口径统一

因为各投标单位都根据统一的工程量清单报价，达到了投标计算口径统一。不再是传统预算定额招标，各投标单位各自计算工程量，而且各投标单位计算的工程量均不一致。

11．工程结算费用调整以索赔为主

采用施工图预算结算方式，甲乙双方因费用相互扯皮现象比较多。而采用工程量清单报价因承包商对工程量清单单价包含的工作内容一目了然，故凡建设方不按清单内容要求施工的，或实际上与清单要求不符的，都可以进行施工索赔。

三、《建设工程工程量清单计价规范》简介

《建设工程工程量清单计价规范》（以下简称《计价规范》）的颁布实施，是建设市场发展的要求，为了建设工程招标投标计价活动健康、有序的发展提供了依据。

（一）《计价规范》的主要内容

《建设工程工程量清单计价规范》主要由两部分构成：第一部分由总则、术语、工程量清单编制、工程量清单计价和工程量清单及其计价的表格组成。第二部分为附录，包括建筑工程、装饰装修工程、安装工程、市政工程、园林绿化工程，共五个附录组成。

附录包括：附录A建筑工程工程量清单项目及计算规则，附录B装饰装修工程工程量清单项目及计算规则，附录C安装工程工程量清单项目及计算规则，附录D市政工程工程量清单项目及计算规则，附录E园林绿化工程工程量清单项目及计算规则。附录中包括项目编码、项目名称、项目特征、计量单位、工程量计算规则和工程内容，其中项目编码、项目名称、计量单位、工程量计算规则作为四个统一的内容，要求招标人在编制工程量清单时必须执行。

（二）《计价规范》的特点

1．强制性

主要表现在一方面规定了全部使用国有资金或国有资金投资为主的大、中型建设工程必须按计价规范规定执行；另一方面明确工程量清单是招标文件的组成部分，并规定了招标人在编制工程量清单时必须遵守工程量计算规则。

2．实用性

附录中工程量清单项目及计算规则的项目名称表现的是工程实体项目，项目明确清晰，工程量计算规则简洁明了；特别还有项目特征和工程内容，易于编制工程量清单。

3．竞争性

一是《计价规范》中的措施项目，在工程量清单中只列"措施项目"一栏，具体采用什么措施，如模板、脚手架、临时设施、施工排水等详细内容由投标人根据企业的施工组织设计，视具体情况报价，因为这些项目在各个企业间各有不同，是企业竞争项目，是留给企业竞争的空间。二是"计价规范"中人工、材料和施工机械没有具体的消耗量，投标企业可以依据企业的定额和市场价格信息，也可以参照建设行政主管部门发布的社会平均消耗量定额报价，《计价规范》将报价权交给企业。

4．通用性

采用工程量清单计价将与国际惯例接轨，符合工程量清单计算方法标准化、工程量计算规则统一化、工程造价确定市场化的规定。

第二节 工程量清单计价费用组成

一、工程量清单计价模式下的费用组成

根据《计价规范》的规定，工程量清单计价的费用由分部分项工程费、措施项目费、其他项目费、规费与税金组成。如表6-1所示。

工程量清单计价费用组成　　　　　表6-1

分部分项工程量清单费用	人工费		其他项目费	招标人部分	工程预留金
	材料费				材料购置费
	施工机械使用费			投标人部分	总承包服务费
	管理费	管理人员工资			零星工作费
		办公费			其他费用
		差旅交通费	规费	工程排污费	
		固定资产使用费		工程定额测定费	
		工具用具使用费		社会保障费	养老保险费
		劳动保险费			失业保险费
		工会经费			医疗保险费
		职工教育经费		住房公积金	
		财产保险费		危险作业意外伤害保险	
		财务费	税金	营业税	
		税金		城市维护建设税	
		其他		教育费附加	
	利润				
措施项目费	环境保护费				
	文明施工费				
	安全施工费				
	临时设施费				
	夜间施工费				
	二次搬运费				
	大型机械设备进出场及安拆费				
	混凝土、钢筋混凝土模板及支架费				
	脚手架费				
	已完工程及设备保护费				
	施工排水、降水费				

(一) 分部分项工程量清单费用

分部分项工程量清单费用采用综合单价计价，它综合了完成工程量清单中一个规定的计量单位项目所需的人工费、材料费、施工机械使用费、管理费和利润，并考虑了风险因素。应按设计文件或参照《计价规范》附录的工程内容确定。分部分项工程的综合单价包括以下内容：

(1) 分部分项工程主项的一个清单计量单位人工费、材料费、机械费、管理费、利润；

(2) 与该主项一个清单计量单位所组合的各项工程的人工费、材料费、机械费、管理

费、利润；

(3) 在不同条件下施工需增加的人工费、材料费、机械费、管理费、利润；

(4) 人工、材料、机械动态价格调整与相应的管理费、利润调整。

人工费是指直接从事建筑安装工程施工的生产工人开支的各项费用。

材料费是指施工过程中耗费的构成工程实体的原材料、辅助材料、构配件、零件、半成品的费用。

施工机械使用费指使用施工机械作业所发生的费用。

管理费是指建筑安装企业组织施工生产和经营管理所需费用。

利润指按企业经营管理水平和市场的竞争能力，完成工程量清单中各个分项工程应获得并计入清单项目中的利润。

分部分项工程费用中，还应考虑由施工方承担的风险因素，计算风险费用。风险费用是指投标企业在确定综合单价时，客观上可能产生的不可避免误差，以及在施工过程中遇到施工现场条件复杂、恶劣的自然条件，施工中意外事故，物价暴涨以及其他风险因素所发生的费用。

(二) 措施项目费用

措施项目费是指施工企业为完成工程项目施工，应发生于该工程施工前和施工过程中生产、生活、安全等方面的非工程实体费用。结算需要调整的，必须在招标文件或合同中明确。

投标报价时，措施项目费（除安全、文明措施施工费外）由编制人自行计算。措施项目费中的混凝土、钢筋混凝土模板或支架、脚手架、垂直运输、施工排水、降水等措施项目费，由投标人根据企业的情况自行报价，可高可低。

(三) 其他项目费用

其他项目费分招标人部分和投标人部分。

1. 招标人部分

(1) 预留金：它是指招标人在工程招标范围内为可能发生的工程变更而预备的金额。工程量变更主要是指工程量清单漏项、有误引起的工程量的增加和施工中设计变更引起标准提高或工程量的增加等。按预计发生数估算。

(2) 材料购置费：它是指招标人将按国家规定准予分包的工程指定分包人或者指定供应商供应材料等而预留的金额。按预计发生数估算。

2. 投标人部分

(1) 总承包服务费：指投标人配合协调招标人工程分包和材料采购所发生的费用。

(2) 零星工作项目费：指施工过程中应招标人要求而发生的不是以实物计量和定价的零星项目所发生的费用，工程竣工时按实结算。

(3) 其他。如工程发生时，由编制人根据工程要求和施工现场实际情况，按实际发生或经批准的施工方案计算。

上述其他项目名称、费用标准、计算方法和说明，仅供工程招投标双方参考，具体应按合同约定执行。

预留金、材料购置费均为估算、预测数，虽在工程投标时计入投标人的报价中，但不为投标人所有。工程结算时，应按承包人实际完成的工作量计算，剩余部分仍归招标人所有。

零星工作项目费由招标人根据拟建工程的具体情况，列出人工、材料、机械的名称、计算单位和相应数量。工程招标时工程量由招标人估算后提出。工程结算时，工程量按承包人实际完成的工作量计算，单价按承包中标时的报价不变。

（四）规费

规费是指政府和有关权力部门规定必须缴纳的费用（简称规费）。内容包括：工程排污费、工程定额测定费、社会保障费、住房公积金、危险作业意外伤害保险等。

（五）税金

税金是指国家税法规定的应计入建筑工程造价内的营业税、城市维护建设税及教育费附加等各种税金。

二、工程量清单计价程序

工程量清单计价过程可以分为以下两大阶段：

第一阶段：招标单位在统一的工程量计算规则的基础上，制定工程量清单项目设置规则，根据具体工程的施工图纸统一计算出各个清单项目的工程量。

第二阶段：投标单位根据各种渠道所获得的工程造价信息和经验数据依据工程量清单计算得到工程造价。

进行投标报价时，施工方在业主提供的工程量计算结果的基础上，根据企业自身所掌握的各种信息、资料，结合企业定额编制得出工程报价。其计算过程如下：

(1) 计算分部分项工程费

$$分部分项工程费 = \Sigma 分部分项工程量 \times 分部分项工程单价$$

(2) 计算措施项目费

$$措施项目费 = \Sigma 措施项目工程量 \times 措施项目综合单价$$

或

$$措施项目费 = \Sigma 分部分项工程直接费 \times 费率$$

其中措施项目包括通用项目、建筑工程措施项目、安装工程措施项目和市政工程措施项目，措施项目综合单价的构成与分部分项工程单价构成类似。

(3) 计算其他项目费、规费与税金

其他项目费按业主的招标文件的要求计算。

规费与税金按照当地取费文件的要求计算。

(4) 计算单位工程报价

$$单位工程报价 = 分部分项工程费 + 措施项目费 + 其他项目费 + 规费 + 税金$$

(5) 计算单项工程报价

$$单项工程报价 = \Sigma 单位工程报价$$

(6) 计算建设项目总报价

$$建设项目总报价 = \Sigma 单项工程报价$$

工程量清单计价的各项费用的计算办法及计价程序见表6-2。

工程量清单计价的计价程序 表6-2

序 号	名 称	计 算 办 法
1	分部分项工程费	Σ（清单工程量×综合单价）
2	措施项目费	按规定计算（包括利润）
3	其他项目费	按招标文件规定计算

续表

序号	名称	计算办法
4	规费	[(1)+(2)+(3)]×费率
5	不含税工程造价	(1)+(2)+(3)+(4)
6	税金	(5)×税率,税率按税务部门的规定计算
7	含税工程造价	(5)+(6)

第三节 分部分项工程量清单的编制

一、分部分项工程量清单编制要求

（一）分部分项工程量清单编码设置

工程量清单的编码，主要是指分部分项工程工程量清单的编码。由于建筑产品的建筑形式多样，构件与材料消耗品种多、类型复杂。因此，工艺复杂多变，形成分部分项实体产品的类别也复杂多变。以墙体为例，不但型体多变，而且构成墙体的质体类型、材料类型、不同操作工艺和墙体内外构造及其面层的不同组合等等都使墙体具有多种类型。识别不同墙体没有科学的编码区分，其清单分项就无法正确地表达与描述。此外，信息技术已在工程造价软件中得到广泛运用。若无统一编码则无法让公众接受与共识，并得到信息技术的支持。没有清单分项的科学编码，招标响应、企业定额的制订等等就缺乏统一的依据。《计价规范》以上述因素为前提，对分部分项工程量清单分项编码做了严格科学的规定，并作为必须遵循的规定条款。

《计价规范》规定："分部分项工程量清单的项目编码，一至九位应按附录A、附录B、附录C、附录D、附录E的规定设置；十至十二位应根据拟建工程的工程量清单项目名称由其编制人设置，并应自001起顺序编制。"这样的12位数编码就能区分各种类型的项目。一个项目的编码由五级组成，例如"采用M10水泥砂浆砌筑红砖墙（分不同的墙厚）"，其清单编码为010302001，代表的意义如图6-1所示。

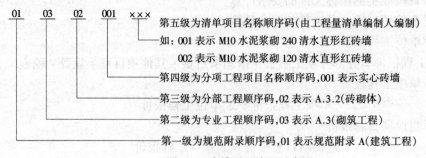

图6-1 清单项目编码示意图

第一级代码为五类工程顺序码，《计价规范》规定了的五类工程，即建筑工程、装饰工程、安装工程、市政工程、园林绿化工程，分别见附录A、B、C、D、E，用最前两位代码表示其工程类型顺序码，即用代码01、02、03、04、05区分以上五类工程编码。

第二级即第三、四两位代码为区别不同专业工程的顺序码。如在建筑工程中，用01、03、04分别表示土（石）方工程、砌筑工程、混凝土及钢筋混凝土工程的顺序码，与前级代码结合则分别表示为0101、0103、0104。

第三级即以第五、六两位代码作为分部工程或工种工程顺序码,如土(石)方工程中又分土方工程与石方工程两类工种工程,其代码分别为01、02,加上前面代码则分别为010101、010102。

第四级为第七、八、九三位数代码是分项工程项目名称的顺序码,例如土方工程共有六个分项工程,代码分别为001、002、003、004、005、006。例如平整场地和挖土方两个项目的编码分别为001、002,加上前面代码则分别为010101001、010101002。上述四级代码即前九位编码,是规范附录中根据工程分项在附录A、B、C、D、E中分别已明确规定的编码,供清单编制时查询,不能作任何调整与变动。

第五级编码招标人根据工程量清单编制的需要而自行设置。

(二)分部分项工程量清单项目名称、项目特征与工作内容

1. 项目名称

《计价规范》规定,"项目名称应按附录A、附录B、附录C、附录D、附录E的项目名称与项目特征并结合拟建工程的实际确定。"

项目名称原则上以形成工程实体而命名。清单项目名称应按《计价规范》规定,不能变动主体名称。例如预制弧形楼梯,《计价规范》中项目名称为"楼梯",编码为010413001。在清单项目设置时,项目名称不应编为"预制弧形楼梯"。而弧形楼梯可在项目特征中给予描述。项目名称如有缺项,招标人可按相应的原则进行补充,并报当地工程造价管理部门备案。

2. 项目特征

项目特征是对项目的准确描述,是影响价格的因素,是设置具体清单项目的依据。项目特征按不同的工程部位、施工工艺或材料品种、规格等分别列项。凡项目特征中未描述到的其他独有特征,由清单编制人视项目具体情况确定,以准确描述清单项目为准。

分部分项工程量清单的项目特征直接影响其综合单价。每个工程量清单项目的项目特征详细描述也是工程量清单编制的主要工作。

通过对项目特征的描述,使清单项目名称清晰化、具体化、细化,能够反映影响工程造价主要因素。

3. 工程内容

分部分项工程量清单的工程内容直接影响其综合单价。每个工程量清单项目的工程内容详细描述也是工程量清单编制的主要工作。

由于清单项目是按实体设置的,而实体是由多个工程子目组合而成。实体项目即《计价规范》中的项目名称,组合子目即《计价规范》中的工程内容。《计价规范》对各清单项目可能发生的组合项目均做了提示,并列在"工程内容"一栏内,供清单编制人根据具体工程有选择地对项目描述时参考。

如果发生了在《计价规范》附录中没有列的工程内容,在清单项目描述中应予以补充,绝不可以《计价规范》附录中没有为理由不予描述。描述不清容易引发投标人报价(综合单价)内容不一致,给评标和工程管理带来麻烦。

(三)分部分项工程量清单计量单位与有效位数

1. 分部分项工程量清单计量单位

工程量是指以物理计量单位或自然计量单位所表示的各分项工程或结构构件的具体数量。所谓物理计量单位是以物体本身的某种物理属性为计量单位。《计价规范》规定,"分部分项工程量清单的计量单位应按附录A、附录B、附录C、附录D、附录E规定的计量单位确定。"

计量单位应采用基本单位,除各专业另有特殊规定外,均按以下单位计量:

(1) 以重量计算的项目——t 或 kg
(2) 以体积计算的项目——m^3
(3) 以面积计算的项目——m^2
(4) 以长度计算的项目——m
(5) 以自然计量单位计算的项目——个、套、块、樘、组、台……
(6) 没有具体数量的项目——系统、项。

各专业有特殊计量单位的,再另外加以说明。

2. 分部分项工程量清单的有效位数

规范指出对计算工程量的有效位数应遵守下列规定:

(1) 以"t"为单位,应保留小数点后三位数字,第四位四舍五入;
(2) 以"m^3"、"m^2"、"m"为单位,应保留小数点后两位数字,第三位四舍五入;
(3) 以"个"、"项"等为单位,应取整数。

(四) 分部分项工程量清单清单格式(见表6-3)

分部分项工程量清单　　　　　　　　　　　　　表6-3

工程名称:　　　　　　　　　　　　　　　　　　　　　　　第　页、共　页

序　号	项目编码	项目名称	计量单位	工程数量
1				
2				
:				
n				

二、分部分项工程量清单工程量计算规则

《计价规范》规定,"工程数量应按附录A、附录B、附录C、附录D、附录E中规定的工程量计算规则计算。"

工程数量的计算主要通过工程量计算规则计算得到。工程量计算规则是指对清单项目工程量的计算规定。除另有说明外,所有清单项目的工程量应以实体工程量为准,并以完成后的净值计算;投标人投标报价时,应在单价中考虑施工中的各种损耗和需要增加的工程量。

工程量的计算规则按主要专业划分,包括建筑工程、装饰装修工程、安装工程、市政工程和园林绿化工程五个专业部分。

(1) 建筑工程包括土石方工程,地基与桩基础工程,砌筑工程,混凝土及钢筋混凝土工程,厂库房大门、特种门、木结构工程,金属结构工程,屋面及防水工程,防腐、隔

热、保温工程。

(2) 装饰装修工程包括楼地面工程,墙柱面工程,顶棚工程,门窗工程,油漆、涂料、裱糊工程,其他装饰工程。

(3) 安装工程包括机械设备安装工程,电气设备安装工程,热力设备安装工程,炉窑砌筑工程,静置设备与工艺金属结构制作安装工程,工业管道工程,消防工程,给排水、采暖、燃气工程,通风空调工程,自动化控制仪表安装工程,通信设备及线路工程,建筑智能化系统设备安装工程,长距离输送管道工程。

(4) 市政工程包括土石方工程,道路工程,桥涵护岸工程,隧道工程,市政管网工程,地铁工程,钢筋工程,拆除工程,厂区、小区道路工程。

(5) 园林绿化工程包括绿化工程,园路、园桥、假山工程,园林景观工程。

下面主要介绍建筑工程工程量清单编制的计算规则。

(一) 土方工程量清单项目设置及工程量计算规则

土方工程量清单项目设置及工程量计算规则可按表 6-4 执行。

计算土方工程量时应注意下面的问题:

1. "平整场地"项目适用于场地厚度在 ±30cm 以内的挖、填、运、找平。应注意:

(1) 可能出现 ±30cm 以内的全部是挖方或全部是填方,需外运土方或借土回填时,在工程量清单项目中应描述弃土运距(或弃土地点)或取土运距(或取土地点),这部分的运输应包括在"平整场地"项目报价内。

土方工程(编码:010101) 表 6-4

项目编码	项目名称	项目特征	计量单位	工程量计算规则	工程内容
010101001	平整场地	1. 土类别 2. 弃土运距 3. 取土运距	m^2	按设计图示尺寸以建筑物首层面积计算	1. 土方挖填 2. 场地找平 3. 运输
010101002	挖土方	1. 土类别 2. 挖土平均厚度 3. 弃土运距		按设计图示位置、界限以体积计算	1. 排地表水 2. 土方开挖 3. 挡土板支拆 4. 截桩头 5. 基底钎探 6. 运输
010101003	挖基础土方	1. 土类别 2. 基础类型 3. 垫层底宽、底面积 4. 挖土深度 5. 弃土运距	m^3	按设计图示尺寸以基础垫层底面积乘以挖土深度计算	
010101004	冻土开挖	1. 冻土厚度 2. 弃土运距		按设计图示尺寸以开挖面积乘以厚度以体积计算	1. 打眼、装药 2. 开挖 3. 清理 4. 运输
010101005	挖淤泥、流砂	1. 挖掘深度 2. 弃淤泥、流砂距离		按设计图示位置、界限以体积计算	1. 挖淤泥、流砂 2. 弃淤泥、流砂
010101006	管沟土方	1. 土类别 2. 管外径 3. 挖沟平均深度 4. 弃土石运距 5. 回填要求	m	按设计图示以管道中心线长度计算	1. 排地表水 2. 土方开挖 3. 挡土板支拆 4. 运输 5. 回填

(2) 工程量"按建筑物首层面积计算"。如施工组织设计规定超面积平整场地时，超出部分应包括在报价内。

2．"挖土方"项目适用于±30cm以外的竖向布置的挖土或山坡切土，是指设计室外地坪标高以上的挖土，并包括指定范围内的土方运输。应注意：

(1) 由于地形形状变化大，不能提供平均挖土厚度时应提供方格网法或断面法施工的设计文件；

(2) 设计标高以下的填土应按"土石方回填"项目编码列项。

3．"挖基础土方"项目适用于基础土方开挖（包括人工挖孔桩土方），并包括指定范围内的土方运输。应注意：

(1) 根据施工方案规定的放坡、操作工作面和机械挖土进出施工工作面的坡道等增加的施工量，应包括在挖基础土方报价内；

(2) 工程量清单"挖基础土方"项目中应描述弃土运距，施工增量的弃土运输包括在报价内；

(3) 截桩头包括剔打混凝土、钢筋整理、调直、弯钩及清运弃渣、桩头；

(4) 深基础的支护结构，例如钢板桩、H钢桩、预制钢筋混凝土板桩、钻孔灌注混凝土排桩挡墙、预制混凝土钢筋混凝土排桩挡墙、人工挖孔灌注混凝土排桩挡墙、旋喷桩地下连续墙和基坑内的水平钢支撑、水平钢筋混凝土支撑、锚杆拉固、基坑外拉锚、排桩的圈梁、H钢桩之间的木档木板以及施工降水等，应列入工程量清单措施项目内。

4．"管沟土方"项目适用于管沟土方开挖、回填。应注意：

(1) 管沟土方工程量不论有无管沟设计均按长度计算。管沟开挖加宽工作面、放坡和接口处加宽工作面，应包括在管沟土方报价内。

(2) 采用多管同一管沟直埋时，管间距离必须符合有关规范的要求。

(二) 混凝土桩工程量清单项目设置及其计算规则

混凝土桩工程量清单项目设置及其计算规则可按表6-5执行。

混凝土桩（编码：010201） 表6-5

项目编码	项目名称	项目特征	计量单位	工程量计算规则	工程内容
010201001	预制钢筋混凝土桩	1. 土的级别 2. 单桩长度、根数 3. 桩截面 4. 板桩面积 5. 管桩填充材料种类 6. 桩倾斜度 7. 混凝土强度等级 8. 防护材料种类	m/根	按设计图示尺寸以桩长（包括桩尖）或根数计算	1. 桩制作、运输 2. 打桩、试验桩、斜桩 3. 送桩 4. 管桩填充材料、刷防护材料 5. 清理、运输
010201002	接桩	1. 桩截面 2. 接头长度 3. 接桩材料	个/m	按设计图示规定以接头数量（板桩按接头长度）计算	1. 桩制作、运输 2. 接桩、材料运输

续表

项目编码	项目名称	项目特征	计量单位	工程量计算规则	工程内容
010201003	混凝土灌注桩	1. 土的级别 2. 单桩长度、根数 3. 桩截面 4. 成孔方法 5. 混凝土强度等级	m/根	按设计图示尺寸以桩长（包括桩尖）或根数计算	1. 成孔、固壁 2. 混凝土制作、运输、灌注、振捣、养护 3. 泥浆池及沟槽砌筑、拆除 4. 泥浆制作、运输 5. 清理、运输

在编制混凝土桩工程量清单时应注意下列问题：

1．"预制钢筋混凝土桩"项目适用于预制混凝土方桩、管桩和板桩等。应注意：

（1）试桩应按"预制钢筋混凝土桩"项目编码单独列项；

（2）试桩与打桩之间间歇时间，机械在现场的停滞，应包括在打试桩报价内；

（3）打钢筋混凝土预制板桩是指留滞原位（即不拔出）的板桩，板桩应在工程量清单中描述其单桩垂直投影面积；

（4）预制桩防护材料应包括在报价内。

2．"接桩"项目适用于预制钢筋混凝土方桩、管桩和板桩的接桩。应注意：

（1）方桩、管桩接桩按接头个数计算；板桩按接头长度计算；

（2）接桩应在工程量清单中描述接头材料。

3．"混凝土灌注桩"项目适用于人工挖孔灌注桩、钻孔灌注桩、爆扩灌注桩、打管灌注桩、振动管灌注桩等。应注意：

（1）人工挖孔时采用的护壁（如：砖砌护壁、预制钢筋混凝土护壁、现浇钢筋混凝土护壁、钢模周转护壁、竹笼护壁等），应包括在报价内；

（2）钻孔固壁泥浆的搅拌运输，泥浆池、泥浆沟槽的砌筑、拆除，应包括在报价内。"砂石灌注桩"适用于各种成孔方式（振动沉管、锤击沉管等）的砂石灌注桩。灌注桩的砂石级配、密实系数均应包括在报价内。

（三）砌筑工程工程量清单项目设置及工程量计算规则

包括砖基础、砖砌体、砖构筑物、砌块砌体、石砌体、砖散水、地坪、地沟。适用于建筑物、构筑物的砌筑工程。

砖基础工程量清单项目设置及工程量计算规则，应按表6-6的规定执行。

砖基础（编码：010301） 表6-6

项目编码	项目名称	项目特征	计量单位	工程量计算规则	工程内容
010301001	砖基础	1. 垫层材料种类、厚度 2. 砖品种、规格、强度等级 3. 基础类型 4. 基础深度 5. 砂浆强度等级	m^3	按设计图示尺寸以体积计算。包括附墙垛基础宽出部分体积，扣除地梁（圈梁）、构造柱所占体积，不扣除基础大放脚T形接头处的重叠部分及嵌入基础内的钢筋、铁件、管道、基础砂浆防潮层和单个面积0.3m^2以内的孔洞所占体积，靠墙暖气沟的挑檐不增加。基础长度：外墙按中心线，内墙按净长线计算。	1. 砂浆制作、运输 2. 铺设垫层 3. 砌砖 4. 防潮层铺设 5. 材料运输

砖砌体工程量清单项目设置及工程量计算规则应按表 6-7 执行。

砖砌体（编码：010302） 表 6-7

项目编码	项目名称	项目特征	计量单位	工程量计算规则	工程内容
010302001	实心砖墙	1. 砖品种、规格、强度等级 2. 墙体类型 3. 墙体厚度 4. 墙体高度 5. 勾缝要求 6. 砂浆强度等级、配合比	m^3	按设计图示尺寸以体积计算。扣除门窗洞口、过人洞、空圈、嵌入墙内的钢筋混凝土柱、梁、圈梁、挑梁、过梁及凹进墙内的壁龛、管槽、暖气槽、消火栓箱所占体积。不扣除梁头、板头、檩头、垫木、木楞头、沿缘木、木砖、门窗走头、砖墙内加固钢筋、木筋、铁件、钢管及单个面积 $0.3m^2$ 以内的孔洞所占体积。凸出墙面的腰线、挑檐、压顶、窗台线、虎头砖、门窗套的体积亦不增加。凸出墙面的砖垛并入墙体体积内计算 1. 墙长度：外墙按中心线，内墙按净长计算 2. 墙高度： (1) 外墙：斜(坡)屋面无檐口顶棚者算至屋面板底，有屋架且室内外均有顶棚者算至屋架下弦底另加 200mm，无顶棚者算至屋架下弦底另加 300mm，出檐宽度超过 600mm 时按实砌高度计算，平屋面算至钢筋混凝土板底。 (2) 内墙：位于屋架下弦者，算至屋架下弦底，无屋架者算至顶棚底另加 100mm；有钢筋混凝土楼板隔层者算至楼板顶；有框架梁时算至梁底。 (3) 女儿墙：从屋面板上表面算至女儿墙顶面（如有混凝土压顶时算至压顶下表面） (4) 内、外出墙：按其平均高度计算 3. 围墙：高度算至压顶上表面（如有混凝土压顶时算至压顶下表面），围墙柱并入围墙体积内	1. 砂浆制作、运输 2. 砌砖 3. 勾缝 4. 砖压顶砌筑 5. 材料运输
010302002	空斗墙	1. 砖品种、规格、强度等级 2. 墙体类型 3. 墙体厚度 4. 勾缝要求 5. 砂浆强度等级、配合比	m^3	按设计图示尺寸以空斗墙外形体积计算。墙角、内外墙交接处、门窗洞口立边、窗台砖、屋檐处的实砌部分体积并入空斗墙体积内	
010302003	空花墙	1. 砖品种、规格、强度等级 2. 墙体类型 3. 墙体厚度 4. 勾缝要求 5. 砂浆强度等级	m^3	按设计图示尺寸以空花部分外形体积计算，不扣除空洞部分体积	1. 砂浆制作、运输 2. 砌砖 3. 填充料 4. 勾缝 5. 材料运输
010302004	填充墙	1. 砖品种、规格、强度等级 2. 墙体厚度 3. 填充材料种类 4. 勾缝要求 5. 砂浆强度等级	m^3	按设计图示尺寸以填充墙外形体积计算	

续表

项目编码	项目名称	项目特征	计量单位	工程量计算规则	工程内容
010302005	实心砖柱	1. 砖品种、规格、强度等级 2. 柱类型 3. 柱截面 4. 柱高 5. 勾缝要求 6. 砂浆强度等级、配合比	m³	按设计图示尺寸以体积计算。扣除混凝土及钢筋混凝土梁垫、梁头、板头所占体积	1. 砂浆制作、运输 2. 砌砖 3. 勾缝 4. 材料运输
010302006	零星砌砖	1. 零星砌砖名称、部位 2. 勾缝要求 3. 砂浆强度等级、配合比	m³ m² m 个		

在编制砌筑工程工程量清单时应注意下列问题：

1. 基础垫层包括在各类基础项目内，垫层的材料种类、厚度、材料的强度等级、配合比，应在工程量清单中进行描述。

2. "砖基础"项目适用于各种类型砖基础：柱基础、墙基础、烟囱基础、水塔基础、管道基础等。应注意：对基础类型应在工程量清单中进行描述。

3. "实心砖墙"项目适用于各种类型实心砖墙，可分为外墙、内墙、围墙、双面混水墙、双面清水墙、单面清水墙、直形墙、弧形墙以及不同的墙厚，砌筑砂浆分水泥砂浆、混合砂浆以及不同的强度，不同的砖强度等级，加浆勾缝、原浆勾缝等，应在工程量清单项目中一一进行描述。应注意：

（1）不论三皮砖以下或三皮砖以上的腰线、挑檐突出墙面部分均不计算体积（与《全国统一建筑工程基础定额》不同）；

（2）内墙算至楼板隔层板顶（与《基础定额》不同）；

（3）女儿墙的砖压顶、围墙的砖压顶突出墙面部分不计算体积，压顶顶面凹进墙面的部分也不扣除（包括一般围墙的抽屉檐、棱角檐、仿瓦砖檐等）；

（4）墙内砖平碹、砖拱碹、砖过梁的体积不扣除，应包括在报价内。

4. "空斗墙"项目适用于各种砌法的空斗墙。应注意：空斗墙工程量以空斗墙外形体积计算，包括墙角、内外墙交接处、门窗洞口立边、窗台砖、屋檐实砌部分的体积；窗间墙、窗台下、楼板下、梁头下的实砌部分，应另行计算。按零星砌砖项目编码列项。

5. "空花墙"项目适用于各种类型空花墙。应注意：

（1）"空花部分的外形体积计算"应包括空花的外框；

（2）使用混凝土花格砌筑的空花墙，分实砌墙体与混凝土花格分别计算工程量，混凝土花格按混凝土及钢筋混凝土预制零星构件编码列项。

6. "实心砖柱"项目适用于各种类型柱，如矩形柱、异形柱、圆柱、包柱等。应注意：工程量应扣除混凝土及钢筋混凝土梁垫、梁头、板头所占体积（与《基础定额》不同）。

7. "零星砌砖"项目适用于台阶、台阶挡墙、梯带、锅台、炉灶、蹲台等。应注意：
(1) 台阶工程量可按水平投影面积计算（不包括梯带或台阶挡墙）；
(2) 小型池槽、锅台、炉灶可按个计算，以"长×宽×高"顺序标明外形尺寸；
(3) 砖砌小便槽等可按长度计算。

(四) 混凝土及钢筋混凝土工程量清单项目设置及工程量计算规则

1. 现浇混凝土基础工程量清单项目设置及工程量计算规则，应按表6-8的规定执行。

现浇混凝土基础（编码：010401） 表6-8

项目编码	项目名称	项目特征	计量单位	工程量计算规则	工程内容
010401001	带形基础	1. 垫层材料种类厚度 2. 混凝土强度等级 3. 混凝土拌和料要求 4. 砂浆强度等级	m³	按设计图示尺寸以体积计算。不扣除构件内钢筋、预埋铁件和伸入承台基础的桩头所占体积	1. 铺设垫层 2. 混凝土制作、运输、浇筑、振捣、养护 3. 地脚螺栓二次灌浆
010401002	独立基础				
010401003	满堂基础				
010401004	设备基础				
010401005	桩承台基础				

2. 现浇混凝土梁工程量清单项目设置及工程量计算规则，应按表6-9的规定执行。

现浇混凝土梁（编码：010403） 表6-9

项目编码	项目名称	项目特征	计量单位	工程量计算规则	工程内容
010403001	基础梁	1. 梁底标高 2. 梁截面 3. 混凝土强度等级 4. 混凝土拌合料要求	m³	按设计图示尺寸以体积计算。不扣除构件内钢筋、预埋铁件所占体积，伸入墙内的梁头、梁垫并入梁体积内梁长： 1. 梁与柱连接时，梁长算至柱侧面 2. 主梁与次梁连接时，次梁长算至主梁侧面	混凝土制作、运输、浇筑、振捣、养护
010403002	矩形梁				
010403003	异形梁				
040403004	圈梁				
010403005	过梁				
010403006	弧形、拱形梁				

3. 现浇混凝土柱工程量清单项目设置及工程量计算规则，应按表6-10的规定执行。

现浇混凝土柱（编码：010402） 表6-10

项目编码	项目名称	项目特征	计量单位	工程量计算规则	工程内容
010402001	矩形柱	1. 柱高度 2. 柱截面尺寸 3. 混凝土强度等级 4. 混凝土拌合料要求	m³	按设计图示尺寸以体积计算。不扣除构件内钢筋、预埋铁件所占体积柱高： 1. 有梁板的柱高，应自柱基上表面（或楼板上表面）至上一层楼板上表面之间的高度计算 2. 无梁板的柱高，应自柱基上表面（或楼板上表面）至柱帽下表面之间的高度计算 3. 框架柱的柱高，应自柱基上表面至柱顶高度计算 4. 构造柱按全高计算，嵌接墙体部分并入柱身体积 5. 依附柱上的牛腿和升板的柱帽，并入柱身体积计算	混凝土制作、运输、浇筑、振捣、养护
010402002	异形柱				

4. 预制混凝土梁工程量清单项目设置及工程量计算规则

预制混凝土梁工程量清单项目设置及工程量计算规则，应按表 6-11 的规定执行。

预制混凝土梁（编码：010410） 表 6-11

项目编码	项目名称	项目特征	计量单位	工程量计算规则	工程内容
010410001	矩形梁	1. 单件体积 2. 安装高度 3. 混凝土强度等级 4. 砂浆强度等级	m^3（根）	按设计图示尺寸以体积计算。不扣除构件内钢筋、预埋铁件所占体积	1. 混凝土制作、运输、浇筑、振捣、养护 2. 构件制作、运输 3. 构件安装 4. 砂浆制作、运输 5. 接头灌缝、养护
010410002	异形梁				
010410003	过梁				
010410004	拱形梁				
010410005	鱼腹式吊车梁				
010410006	风道梁				

5. 钢筋工程工程量清单项目设置及工程量计算规则

钢筋工程工程量清单项目设置及工程量计算规则，应按表 6-12 的规定执行。

钢筋工程（编码：010416） 表 6-12

项目编码	项目名称	项目特征	计量单位	工程量计算规则	工程内容
010416001	现浇混凝土钢筋	钢筋种类、规格	t	按设计图示钢筋（网）长度（面积）乘以单位理论质量计算	1. 钢筋（网、笼）制作、运输 2. 钢筋（网、笼）安装
010416002	预制构件钢筋				
010416003	钢筋网片				
010416004	钢筋笼				
010416005	先张法预应力钢筋	1. 钢筋种类、规格 2. 锚具种类	t	按设计图示钢筋（丝束、绞线）长度乘以单位理论质量计算	1. 钢筋制作、运输 2. 钢筋张拉
010416006	后张法预应力钢筋			1. 低合金钢筋两端均采用螺杆锚具时，钢筋长度按孔道长度减 0.35m 计算，螺杆另行计算 2. 低合金钢筋一端采用镦头插片，另一端采用螺杆锚具时，钢筋长度按孔道长度计算，螺杆另行计算 3. 低合金钢筋一端采用镦头插片，另一端采用帮条锚具时，钢筋长度按增加 0.15m 计算；两端均采用帮条锚具时，钢筋长度按孔道长度增加 0.3m 计算	
010416007	预应力钢丝	1. 钢筋种类、规格 2. 钢丝束种类、规格 3. 钢绞线种类、规格 4. 锚具种类 5. 砂浆强度等级		4. 低合金钢筋采用后张混凝土自锚时，钢筋长度按孔道长度增加 0.35m 计算 5. 低合金钢筋（钢绞线）采用 JM、XM、QM 型锚具，孔道长度在 20m 以内时，钢筋长度增加 1m 计算；孔道长度在 20m 以外时，钢筋（钢绞线）长度按孔道长度增加 1.8m 计算 6. 碳素钢丝采用锥形锚具，孔道长度在 20m 以内时，钢丝束长度增加 1m 计算；孔道长在 20m 以上时，钢丝束长度按孔道长度增加 1.8m 计算 7. 碳素钢丝束采用镦头锚具时，钢丝束长度按孔道长度增加 0.35m 计算	1. 钢筋、钢丝束、钢绞线制作、运输 2. 钢筋、钢丝束、钢绞线安装 3. 预埋管孔道铺设 4. 锚具安装 5. 砂浆制作、运输 6. 孔道压浆、养护
010416008	预应力钢绞线				

（五）屋面防水工程工程量清单项目设置及工程量计算规则

屋面防水工程量清单项目设置及工程量计算规则，应按表 6-13 的规定执行。

屋面防水（编码：010702） 表 6-13

项目编码	项目名称	项目特征	计量单位	工程量计算规则	工程内容
010702001	屋面卷材防水	1. 卷材品种、规格 2. 防水层做法 3. 嵌缝材料种类 4. 防护材料种类	m²	按设计图示尺寸以面积计算 1. 斜屋顶（不包括平屋顶找坡）按斜面积计算，平屋顶按水平投影面积计算 2. 不扣除房上烟囱、风帽底座、风道、屋面小气窗和斜沟所占面积 3. 屋面的女儿墙、伸缩缝和天窗等处的弯起部分，并入屋面工程量内	1. 基层处理 2. 抹找平层 3. 刷底油 4. 铺油毡卷材、接缝、嵌缝 5. 铺保护层
010702002	屋面涂膜防水	1. 防水膜品种 2. 涂膜厚度、遍数、增强材料种类 3. 嵌缝材料种类 4. 防护材料种类			1. 基层处理 2. 抹找平层 3. 涂防水膜 4. 铺保护层
010702003	屋面刚性防水	1. 防水层厚度 2. 嵌缝材料种类 3. 混凝土强度等级		按设计图示尺寸以面积计算。不扣除房上烟囱、风帽底座、风道等所占面积	1. 基层处理 2. 混凝土制作、运输、铺筑、养护
010702004	屋面排水管	1. 排水管品种、规格、品牌、颜色 2. 接缝、嵌缝材料种类 3. 油漆品种、刷漆遍数	m	按设计图示尺寸以长度计算。如设计未标注尺寸，以檐口至设计室外散水上表面垂直距离计算	1. 排水管及配件安装、固定 2. 雨水斗、雨水箅子安装 3. 接缝、嵌缝
010702005	屋面天沟、沿沟	1. 材料品种 2. 砂浆配合比 3. 宽度、坡度 4. 接缝、嵌缝材料种类 5. 防护材料种类	m²	按设计图示尺寸以面积计算。铁皮和卷材天沟按展开面积计算	1. 砂浆制作，运输 2. 砂浆找坡、养护 3. 天沟材料铺设 4. 天沟配件安装 5. 接缝、嵌缝 6. 刷防护材料

三、分部分项工程量清单编制步骤

1. 做好编制清单的准备工作

首先认真学习《计价规范》及其相应的工程量计算规则；应十分熟悉地质、水文及其勘察资料、设计图纸及其相关设计与施工规范、标准以及操作规程；充分了解施工现场情况，包括对地下障碍物的了解，详尽地分析现场施工条件；调查施工行业和可能响应本项目的承包商的水平和状况以及协作施工的条件等。

2．确定分部分项工程的分项及名称

所确定的分部分项工程量清单的每个分项与名称，应符合规范附录中的项目名称并取得一致。特别应注意按照"工程实体"划分的原则所消耗的劳动和资源直接凝结于建筑工程产品的部分。例如，前面所举例的混凝土带形基础施工分项，其作业内容仅包括混凝土垫层和基础两项实体工程的混凝土作业内容。事实上一个基础浇筑成型，必须借助于支撑和模板的辅助，如果基坑地下水位较高还需要排水或降水措施辅佐，才能完成此项基础施工，形成基础工程实体。按照规范规定后两项作为辅助施工措施，因此应将其列入措施项目清单分项，而不列到分部分项清单之中。

3．拟定项目特征的描述

分部分项工程量清单表中没有项目特征和工作内容专栏，这不能说明它们并不重要。一个同名称项目，由于材料品种、型号、规格、材质要求不同，反映在综合单价上的差别甚大。对项目特征的描述是编制分部分项工程量清单十分重要的步骤和内容，它是对承包商确定综合单价、采用施工材料和施工方法及其相应施工辅助措施工作的指引，并与施工质量、消耗、效率等均有着密切关系。因而，编者应在项目名称栏中作简要、明确的描述。描述中可以工程设计要求和工程实际，并参照规范附录中项目特征和工作内容进行。

4．确定工程量清单编码

严格地按工程量清单计价规范的要求编制项目编码。

5．分部分项清单分项的工程量

这也是编制分部分项工程量清单的一个重要步骤。具体应按规范规定的分项工程量计算规则进行。

6．复核与整理清单文件

这是编制分部分项工程量清单的最后一步，编制者必须反复核审校对，并应经过交叉校核定稿。

【例 6-1】 某小区住宅楼工程，建筑面积为 225.63m^2，混合结构三层，基础为砖条形基础，砖基础垫层有两层，下层为 300 厚中粗砂垫层，上层为 300 厚 C10 混凝土垫层，基础平面图及剖面图见本教材附图。试设置该工程土石方工程工程量清单项目，并计算工程量清单数量。

【解】（1）熟悉施工图纸，了解基础图平面尺寸及剖面构造，材料类型及基础做法等。

（2）根据《规范》要求，该工程设置土石方工程量清单项目应有平整场地、挖基础土方和土方回填等 3 个，其中挖基础土方又因开挖基槽宽度不同和余土外运等具有不同特征，编制人又可设置 3 个子目，土方回填因回填方式不同又可设置成 2 个子目。土石方工程设置的清单项目如下：

①编码：010101001001 平整场地，坚土；
②编码：010101003001 挖基础土方，坚土，垫层宽度 600mm，挖土深度 1.5m；
③编码：010101003002 挖基础土方，坚土，垫层宽度 700mm，挖土深度 1.5m；
④编码：010101003003 余土外运，运距 50m；
⑤编码：010103001001 土（石）方回填，基础回填，人工夯实，原土；

⑥编码：010103001002 土（石）方回填，室内回填，机械夯实，原土。

(3) 计算各清单项目的工程量。

①平整场地的工程量为：

底层建筑面积：$(9+0.24) \times (9.9+0.24) = 93.69 m^2$

②挖基础土方，坚土，垫层宽度600mm，挖土深度1.5m工程量为：

外墙中心线长：$(9+9.9) \times 2 = 37.8 m$；

$(37.8 + 3 + 3 - 0.35 - 0.3 + 3.6 - 0.6) \times 1.5 \times 0.60 = 41.54 m^3$

③挖基础土方，坚土，垫层宽度700mm，挖土深度1.5m

工程量为 $= [9 - 0.3 \times 2 + (3.9 - 0.3 - 0.35) \times 2] \times 1.5 \times 0.7 = 15.65 m^3$

④基础回填土，人工夯实

基础回填土 = 挖方体积 − 砂垫层体积 − 混凝土垫层体积 − 砖基础体积 − 地圈梁体积 + 室内外高差所占砖体积 $= 57.19 - 11.44 - 11.44 - 14.77 - 3.63 + (37.8 + 25.2) \times 0.3 \times 0.24 = 20.45 m^3$

⑤室内回填土，机械夯实

室内回填土 $= [底层建筑面积 - (L_中 + L_内) \times 0.24] \times 回填厚度$

$= [93.69 - (37.8 + 25.2) \times 0.24] \times (0.3 - 0.09) = 16.50 m^3$

⑥外运土方

运土方 = 挖土方 − 填土方 $= 57.19 - 20.45 - 16.50 = 20.24 m^3$

(4) 编制工程量清单表如表6-14。

分部分项工程量清单表　　　　　　　表6-14

工程名称：土建工程　　　　　　　　　　　　　　　　　　　　　第　页 共　页

序号	项目编码	项　目　名　称	计量单位	工程量
1	010101001001	平整场地，坚土	m^2	93.69
2	010101003001	挖基础土方，坚土，垫层宽度600mm，挖土深度1.5m，1−1截面	m^3	41.54
3	010101003002	挖基础土方，坚土，垫层宽度700mm，挖土深度1.5m，2−2截面	m^3	15.65
4	010101003003	余土外运，运距50m	m^3	20.24
5	010103001001	土（石）方回填，基础回填，人工夯实，原土	m^3	20.45
6	010103001002	土（石）方回填，室内回填，机械夯实，原土	m^3	16.50

第四节　分部分项工程量清单计价

一、分部分项工程量清单计价依据

分部分项工程量清单计价依据，包括工程量清单、定额、工料单价、费用及利润标准、施工组织设计、招标文件、施工图纸及图纸答疑、现场踏勘情况、计价规范等。

1. 工程量清单

工程量清单是由招标人提供的工程数量清单，综合单价应根据工程量清单中提供的项目名称、项目特征及该项目所包括的工程内容来确定。

2. 定额

定额是指消耗量定额或企业定额。消耗量定额是在编制标底时确定综合单价的依据；企业定额是在编制投标报价时确定综合单价的依据，若投标企业没有企业定额时可参照消耗量定额确定综合单价。

定额的人工、材料、机械消耗量是计算综合单价中人工费、材料费、机械费的基础。

3. 工料单价

工料单价是指人工单价、材料单价（即材料预算价格）、机械台班单价。分部分项工程费的人工费、材料费、机械费，是由定额中工料消耗量乘以相应的工料单价计算得到的，计算公式分别见下列各式：

$$人工费 = \Sigma（工日数 \times 人工单价）$$

$$材料费 = \Sigma（材料数量 \times 材料单价）$$

$$机械费 = （机械台班数 \times 机械台班单价）$$

4. 管理费的费率、利润率

除人工费、材料费、机械费外的管理费及利润等，是根据管理费率、利润率乘以其计费基数计算的。

5. 计价规范

分部分项工程费的综合单价所包括的范围，应符合《计价规范》中项目特征及工程内容中规定的要求。

6. 招标文件

综合单价包括的内容应满足招标文件的要求，如工程招标范围、甲方供应材料的方式等。例如，某工程招标文件中要求钢材、水泥实现政府采购，由招标方组织供应到工程现场。在综合单价中就不能包括钢材、水泥的定价，否则综合单价无实际意义。

7. 施工图纸及图纸答疑

在确定综合单价时，分部分项工程包括的内容除满足工程量清单中给出的内容外，还应注意施工图纸及图纸答疑的具体内容，才能有效地确定综合单价。

8. 现场踏勘情况

9. 施工组织设计

现场踏勘情况及施工组织设计，是计算措施费的重要资料。

二、分部分项工程量清单的计价

1. 分部分项工程量清单综合单价的确定

分部分项工程量清单综合单价的计算是投标人进行投标报价最基本最核心的工作，也是一项复杂的计价工作。需要熟悉工程的具体情况、当地市场价格、工程量清单计算规则和当地的消耗量定额和费用定额等。

由于"计价规范"与"定额"中的工程量计算规则、计量单位、项目内容不尽相同，综合单价的组合方法包括以下几种：

(1) 直接套用定额组价；

(2) 重新计算工程量组价；

(3) 复合组价。

不论哪种组价方法,必须弄清以下两个问题:

第一,拟组价项目的内容。用《计价规范》规定的内容与相应定额项目的内容作比较,看拟组价项目应该用哪几个定额项目来组合单价。如"预制预应力C20混凝土空心板"项目《计价规范》规定此项目包括制作、运输、吊装及接头灌浆,而定额分别列有制作、安装、吊装及接头灌浆,所以根据制作、安装、吊装及接头灌浆定额项目组合该综合单价。

第二,《计价规范》与定额的工程量计算是否相同

在组合单价时要弄清具体项目包括的内容,各部分内容是直接套用定额组价,还是需要重新计算工程量组价。能直接组价的内容,用前面讲述的"直接套用定额组价"方法进行组价;若不能直接套用定额组价的项目,用前面讲述的"重新计算工程量组价"方法进行组价。

2.分部分项工程清单计价步骤

具体进行分部分项工程量清单计价的步骤如下:

第一步:根据施工图纸复核工程量清单。

第二步:按当地的消耗量定额工程量计算规则拆分清单工程量。

第三步:根据消耗量定额和信息价计算工料费用,包括人工费、材料费、机械费。

第四步:计算管理费及利润

建筑工程管理费 = 直接工程费 × 管理费率;装饰工程管理费 = 人工费 × 管理费率;

建筑工程利润 = 直接工程费 × 利润率;装饰工程利润 = 人工费 × 利润率。

第五步:汇总形成综合单价

综合单价 = 直接工程费 + 管理费 + 利润。填写《分部分项工程综合单价分析表》。

第六步:计算分部分项工程费

分部分项工程费 = Σ(工程量清单数量 × 综合单价)。

三、分部分项工程量清单计价算实例

(一)土石方工程综合单价计价实例

【例6-2】 某土石方工程,基础为C25混凝土带形基础,垫层为C15混凝土垫层,垫层底宽度为1400mm,挖土深度为1800mm,基础总长为220m。室外设计地坪以下基础的体积为227m^3,垫层体积为31m^3。试用清单计价法计算挖基础土方、土方回填、余土外运等分项工程的清单项目费。

【解】 本例的清单项目有两个:

(1)挖基础土方,清单编码为010101003,工程内容包括挖沟槽土方、场内外运输土方;

(2)土(石)方回填,清单编码为010103001,工程内容为回填土夯填。

1.清单工程量(业主根据施工图计算)

基础挖土截面积 = 1.4 × 1.8 = 2.52m^2

基础土方挖方总量 = 2.52 × 220 = 554m^3

基础回填土工程量 = 554 - (227 + 31) = 296m^3

2.投标人报价计算

工程量清单计价采用综合单价模式,即综合了工料机费、管理费和利润。综合单价

中的人工单价、材料单价、机械台班单价，可由企业根据自己的价格资料以及市场价格自主确定，也可参考综合定额或企业定额确定。为计算方便，本例的人工、机械消耗量采用某地的建筑工程消耗量定额中相应项目的消耗量，人工单价取 30 元/工日，8t 自卸汽车台班单价取 385 元/台班。管理费按人工费加机械费的 15% 计取，利润按人工费的 30% 计取。

根据地质资料和施工方案，该基础工程土质为三类土，弃土运距为 3km，人工挖土、人工装自卸汽车运卸土方。本例挖基础土方项目中，人工挖沟槽土方根据挖土深度和土类别对应的某地区建筑工程消耗量定额子目计量单位为 100m³；人工装自卸汽车运卸土方按运卸方式和运距对应的综合定额子目计量单位为 100m³。土（石）方回填项目对应的综合定额子目计量单位为 100m³。在进行综合单价计算时，可先按各定额子目计算规则计算相应工程量，取费后，再折算为清单项目计量单位的综合单价。

(1) 计价工程量

根据施工组织设计要求，需在垫层底面增加操作工作面，其宽度每边 0.25m。并且需从垫层底面放坡，放坡系数为 0.3。

1) 基础挖土截面积 = $(1.4 + 2 \times 0.25 + 0.3 \times 1.8) \times 1.8 = 4.392 m^2$

基础土方挖方总量 = $4.392 \times 220 = 966 m^3$

2) 采用人工挖土方量为 966m³，基础回填 708m³，人工夯填，剩余弃土 258m³ 人工装自卸汽车运卸，运距 3km。

(2) 综合单价分析

1) 挖基础土方

工程内容包括人工挖土方、人工装自卸汽车运卸土方，运距 3km。

①人工挖土方（三类土，挖深 2m 以内）

人工费：$53.51/100 \times 30 \times 966 = 15507.20$ 元

材料费：0

机械费：0

合计：15507.20 元

②人工装自卸汽车运卸弃土 3km

人工费：$11.32/100 \times 30 \times 258 = 876.17$ 元

材料费：0

机械费：$(1.85 + 0.30 \times 2)/100 \times 385 \times 258 = 2433.59$ 元

合计：3309.76 元

③综合

工料机费合计：$15507.20 + 3309.76 = 18816.96$ 元

管理费：（人工费 + 机械费）× 15% = $(15507.20 + 876.17 + 2433.59) \times 15\%$ = 2822.54 元

利润：人工费 × 30% = $(15507.20 + 876.17) \times 30\% = 4915.01$ 元

总计：$18816.96 + 2822.54 + 4915.01 = 26554.51$ 元

综合单价：26554.51（元）/554（m³）= 47.93 元/m³

2) 土（石）方回填

①基础回填土人工夯实

人工费：26.46/100×30×708 = 5620.10 元

材料费：0

机械费：0

合计：5620.10 元

②综合

工料机费合计：5620.10 + 0 + 0 = 5620.10 元

管理费：（5620.10 + 0）×15% = 843.02 元

利润：5620.10 × 30% = 1686.03 元

总计：5620.10 + 843.02 + 1686.03 = 8149.15 元

综合单价：8149.15（元）/296（m³）= 27.53 元/m³

挖基础土方及土（石）方回填项目的综合单价计算表分别见表 6-15 及表 6-16。

分部分项工程量清单综合单价计算表 表 6-15

工程名称：某基础工程　　　　　　　　　　　　　　　计量单位：m³

项目编码：010101003001　　　　　　　　　　　　　工程数量：554

项目名称：挖基础土方　　　　　　　　　　　　　　综合单价：47.93 元

序号	定额编码	工程内容	单位	综合单价（元）					
				人工费	材料费	机械费	管理费	利润	小计
1		人工挖沟槽土方（三类土，挖深2m以内）	m³	27.99	0	0	4.20	8.40	40.59
2		人工装自卸汽车运卸土 3km	m³	1.58	0	4.39	0.90	0.47	7.34
		合　计		29.57	0	4.39	5.10	8.87	47.93

分部分项工程量清单综合单价计算表 表 6-16

工程名称：某基础工程　　　　　　　　　　　　　　　计量单位：m³

项目编码：010103001001　　　　　　　　　　　　　工程数量：296

项目名称：土（石）方回填　　　　　　　　　　　　综合单价：27.54 元

序号	定额编码	工程内容	单位	综合单价（元）					
				人工费	材料费	机械费	管理费	利润	小计
1		基础土方回填土人工夯实	m³	18.99	0	0	2.85	5.70	27.54
		合　计		18.99	0	0	2.85	5.70	27.54

分部分项工程综合单价计算结果及计算表作为投标人自己的报价资料，并不作为工程量清单报价表中的内容，投标人在工程量清单报价表中仅填列分部分项工程综合单价分析表。

(3) 填列分部分项工程量清单综合单价分析表（表 6-17）

分部分项工程量清单综合单价分析表　　　　　　　　　　表 6-17

工程名称：某基础工程　　　　　　　　　　　　　　　　第　页 共　页

序号	项目编码	项目名称	工程内容	综合单价组成（元）					综合单价
				人工费	材料费	机械费	管理费	利润	
1	010101003001	挖基础土方 土类别：三类土 基础类型：带形基础 垫层宽度：1400mm 挖土深度：1800mm 弃土运距：3km	人工挖沟槽土方（三类土，挖深2m以内） 人工装自卸汽车运卸土3km	29.57	0	4.39	5.10	8.87	47.93
2	010103001001	土（石）方回填 土类别：三类土人工夯填	基础土方回填土人工夯实	18.99	0	0	2.85	5.70	27.54

（4）计算清单项目费（表 6-18）

分部分项工程量清单计价表　　　　　　　　　　表 6-18

工程名称：某基础工程　　　　　　　　　　　　　　　　第　页 共　页

序号	项目编码	项目名称	计量单位	工程数量	金　额（元）	
					综合单价	合　价
1	010101003001	挖基础土方 土类别：三类土 基础类型：带形基础 垫层宽度：1400mm 挖土深度：1800mm 弃土运距：3km	m^3	554	47.93	26554.51
2	010103001001	土（石）方回填 土类别：三类土 人工夯填	m^3	296	27.54	8151.84
		小　计				34705.06

（二）砖基础工程计价举例

【例 6-3】　某工程为砖基础，用 M5 水泥砂浆砌筑标准红砖条形基础，距垫层顶的埋深 3m，垫层为 2 层，下层为 500 厚三七灰土垫层，底面积为 21.38m^2，上层为 100 厚的 C10 素混凝土层，底面积为 21.38m^2，基础采用 20 厚防水砂浆防潮，面积 7.76 m^2，招标人提供清单如表 6-19。

分部分项工程量清单　　　　　　　　　　表 6-19

工程名称：某工程　　　　　　　　　　　　　　　　第　页共　页

项目编码	项　目　名　称	计量单位	工程量
010301001001	砖基础： M5 红砖条形基础，底层 500 厚三七灰土垫层，上层为 100 厚的 C10 素混凝土层，并采用 20 厚防水砂浆防潮	m^3	24.8

【解】　1. 投标人复核工程量后，准确无误；

2. 投标人根据工程量清单的具体做法，根据某地区 2003 年消耗量定额及单位估价表，

找到与清单内容相匹配的定额子目,通过分析,组合的定额子目有:
(1) M5 水泥砂浆砌砖基础
(2) 防水砂浆做防水层
(3) C10 混凝土垫层
(4) 灰土垫层
按定额规则计算这四项工程量:
(1) 砖基础工程量(清单工程量):$24.8m^3$
(2) 防水砂浆防潮层工程量,根据图纸复核为 $7.76m^2$
(3) C10 混凝土垫层工程量 = $21.38 m^2 \times 0.1m = 2.14m^3$
(4) 灰土垫层工程量 = $21.38 m^2 \times 0.5m = 10.69m^3$

3. 综合单价分析

以某地 2003 年消耗量定额及单位估价表为依据,其中人工费取 30 元/工日,管理费按人工费的 15% 计取,利润按人工费的 20% 计取。

(1) M5 水泥砂浆砖基础(A3 – 1)
人工费:$365.4 元/10m^3 \times 24.8m^3 = 906.2 元$
材料费:$1241.05 元/10m^3 \times 24.8m^3 = 3077.8 元$
机械费:$18.39 元/10m^3 \times 24.8m^3 = 45.61 元$

(2) 防水砂浆防潮层(A7 – 152)
人工费:$276.6 元/100m^2 \times 7.76m^2 = 21.46 元$
材料费:$547.5 元/100m^2 \times 7.76m^2 = 42.49 元$
机械费:$20.84 元/100m^2 \times 7.76m^2 = 161.72 元$

(3) C10 混凝土垫层(B1 – 17)
人工费:$365.5 元/10m^3 \times 2.14m^3 = 78.22 元$
材料费:$1505.5 元/10m^3 \times 2.14m^3 = 322.2 元$
机械费:$126.63 元/10m^3 \times 2.14m^3 = 27.1 元$

(4) 灰土垫层(B1 – 1)
人工费:$243.3 元/10m^3 \times 10.69m^3 = 260.1 元$
材料费:$731.5 元/10m^3 \times 10.69m^3 = 782 元$
机械费:$9.48 元/10m^3 \times 10.69m^3 = 10.13 元$

(5) 综合
人工费合计:906.2 + 21.46 + 78.22 + 260.1 = 1266 元
材料费合计:3077.8 + 42.49 + 322.2 + 782 = 4224.5 元
机械费合计:45.61 + 161.72 + 27.1 + 10.13 = 244.6 元
管理费:$1266 \times 15\% = 189.9 元$
利润:$1266 \times 20\% = 253.2 元$
总计:1266 + 4224.5 + 244.6 + 189.9 + 253.2 = 6178.2 元
砖基础综合单价:$6178.2 \div 24.8m^3 = 249.12 元/m^3$

(6) 填写分部分项工程量清单综合单价分析表如表 6-20。

分部分项工程量清单综合单价分析表   表 6-20

工程名称：某工程   第 页 共 页

序号	项目名称	工 程 内 容	综合单价组成（元）					小计（元）
			人工费	材料费	机械费	管理费	利润	
1	砖基础	M5 红砖条形基础，底层 500 厚三七灰土垫层，上层为 100 厚的 C10 素混凝土层，并采用 20 厚防水砂浆防潮	51.05	170.34	9.86	7.66	10.21	249.12

4.通过上述计算，砖基础分部分项工程量清单的报价如表 6-21。

分部分项工程量清单的报价表   表 6-21

工程名称：某工程   第 页 共 页

项目编码	项目名称	计量单位	工程量	综合单价	合价（元）
010301001001	砖基础：M5 红砖条形基础，底层 500 厚三七灰土垫层，上层为 100 厚的 C10 素混凝土层，并采用 20 厚防水砂浆防潮	m³	24.8	249.12	6178.18

（三）钢筋混凝土工程计价举例

【例 6-4】 某工程需用 50 根预制钢筋混凝土矩形梁，其尺寸为，300mm × 400mm × 4000mm，混凝土为 C35，砂浆为 M7.5，矩形梁运距 15km。不计钢筋工程量，试计算预制混凝土梁分部分项工程量清单及其综合单价与费用。

【解】 1.业主根据施工图计算：

预制钢筋混凝土矩形梁的工程量为 $V = 0.3m \times 0.4m \times 4m \times 50$ 根 $= 24$（m^3）

分部分项工程量清单的报价如表 6-22。

分部分项工程量清单   表 6-22

工程名称：某工程   第 页 共 页

序号	项目编码	项 目 名 称	计量单位	工程数量
1	010410001001	预制混凝土梁 单根矩形梁体积：0.48m³ 安装高度：6 层以下 混凝土强度等级：C35 砂浆强度等级：M7.5 矩形梁运距 15km	m³	24

2.投标人根据施工图及施工方案计算（依据某地 2003 年消耗量定额与单位估价表，管理费按人工费的 15% 计算，利润按人工费的 20% 计算）：

（1）预制混凝土梁制作（按 1.5% 计算损耗率）：

人工费：344.1 元/10m³ × 24m³ × 1.015 = 838.23 元

材料费：1626.65 元/10m³ × 24m³ × 1.015 = 3962.52 元

机械费：221.87 元/10m³ × 24m³ × 1.015 = 540.50 元

（2）预制钢筋混凝土矩形梁运输，15km 以内（二类构件，按 1.3% 计算损耗率）

人工费：153.6 元/10m³ × 24m³ × 1.013 = 373.43 元

材料费：27.6 元/10m³ × 24m³ × 1.013 = 67.10 元

机械费：1348.39 元/10m³ × 24m³ × 1.013 = 3278.21 元

(3) 预制钢筋混凝土矩形梁安装，高度在 6 层以内，塔式起重机（按 0.5% 计算损耗率）

人工费：138.3 元/10m³ × 24m³ × 1.005 = 333.60 元

材料费：73.78 元/10m³ × 24m³ × 1.005 = 177.96 元

机械费：0

(4) 综合：

人工费合计：843.23 + 373.43 + 333.60 = 1545.26 元

材料费合计：3962.52 + 67.1 + 177.96 = 4207.60 元

机械费合计：540.5 + 3278.21 + 0 = 3818.71 元

管理费：1545.26 × 15% = 231.79 元

利润：1545.26 × 20% = 309.05 元

总计：1545.26 + 4207.6 + 3818.71 + 231.79 + 309.05 = 10112.41 元

综合单价：10112.41 元 ÷ 24m³ = 421.41 元/m³

3. 填写清单计价表格

填写分部分项工程量清单计价表如表 6-23；

分部分项工程量清单综合单价计算表如表 6-24；

分部分项工程量清单综合单价分析表如表 6-25。

分部分项工程量清单计价表　　　　　　　　　　　　表 6-23

工程名称：某工程　　　　　　　　　　　　　　　　　　　第 页共 页

序号	项目编码	项 目 名 称	计量单位	工程数量	金额（元）	
					综合单价	合　价
1	010410001001	预制混凝土梁 单根矩形梁体积：0.48m³ 安装高度：6 层以下 混凝土强度等级：C35 砂浆强度等级：M7.5 矩形梁运距 15km	m³	24	421.41	10113.60
		合　计				10113.60

分部分项工程量清单综合单价计算表　　　　　　　　表 6-24

工程名称：某工程　　　　　　　　　　　　　　　　　计量单位：m³

项目编码：010401001001　　　　　　　　　　　　　　工程数量：24

项目名称：预制混凝土梁　　　　　　　　　　　　　　综合单价：421.4

定额编号	工 程 内 容	单位	数　量	其　中：（元）					
				人工费	材料费	机械费	管理费	利润	小计
A4-66	预制钢筋混凝土梁制作	m³	24×1.015	838.23	3962.5	540.5			
A4-275	预制钢筋混凝土过梁运输 15km 以内	m³	24×1.013	373.43	67.1	3278.21			

续表

定额编号	工程内容	单位	数量	其 中：（元）				
				人工费	材料费	机械费	管理费	利润	小计
A4-401	预制钢筋混凝土过梁安装，塔式起重机6层以下	m³	24×1.005	333.6	177.96	0			
	总 计			1545.26	4207.6	3817.7	231.79	309.05	10112.41

分部分项工程量清单综合单价分析表　　　　表 6-25

工程名称：某工程　　　　　　　　　　　　　　　　　　　　第　页共　页

序号	项目编码	项目名称	单位	其 中：（元）					
				人工费	材料费	机械费	管理费	利润	小计
1	010401001001	预制混凝土梁 单根矩形梁体积：0.48m³ 安装高度：6层以下 混凝土强度等级：C35 砂浆强度等级：M7.5 矩形梁运距15km	m³	64.4	175.30	159.1	9.66	12.88	421.30

第五节　措施项目清单的编制与计价

一、措施项目清单的编制

《规范》在术语一章中作了以下定义："措施项目为完成工程项目施工，发生于该工程施工前和施工过程中技术、生活、安全等方面的非工程实体项目。"

所谓措施项目虽然不是直接凝固到产品上的直接资源消耗项目，但都是为了完成分部分项工程而必须发生的生产活动和资源耗用的保障项目，由于不是直接凝结于产品的劳动，因此称其为非工程实体项目。措施项目的内涵十分广泛，从施工技术措施、设备设置、施工必须的各种保障措施，到包括环保、安全和文明施工等项目的设置。

（一）措施项目清单编制的依据

措施项目清单的编制依据有：

（1）拟建工程的施工组织设计；

（2）拟建工程的施工技术方案；

（3）与拟建工程相关的工程施工规范与工程验收规范；

（4）招标文件；

（5）设计文件。

（二）措施项目清单的设置

措施项目清单的设置，首先，要参考拟建工程的施工组织设计，以确定环境保护、文明安全施工、材料的二次搬运等项目；其次，参阅施工技术方案，以确定夜间施工、大型机具进出场及安拆、混凝土模板与支架、脚手架、施工排水降水、垂直运输机械、组装平台、大型机具使用等项目。参阅相关的施工规范与工程验收规范，可以确定施工技术方案没有表述的，但是为了实现施工规范与工程验收规范要求而必须发生的技术措施。招标文件中提出的某些必须通过一定的技术措施才能实现的要求。设计文件中一些不足以写进技术方案的，但是要通过一定的技术措施才能实现的内容。措施清单项目及其列项条件示例见表6-26。

措施清单项目　　　　　　　　　表6-26

序号	项目名称
1	通用项目
1.1	环境保护：施工现场采用的环境保护措施项目
1.2	文明施工：施工现场采用的文明施工措施项目
1.3	安全施工：施工现场采用的安全施工措施项目
1.4	临时设施：施工生产活动必须搭设的临时设施项目
1.5	夜间施工：拟建工程有必须连续施工的要求，或工期紧张有夜间施工的倾向
1.6	二次搬运：因施工现场狭窄必须发生材料设备二次搬运
1.7	大型机械设备进出场及安拆：施工方案中有大型机具的使用方案，拟建工程必须有大型机具
1.8	混凝土、钢筋混凝土模板及支架：拟建工程中有混凝土及钢筋混凝土工程
1.9	脚手架
1.10	已完工程及设备保护：已完工程与设备的保护措施
1.11	施工排水、降水：依据水文地质资料，拟建工程的地下施工深度低于地下水位
2	建筑工程
2.1	垂直运输机械：施工方案中有垂直运输机械的内容、施工高度超过5m的工程
3	装饰装修工程
3.1	垂直运输机械：施工方案中有垂直运输机械的内容、施工高度超过5m的工程
3.2	室内空气污染测试：使用挥发性有害物质的材料
4	安装工程（略）
5	市政工程（略）

《规范》规定措施项目清单应根据拟建工程的具体情况，参照措施项目一览表列项，若出现措施项目一览表未列项目，编制人可作补充。

要编好措施项目工程量清单，编者必须具有相关的施工管理、施工技术、施工工艺和施工方法方面的知识及实践经验，掌握有关政策、法规和相关规章制度。例如对环境保护、文明施工、安全施工等方面的规定和要求，为了改善和美化施工环境，组织文明施工就会发生措施项目及其费用开支，否则就会发生漏项少费的问题。

编制措施项目工程量清单项目应注意以下几点：

第一，既要对规范有深刻的理解，又要有比较丰富的知识和经验，要真正弄懂工程量清单计价方法的内涵，熟悉和掌握规范对措施项目的划分规定和要求，掌握其本质和规律，注重系统思维；

第二，编制措施项目工程量清单应与编制分部分项工程量清单综合考虑，与分部分项工程紧密相关的措施项目编制时可同步进行；

第三，编制措施项目应与拟定或编制重点难点分部分项施工方案结合，以保证所拟措施项目划分和描述的可行性；

第四，对上表中未能包含的措施项目，还应给予补充，对补充项目更要注意描述清楚、准确。

(三) 措施项目清单编制的基本格式

措施项目的列项格式见表 6-27。

措 施 项 目 清 单　　　　　　　　　表 6-27

工程名称：　　　　　　　　　　　　　　　　　　　　　　第 页 共 页

序 号	项 目 名 称
1	
2	
⋮	
n	

二、措施项目清单的计价

措施项目费是指不直接形成工程实体，而有助于工程实体形成的各项费用，包括发生于该工程施工前和施工过程中技术、生活、安全等方面的非工程实体项目费用。如脚手架费、模板费、垂直运输费、临时设施费、安全文明施工费等。措施项目费应根据拟建工程的施工方案或施工组织设计，参照《规范》规定的费用组成来确定。措施项目清单中所列的措施项目均以"一项"提出，在计价时，首先应详细分析其所包含的全部工程内容，然后确定其综合费用。措施项目不同，其费用组成内容可能有差异，其费用组成一般包括完成该措施项目的人工费、材料费、机械费、管理费、利润及一定的风险。

措施项目费的计价方法，有按定额计价、按费率系数计价、按实物量法计价和分包法计价多种。有的措施费按定额计算，如各类技术组织措施费等，有的措施费按费率计算，如临时设施费夜间施工、二次搬运费等。有的措施费也可按施工经验法估价，如脚手架费和模板费等。有的措施费则按分包费用计价，如大型机械设备进出场及安拆、室内空气污染测试等。

(一) 按定额计价

按定额计算是指按照所使用的当地的消耗量定额与单位估价表，先计算出各种工料消耗，再根据相应的工料单价计算出人工费、材料费、机械费，再在此基础上计算管理费和利润。或者直接根据当地的单位估价表计算直接费，再按一定的费率计算管理费与利润。

下面举例说明脚手架措施费用计算方法。

【例 6-5】 某办公楼工程，建筑面积为 2000m^2，试计算措施项目中的"脚手架费用"。

【解】 根据定额规定，建筑工程的脚手架费用按建筑面积综合计算。本工程的建筑面积是 2000m^2，套用某地区 2003 年消耗量定额及单位估价表"综合脚手架"定额子目 A11-1 得知：

每 100m^2 建筑面积费用如下：

定额基价　　　　　　　489.55 元

其中：人工费　　　　　291.0 元

材料费　　　　　　　　179.48 元
机械费　　　　　　　　19.07 元

运用定额脚手架措施费计算如下（管理费按直接费的7%计取，利润按直接费的15%计取）：

直接费：$489.55 \times 2000/100 = 9791$ 元

管理费：$9791 \times 7\% = 685.4$ 元

利润：$9791 \times 15\% = 1468.7$ 元

合计：$9791 + 685.4 + 1468.7 = 11945.1$ 元

措施项目费计价表和措施项目清单费用分析表如下表6-28 表6-29。

措施项目清单计价表　　　表6-28

工程名称：某工程　　　　　　　第　页共　页

序号	项目名称	金额（元）
1	建筑工程	
1.1	脚手架费	11945.1

措施项目清单费用分析表　　　　　　　表6-29

工程名称：某工程　　　　　　　　　第　页共　页

序号	措施项目名称	单位	数量	其中（元）					小计
				人工费	材料费	机械费	管理费	利润	
1	脚手架费	100m²	20	5820	3589.6	381.4	685.4	1468.7	11945.1

（二）按费率系数计价

定额模式下几乎所有的措施费用都采用这种办法，有些地区以费用定额的形式体现，就是按一定的基数乘系数的方法或自定义公式进行计算。这种方法简单、明了，但最大的难点是公式的科学性、准确性难以把握，尤其是系数的测算是一个长期、规范的问题。系数的高低直接反映投标人的施工水平。这种方法主要适用于施工过程中必须发生，但在投标时很难具体分项预测，又无法单独列出项目内容的措施项目，按此办法计价施工组织措施费。

按费率系数计价，可以按费率乘以直接工程费或人工费计算该项措施费。

或：建筑工程措施费 = （直接工程费 + 施工技术措施费）× 措施费费率

（注：直接工程费是指建筑工程的人工费、材料费、机械费的总和）

措施项目费中的环境保护、临时设施、文明施工、安全施工、夜间施工等项目费可参照表6-30自行计算。

措施项目费　　　　　　　表6-30

序号	项目名称	计量基础	费用标准
1	环境保护	直接工程费 + 施工技术措施费 或：直接工程费	根据地区取费文件确定费率
2	临时设施		根据地区取费文件确定费率
3	文明施工		根据地区取费文件确定费率
4	安全施工		根据地区取费文件确定费率
5	夜间施工		根据地区取费文件确定费率

【例6-6】 已计算出某二类工程的分部分项直接工程费为32654.27元，施工技术措施费为10000元，临时设施费的费率为1.0%。试计算建筑工程的临时设施费。

【解】 建筑工程临时设施费 = (32654.27 + 10000) × 1.0% = 426.54 元

（三）按施工经验计价

措施项目费的计算一般可根据上述两种方法计算，也可根据施工经验计算。

这种方法是最基本，也是最能反映投标人个别成本的计价方法，是按投标人现在的水平，预测将要发生的每一项费用的合计数，并考虑一定的涨浮因素及其他社会环境影响因素，然后根据企业的施工经验推算项目措施费。

例如，混凝土及钢筋混凝土模板费，有的企业根据建筑面积分不同的结构类型推算。如全框架结构按每平方米建筑面积 25 ~ 35 元计算，框剪结构按每平方米建筑面积 35 ~ 40 元计算，砖混结构按每平方米建筑面积 12 ~ 15 元计算。

某项措施费具体怎样计算，应在实际工作中不断积累经验，形成自己的经验数据，在工程招投标中报出正确的措施项目费。

措施项目费的多少，与施工组织设计的好坏有关，所以不能千篇一律，各家计算的结果一个样，作为投标企业要加强管理，在保证质量的前提下尽量少的投入措施费用，以便在竞争中取胜。

（四）按分包法计价

在分包价格的基础上增加投标人的管理费及风险进行计价的方法，这种方法适合可以分包的独立项目。如大型机械设备进出场及安拆费等。

措施项目计价方法的多样化正体现了工程量清单计价投标人自由组价的特点，其实上面提到的这些方法对分部分项工程、其他项目的组价都是有用的。

在用上述办法组价时要注意以下几点：

(1) 工程量清单计价规范规定，在确定措施项目综合单价时，规范规定的综合单价组成仅供参考，也就是措施项目内的人工费、材料费、机械费、管理费、利润等不一定全部发生，不要求每个措施项目内人工费、材料费、机械费、管理费、利润都必须有；

(2) 在报价时，有时措施项目招标人要求分析明细，这时用公式参数法组价、分包法组价都是先知道总数，这就要人为用系数或比例的办法分摊人工费、材料费、机械费、管理费及利润；

(3) 招标人提出的措施项目清单是根据一般情况确定的，没有考虑不同投标人的"个性"，因此投标人在报价时，可以根据本企业的实际情况，增加措施项目内容报价。

第六节 其他项目费、规费与税金

一、其他项目清单的编制

（一）其他项目清单编制规则

其他项目清单的编制规则如下：

《计价规范》规定，"其他项目清单应根据工程的具体情况，参照下列内容列项：预留金、材料购置费、总承包服务费、零星工作项目费。"

规范 3.4.2 条规定，"零星工作项目应根据拟建工程的具体情况，详细列出人工、材料、机械的名称、计量单位和相应数量，并随工程量清单发至投标人。"

规范 3.4.3 条规定，"编制其他项目清单，出现 3.4.1 条未列项目，编制人可作补充。"

根据规范要求其他项目清单的编制应根据拟建工程的具体情况，参照下列内容列项：

① 招标人部分，包括预留金、材料购置费等，其中预留金是指招标人为可能发生的工程量变更而预留的金额；

② 投标人部分，包括总承包服务费、零星工作项目费等，其中总承包服务费是指为配合协调招标人进行的工程分包和材料采购所需的费用，零星工作项目费是指完成招标人提出的不能以实物计量的零星工作项目所需的费用。

（二）其他项目清单编制格式如表 6-31。

其他项目清单　　　　　　　　　　　　　　　　　　　　表 6-31

工程名称：　　　　　　　　　　　　　　　　　　　　　　　　第 页 共 页

序 号	项 目 名 称
1	招标人部分
2	投标人部分

（三）零星工作项目表

零星工作项目表（表 6-32）应根据拟建工程的具体情况，详细列出人工、材料、机械的名称、计量单位和相应数量，并随工程量清单发至投标人。零星工作项目中的工、料、机计量，要根据工程的复杂程度、工程设计质量的优劣，以及工程项目设计的成熟程度等因素来确定其数量。一般工程以人工计量为基础，按人工消耗总量的 1% 取值即可。材料消耗主要是辅助材料消耗，按不同专业人工消耗材料类别列项，按人工日消耗量计入。机械列项和计量，除了考虑人工因素外，还要参考各单位工程机械消耗的种类，可按机械消耗总量的 1% 取值。

零星工作项目表　　　　　　　　　　　　　　　　　　　　表 6-32

工程名称：　　　　　　　　　　　　　　　　　　　　　　　　第 页 共 页

序 号	名 称	计量单位	数 量
1	人工		
	小计		
2	材料		
	小计		
3	机械		
	小计		
	合计		

二、其他项目费的确定

其他项目费是指预留金、材料购置费（仅指由招标人购置的材料费）、总承包服务费、零星工作项目费等估算金额的总和。包括：人工费、材料费、机械使用费、管理费、利润以及风险费。

(一) 招标人部分

1. 预留金

主要考虑可能发生的工程量变化和费用增加而预留的金额。引起工程量变化和费用增加的原因很多，一般主要有以下几方面：

(1) 清单编制人员在统计工程量及变更工程量清单时发生的漏算、错算等引起的工程量增加；

(2) 在现场施工过程中，应业主要求，并由设计或监理工程师出具的工程变更增加的工程量；

(3) 设计深度不够、设计质量低造成的设计变更引起的工程量增加；

(4) 其他原因引起的，且应由业主承担的费用增加，如风险费用及索赔费用。

此处提出的工程量的变更主要是指工程量清单漏项或有误引起的工程量的增加和施工中的设计变更引起标准提高或工程量的增加等。预留金由清单编制人根据业主意图和拟建工程实况计算出金额填制表格。其计算应根据设计文件的深度、设计质量的高低、拟建工程的成熟程度及工程风险的性质来确定其额度。设计深度深，设计质量高，已经成熟的工程设计，一般预留工程总造价的 3%～5% 即可。在初步设计阶段，工程设计不成熟的，最少要预留工程总造价的 10%～15% 预留金作为工程造价费用的组成部分计入工程造价，但预留金的支付与否、支付额度以及用途，都必须通过（监理）工程师的批准。

2. 材料购置费

指业主出于特殊目的或要求，对工程消耗的某类或某几类材料，在招标文件中规定，由招标人采购的拟建工程材料费。

3. 其他

指招标人部分可增加的新列项。例如，指定分包工程费，由于某分项工程或单位工程专业性较强，必须由专业队伍施工，即可增加这项费用，费用金额应通过向专业队伍询价（或招标）取得。

(二) 投标人部分

计价规范中列举了总承包服务费、零星工作项目费两项内容。如果招标文件对承包商的工作范围还有其他要求，也应对其要求列项。例如，设备的厂外运输，设备的接收、保管、检验，为业主代培技术工人等。总承包服务费包括配合协调招标人工程分包和材料采购所需的费用，此处提出的工程分包是指国家允许分包的工程。

投标人部分的清单内容设置，除总承包服务费仅需简单列项外，其余内容应该量化的必须量化描述。如设备厂外运输，需要标明设备的台数，每台的规格重量，运距等。

为了准确计价，零星工作项目表应详细列出人工、材料、机械名称和消耗量。人工应按工种列项，材料和机械应按规格、型号列项。零星工作项目中的工、料、机计量，要根据工程的复杂程度、工程设计质量的优劣，以及工程项目设计的成熟程度等因素来确定其数量。一般工程以人工计量为基础，按人工消耗总量的 1% 取值即可。材料消耗主要是辅助材料消耗，按不同专业工人消耗材料类别列项，按工人日消耗量计入。机械列项和计量，除了考虑人工因素外，还要参考各单位工程机械消耗的种类，可按机械消耗总量的

1%取值。

（三）其他项目费的计算

由于工程建设标准的高低、工程的复杂程度、工期的长短、工程的组成内容各不相同，且这些直接影响到其他项目清单中的具体内容，在施工之前很难预料在施工过程中会发生什么变更。所以招标人按估算的方式将这部分费用以其他项目费的形式列出，由投标人按规定组价，包括在总价内。前面分部分项工程综合单价、措施项目费都是投标人自由组价，可其他项目费不一定是投标人自由组价，原因是本规范提供了二部分四项作为其他项目费列项的参考。招标人部分是非竞争性项目，要求投标人按招标人提供的数量及金额列入报价，不允许投标人对价格进行调整。而投标人部分是竞争性费用，名称、数量由招标人提供，价格由投标人自由确定。规范中提到的四种其他项目费：预留金、材料购置费、总承包服务费和零星工作项目费。对于招标人来说只是参考，可以补充，但对于投标人是不能补充的，必须按招标人提供的工程量清单执行。但在执行过程中应注意以下几点：

（1）其他项目清单中的预留金、材料购置费和零星工作项目费，均为估算、预测数量，虽在投标时计入投标人的报价中，不应视为投标人所有。竣工结算时，应按投标人实际完成的工作内容结算，剩余部分仍归招标人所有。

（2）预留金是主要考虑可能发生的工程量变更而预留的金额，此处提出的工程量变更主要指工程量清单漏项、有误引起工程量的增加和施工中的设计变更引起标准提高而造成的工程量的增加等。

（3）为了准确计价，招标人用零星工作项目表的形式详细列出人工、材料、机械名称和相应数量。投标人在此表内组价，此表为零星工作项目费的附表，不是独立的项目费用表。

（4）总承包服务费包括配合协调招标人工程分包和材料采购所需的费用，此处提出的工程分包是指国家允许分包的工程。但不包括投标人自行分包的费用，投标人由于分包而发生的管理费，应包括在相应清单项目的报价内。

（5）其他项目费及零星工程项目费的报表格式必须按工程量清单及规格要求格式执行。预留金为投标人非竞争性费用，一般在工程量清单的总说明中有明确说明，按规定的费用计取。零星工作项目费按零星工作项目表的计算结果计取。

三、规费与税金的确定

（一）规费的计算

规费是指按照国家或省、自治区、直辖市人民政府规定，允许计入工程造价的各项税费之和。

规费计算按下列公式执行：

规费 = 计算基数 × 规费费率（%）

投标人在投标报价时，规费的计算，一般按国家及有关部门规定的计算公式及费率标准计算。例如某地区规定的规费取费标准按表6-33。

（二）税金的计算

建筑安装工程税金是指国家税法规定的

工程量清单计价模式下
规费取费系数表　　　表6-33

单位：%

	计算基础	清单计价合计	清单计价合计中的人工费
	综合费率	5.0	25.0
其中	养老保险统筹基金	2.91	15.0
	待业保险基金	0.42	2.0
	医疗保险费	1.50	7.0
	定额测定费	0.13	0.6
	工程排污费	0.04	0.4

注：清单计价合计包括分部分项工程量清单计价合计和措施项目清单合计。

应计入建筑安装工程造价内的营业税、城乡维护建设税及教育费附加。

税金的计算按下列公式执行：

税金=（分部分项工程量清单计价+措施项目清单计价+其他项目清单计价+规费）×综合税率（%）

投标人在投标报价时，税金的计算，一般按国家及有关地方部门规定的计算公式及税率标准计算。

第七节　工程量清单计价格式与计价实例

工程量清单报价表

投标总价：

建设单位：

工程名称：<u>某区小住宅楼工程</u>

投标总价(小写)　_____

　　　　（大写）　_____

投　标　人：_____（单位签字盖章）

法　人　代　表：_____（签字盖章）

造价工程师及证号：_____（签字盖执业专用章）

编　制　时　间：×年×月×日

投　标　人：_____（单位签字盖章）

法　定　代　表　人：_____（签字盖章）

编　制　时　间：×年×月×日

工程量清单计价编制总说明

工程名称：某区小住宅楼土建工程　　　　　　　　　　　　　　第　页　共　页

1. 工程概况：该工程建筑面积225.63m^2，其主要功能为商住楼，层数三层，混合结构，建筑高度10.3m，基础为砖条形基础，屋面为SBS卷材防水。普通照明灯具，镀锌钢管、铝塑复合管给水，PVC塑料管排水。
2. 招标范围：土建工程、给排水工程、电气安装工程。
3. 工程质量要求：优良工程。
4. 工程量清单计价编制依据：
4.1 由××市建筑工程设计事务所设计的施工图1套（见本教材附图）；
4.2 由××房地产开发公司编制的《某区小住宅楼土建工程施工招标书》、《某区小住宅楼土建工程招标答疑》；
4.3 工程量清单；
4.4 市场材料价格参照××市建设工程造价管理站×年×月发布的材料价格及市场调查后，综合取定。
5. 因工程质量要求优良，故所有材料必须持有市以上有关部门颁发的《产品合格证书》及价格在中档以上的建筑材料。

单项工程费汇总表

工程名称：某区小住宅楼工程　　　　　　　　　　　　　　　　第　页　共　页

序　号	单 位 工 程 名 称	金　额
1	土　建	略
2	给排水	略
3	电　气	略
4	通风空调	略
	合　计	略

单位工程费汇总表

工程名称：某区小住宅楼工程—土建　　　　　　　　　　　　　第　页　共　页

序　号	项 目 名 称	金额（元）
1	分部分项工程费合计	略
2	措施项目费	略
3	其他项目费合计	略
4	规　费	略
5	税　金	略
	合　计	略

分部分项工程量清单计价表

工程名称：土建工程　　　　　　　　　　　　　　　　　　　　第　页　共　页

序号	项目编码	项　目　名　称	计量单位	工程数量	金　额（元）	
					综合单价	合　价
	A.1　土（石）方工程					
1	010101001001	平整场地，坚土	m^2	93.69	1.07	99.78
2	010101003001	挖基础土方，坚土，垫层宽度600mm，挖土深度1.5m，1-1截面	m^3	41.54	37.06	1539.35
3	010101003002	挖基础土方，坚土，垫层宽度700mm，挖土深度1.5m，2-2截面	m^3	15.65	35.06	548.75
4	010101003003	余土外运，运距50m	m^3	20.24	113.06	2288.29
5	010103001001	土（石）方回填，基础回填，人工夯实，原土	m^3	20.45	37.56	768.17
6	010103001002	土（石）方回填，室内回填，机械夯实，原土	m^3	16.50	13.92	229.62
	A.3　砌筑工程					
7	010301001001	砖基础，中粗砂垫层，C10素混凝土浆垫层，MU7.5黏土砖，M5水泥砂浆	m^3	14.77	540.63	7985.08
8	010302001001	实心砖墙，一层一砖墙，MU7.5黏土砖，M5.0混合砂浆，$H=3.5m$，外墙	m^3	26.36	253.41	6679.98
9	010302001002	实心砖墙，二层一砖墙，MU7.5黏土砖，M5.0混合砂浆，$H=3.3m$，外墙	m^3	25.22	253.41	6391.08
10	010302001003	实心砖墙，三层一砖墙，MU7.5黏土砖，M5.0混合砂浆，$H=2.7m$，外墙	m^3	13.65	253.41	3459.11
11	010302001004	实心砖墙，一层一砖墙，MU7.5黏土砖，M5.0混合砂浆，$H=3.5m$，内墙	m^3	14.87	247.92	3686.53
12	010302001005	实心砖墙，二层一砖墙，MU7.5黏土砖，M5.0混合砂浆，$H=3.3m$，内墙	m^3	14.41	247.92	3572.50
13	010302001006	实心砖墙，三层一砖墙，MU7.5黏土砖，H5.0混合砂浆，$H=2.7m$，内墙	m^3	3.49	247.92	865.25
	A.4　混凝土及钢筋混凝土工程					
14	010403004001	圈梁地圈梁，截面尺寸0.24mm×0.24mm，梁底标高-0.300m，C20砾40	m^3	0.93	377.68	351.24
15	010403004002	圈梁、地圈梁，截面尺寸0.24mm×0.24mm，梁底标高-0.240m，C20砾40	m^3	2.70	377.68	1019.69
16	010403002001	矩形梁，一层单梁L-1，截面尺寸0.24mm×0.4mm，梁底标高3.07m，C30砾40	m^3	0.37	389.54	144.13
17	010403002002	矩形梁，二层单梁L-1，截面尺寸0.24mm×0.4mm，梁底标高6.37m，C30砾40	m^3	0.37	389.54	144.13
18	010403002003	矩形梁，一层单梁L-2，截面尺寸0.2mm×0.35mm，梁底标高3.12m，C30砾40	m^3	0.33	389.54	128.55
19	010405003001	平板，二层，板厚80mm，板底标高3.36m，C30砾20	m^3	1.64	385.62	632.41

续表

序号	项目编码	项目名称	计量单位	工程数量	金额（元）	
					综合单价	合价
20	010405003002	平板，三层，板厚80mm，板底标高6.66m，C30砾20	m³	1.64	385.62	632.41
21	010405003003	平板，屋面，板厚80mm，板底标高9.4m，C30砾20	m³	1.18	385.62	455.04
22	010405003004	平板，二层，板厚100mm，板底标高3.36m，C30砾20	m³	1.86	385.62	717.26
23	010405003005	平板，三层，板厚100mm，板底标高6.66m，C30砾20	m³	1.94	385.62	748.10
24	010405003006	平板，屋面，板厚100mm，板底标高9.4m，C30砾20	m³	1.56	385.62	601.57
25	010405003007	平板，二层，板厚140mm，板底标高3.36m，C20砾20	m³	4.16	385.62	1604.14
26	010405003008	平板，三层，板厚140mm，板底标高6.66m，C20砾20	m³	4.16	385.62	1604.14
27	010403005001	过梁，一、二、三层，截面尺寸0.24mm×0.24mm，C20砾40	m³	1.05	377.66	396.56
28	010403004003	圈梁，一、二、三层，截面尺寸0.24mm×0.24mm，C20砾40	m³	7.77	377.66	2934.44
29	010410003001	过梁，单件体积0.112m³，C20砾40，运距14km	m³	0.112	1358.75	152.18
30	010410003002	过梁，单件体积0.058m³，C20砾40，运距14km	m³	0.29	1854.21	537.72
31	010410003003	过梁，单件体积0.04m³，C20砾40，运距14km	m³	0.24	1854.04	444.97
32	010410003004	过梁，单件体积0.037m³，C20砾40，运距14km	m³	0.148	1854.32	274.44
33	010413001001	楼梯，每踏步板体积0.0186m³，C20砾15，运距14km	m³	0.61	1854.20	1131.06
34	010405007001	现浇混凝土挑檐天沟，C20砾20	m³	3.46	373.05	1290.75
35	010407001001	现浇混凝土其他构件，台阶，C15砾40，3:7灰土垫层，80mm厚	m²	3.48	351.33	1222.64
36	010405008001	现浇混凝土雨篷，C30砾20	m³	0.315	430.19	135.51
37	010407002001	散水粗砂垫层，50mm厚，面层80mm厚，C20砾20，沥青砂浆伸缩缝	m²	39.86	43.62	1738.84
38	010416001001	现浇混凝土钢筋，Ⅰ级钢、Ⅱ级钢、Ⅲ级钢	t	1.891	4045.94	7650.88
39	010416032001	预制构件钢筋，Ⅰ级钢、Ⅱ级钢	t	0.743	4041.16	3002.58
40	010416007001	预应力钢丝，综合	t	0.047	6650.43	312.57
41	010417002001	预埋铁件	t	0.017	5183.53	88.12
	A.7 屋面及防水工程					
42	010702004001	屋面排水管，PVC落水管DN100，PVC雨水斗，雨水口各4个	m	33.8	1407.84	47584.82
43	010702001001	屋面卷材防水，SBS改性沥青防水卷材，4mm厚，1:3水泥砂浆找平层	m²	95.97	7805.47	749090.53
	A.8 防腐、隔热、保温工程					
44	010803001001	保温隔热屋面，现浇水泥珍珠岩1:8	m²	82.52	139.88	11542.98

措施项目清单计价表

工程名称：土建工程　　　　　　　　　　　　　　　　第　页　共　页

序号	项目名称	金额（元）
1	建筑工程	
1.1	脚手架费	5046.22
1.2	混凝土模板及支架	15219.91
1.3	垂直运输	5462.73
1.4	环境保护费	略
1.5	临时设施费	略
1.6	文明、安全施工费	略
		略
	合　计	略

其他项目清单计价表

工程名称：土建工程　　　　　　　　　　　　　　　　第　页　共　页

序号	项目名称	金额（元）
1	招标人部分	
	预留金	略
	材料购置费	略
	其他	略
	小计	略
2	投标人部分	
	总承包服务费	略
	零星工作项目费	略
	其他	略
	小计	略
	合　计	略

零星工作项目表

工程名称：土建工程　　　　　　　　　　　　　　　　第　页　共　页

序号	名称	计量单位	数量	金额（元）	
				综合单价	合价
	土建				
1	人工				
1.1	高级技术工人	工日	略		
1.2	技术工人	工日	略		
1.3	壮工	工日	略		
	小计				
2	材料		略		
2.1					
2.2					
	小计				
3	机械		略		
3.1					
3.2					
	小计		略		

187

分部分项工程量清单综合单价分析表

工程名称：土建工程　　　　　　　　　　　　　　　　　　　　　　　　　　　　　　　第　页　共　页

项目编码	项目名称	工程内容	定额编号	单位	数量	人工费	材料费	机械费	管理费	利润	综合单价（元）	合价（元）
010101001001	平整场地			m²	93.69							99.78
		场地平整	1-1	m²	93.69	70.27			23.89	5.62	1.07	99.78
010101003001	挖基础土方1-1			m³	41.54							1539.35
		人工挖沟槽	1-4	m³	85.56	1084.5			368.58	86.72	37.06	1539.35
010101003002	挖基础土方2-2			m³	15.65							548.75
		人工挖沟槽	1-4	m³	30.5	386.44			131.39	30.92	35.06	548.75
010101003003	余土外运			m³	20.24							2288.29
		余土运输，50m	1-15	m³	79.11	237.33		1374.14	547.9	128.92	113.06	2288.29
010103001001	土（石）方回填			m³	20.45							768.17
		人工夯填（夯填）	1-7	m³	79.32	483.85		57.11	183.93	43.28	37.56	768.17
010103001002	土（石）方回填			m³	16.5							229.62
		房心回填	1-14	m³	16.5	149.82		11.88	54.98	12.94	13.92	229.62
010301001001	砖基础			m³	14.77							7985.08
		基础砌砖	4-1	m³	14.77	509.71	1.44	59.82	829.25	195.12	540.63	3463.34
		C10混凝土基础垫层	5-1	m³	11.44	274.79	1807.06	154.10	760.22	178.88		3175.05
		中粗砂垫层	装饰1-6	m³	11.44	155.81	764.42	28.14	322.45	75.87		1346.69
010302001001	实心砖墙，高3.5m			m³	26.36							6679.98
		砌一砖外墙	4-2	m³	26.36	13116	3380.40	117.83	1599.48	376.34	253.41	6679.98
010302001002	实砖墙3.3m			m³	25.22							6391.08
		砌一砖外墙	4-2	m³	25.22	1153.8	3234.21	112.73	1530.26	360.06	253.41	6391.08
010302001003	实砖墙2.7m			m³	13.65							3459.11
		砌一砖外墙	4-2	m³	13.65	624.49	1750.48	61.02	828.24	194.88	253.41	3459.11

续表

项目编码	项目名称	定额编号	工程内容	单位	数量	人工费	材料费	机械费	管理费	利润	综合单价(元)	合价(元)
010302001004	实砖墙3.5m				14.87						247.92	3686.53
		4-3	砌一砖内墙	m³	14.87	624.09	1906.33	65.73	882.69	207.69		3686.53
010302001005	实砖墙3.3m				14.41						247.92	3572.5
		4-3	砌一砖内墙	m³	14.41	504.79	1847.36	63.69	855.39	201.27		3572.5
010302001006	实砖墙高2.7m				3.49						247.92	865.25
		4-3	砌一砖内墙	m³	3.49	146.48	447.42	15.43	207.17	48.75		865.25
010403004001	地圈梁,标高-0.300m				0.93						377.68	351.24
		5-26	地圈梁,C20混凝土	m³	0.93	49.05	177.93	20.37	84.10	19.79		351.24
010403004002	地圈梁,标高-0.24m				2.7						377.68	1019.69
		5-26	地圈梁,C20混凝土	m³	2.7	142.40	516.56	59.13	244.15	57.45		1019.69
010403002001	一层单梁L-1,底标高3.07m				0.37						389.54	144.13
		5-24	单梁(00)	m³	0.37	11.46	81.94	8.1	34.51	8.12		144.13
010403002002	二层单梁1-1,底标高6.37m				0.37						389.54	144.13
		5-24	单梁(C30)	m³	0.37	11.46	81.94	8.1	34.51	8.12		144.13
010403002003	一层单梁L-2,底标高3.12m				0.33						389.54	128.55
		5-24	单梁C30	m³	0.33	10.22	73.09	7.23	30.78	7.24		128.55
010405003001	二层平板,厚80mm				1.64						385.62	632.41
		5-29	现浇板C30	m³	1.64	43.69	365.77	35.90	151.42	35.63		632.41
010405003002	三层平板厚80mm				1.64						385.62	632.41
		5-29	现浇板C30	m³	1.64	43.69	365.77	35.90	151.42	35.63		632.41
010405003003	屋面板,厚80mm				1.18						385.62	455.04
		5-29	现浇板C30	m³	118	31.44	263.18	25.83	108.95	25.64		455.04

续表

项目编码	项目名称	定额编号	工程内容	单位	数量	其 中：(元)				综合单价(元)	合价(元)
						人工费	材料费	机械费	管理费	利润		

项目编码	项目名称	定额编号	工程内容	单位	数量	人工费	材料费	机械费	管理费	利润	综合单价(元)	合价(元)
010405003004	二层平板，厚100mm				1.86						385.62	717.26
		5-29	现浇板 C30	m³	1.86	49.55	414.84	40.72	171.74	40.41		717.26
010405003005	三层平板，厚100mm				1.94						385.62	748.10
		5-29	现浇板 C30	m³	1.94	51.68	432.68	42.47	179.12	42.15		748.10
010405003006	屋面平板，厚100mm				1.56						385.62	601.57
		5-29	现浇板 C30	m³	1.56	41.56	347.93	34.15	144.04	33.89		601.57
010405003007	二层平板，厚140mm				4.16						385.62	1604.14
		5-29	现浇板 C30	m³	4.16	110.82	927.80	91.06	384.09	90.37		1604.14
010405003008	三层平板，厚140mm				4.16						385.62	1604.14
		5-29	现浇板 C30	m³	4.16	110.82	927.80	91.06	384.09	90.37		1604.14
010403005001	过梁一、二、三层				1.05						377.66	396.54
		5-26	现浇过梁 C20	m³	1.05	55.38	200.87	23.00	94.95	22.34		396.54
010403004003	圈梁一、二、三层				7.77							2934.44
		5-26	现浇圈梁 C20	m³	7.77	409.79	1486.56	170.16	702.61	377.66		2934.44
010401003001	过梁单体体积 0.112m³				0.112						1358.75	152.18
		11-34	预制过梁制作安装	m³	0.112	5.88	86.81	4.34	31.51	7.42		131.62
		9-1	预制过梁运输，5km以内	m³	0.112	0.32	0.13	1.81	1.63	0.38		6.8
		9-2	预制过梁运输，增9km	m³	0.112	0.17	0.02	0.44	0.68	0.16		2.84
		5-97	预制过梁接头灌缝	m³	0.112	1.21	6.04		2.61	0.62		10.92
010410003002	过梁单件体积 0.058m³				0.29						1854.21	537.72
		11-53	预制小型构件制作安装	m³	0.29	17.32	322.77	6.44	117.82	27.72		492.07
		9-1	预制小型构件运输，5km以内	m³	0.29	0.84	0.33	11.24	4.22	0.99		17.62
		9-2	预制小型构件运输，增9km	m²	0.29	0.43	0.06	4.68	1.76	0.41		7.34

续表

项目编码	项目名称	定额编号	工程内容	单位	数量	人工费	材料费	机械费	管理费	利润	综合单价(元)	合价(元)
010410003002	过梁，单件体积0.058m³	5-99	预制小型构件接头灌缝	m²	0.29	5.24	8.72	0.61	4.95	1.17		20.69
010401003003	过梁，单件体积0.04m³			m³	0.24						1854.04	444.97
		11-53	预制小型构件制作安装	m²	0.24	14.34	267.12	5.33	97.51	22.94		407.24
		9-1	预制小型构件运输，5km以内	m²	0.24	0.69	0.28	9.3	3.49	0.82		14.58
		9-2	预制小型构件运输，增9km	m²	0.24	0.36	0.05	3.87	1.46	0.34		6.04
		5-99	预制小型构件接头灌缝	m²	0.24	4.34	7.21	0.50	4.10	0.96		17.11
010410003004	过梁，单件体积0.037m³			m³	0.148						1854.32	274.44
		11-53	预制小型构件制作安装	m²	0.148	8.84	164.72	3.29	60.13	14.15		251.13
		9-1	预制小型构件运输，5km以内	m²	0.148	0.43	0.17	5.74	2.16	0.51		9.01
		9-2	预制小型构件运输，增9km	m²	0.148	0.22	0.03	2.39	0.90	0.21		3.75
		5-99	预制小型构件接头灌缝	m²	0.148	2.67	4.45	0.31	2.53	0.59		10.55
010013001001	楼梯踏步板			m³	0.61						1854.2	1131.06
		11-53	预制小型构件制作安装	m²	10.61	36.44	678.92	13.54	247.83	58.31		1035.04
		9-1	预制小型构件运输，5km以内	m²	0.61	1.76	0.70	3.64	8.87	2.09		37.06
		9-2	预制小型构件运输，增9km	m²	0.61	0.9	0.13	9.85	3.70	0.87		15.45
		5-99	预制小型构件接头灌缝	m²	0.61	11.02	18.34	1.28	10.42	2.45		43.51
010405007001	挑檐天沟			m³	3.46						373.05	1290.75
		5-54	其他构件	m³	3.46	174.70	654.91	79.37	309.05	72.72		1290.75
010407001001	其他构件			m²	3.48						351.33	1222.64
		5-52	台阶(C15)	m²	3.48	157.64	610.36	81.43	288.81	67.95		1206.19
		1-13	台阶 3:7灰土垫层	m³	0.278	5.29	6.15	0.14	3.94	0.93		16.45
010405008001	雨篷			m³	0.315						430.19	135.51
		5-47	雨罩(C30)	m³	0.315	15.14	70.15	10.14	32.45	7.63		135.51

续表

项目编码	项目名称	定额编号	工程内容	单位	数量	人工费	材料费	机械费	管理费	利润	综合单价(元)	合价(元)
010407002001	散水			m²	39.86						43.62	1738.84
		装饰1-212	混凝土散水	m²	39.86	210.86	571.99	49.83	283.11	66.61		1182.4
		装饰145	粗砂、垫层	m³	1.99	27.10	132.97	4.90	56.09	13.20		234.26
		装饰9-11	沥青砂浆伸缩缝	m	44.84	113.89	106.27	6.73	77.14	18.15		322.18
010016001001	现浇混凝土钢筋			t	1.891						4045.94	7650.88
		8-1	钢筋 φ10 以内	t	0.521	95.85	1377.83	1.94	501.71	118.05		2095.38
		8-2	钢筋 φ10 以外	t	1.370	234.98	3672.19	5.15	1330.19	312.99		5555.5
010016002001	预制构件钢筋			t	0.743						4041.16	3002.58
		8-1	钢筋 φ10 以内	t	0.312	57.40	825.11	1.16	300.45	70.69		1254.81
		8-2	钢筋 φ10 以外	t	0.431	73.93	1155.27	1.62	418.48	98.47		1747.77
010416007001	预应力钢丝束			t	0.047						6650.43	312.57
		8-11	预应力钢丝束	t	0.047	8.91	210.92	0.29	74.84	17.61		312.57
010417002001	预埋铁件			t	0.017						5183.53	88.12
		8-5	预埋铁件制作安装	t	0.017	9.03	52.55	0.48	21.10	4.96		88.12
010702004001	屋面排水管			m	33.8						1407.84	47584.82
		12-55	DN100 塑料水落管	m	33.8	198.74	752.05	12.51	327.52	77.06		1367.88
		12-64	雨水斗	个	4	38.44	102.36	1.84	48.50	11.41		202.55
		12-61	DN100 铸铁下水口	个	4	29.64	64.24	1.24	32.34	7.61		135.07
010702001001	屋面卷材防水			m²	95.97						7805.47	749090.5
		13-99	SBS 改性沥青防水卷材	m²	95.97	226.49	4526.90	62.38	1637.36	385.26		6838.39
		13-1	20厚 1:3 水泥砂浆找平层	m²	82.52	163.39	357.31	20.63	82.05	19.31		642.69
		13-1	15厚 1:3 水泥砂浆找平层	m²	82.52	122.54	267.98	15.47	61.54	14.48		482.01
010803001001	保温隔热屋面			m²	82.52						139.88	11542.98
		12-10	1:8 现浇水泥珍珠岩	m³	7.38	157.12	930.18	14.17	374.50	88.12		1564.09

措施项目费分析表

工程名称：土建工程

序号	措施项目名称	单位	数量	人工费	材料费	机械费	管理费	利润	小计
				\multicolumn{6}{c	}{金 额（元）}
	建筑工程								
1.1	脚手架费								
1.1.1	混合结构脚手架	100m²	3.60	624.04	2843.89	85.75	1208.25	284.29	5046.22
1.2	混凝土模板及支架								
1.2.1	基础垫层模板	m²	34.63	149.00	256.76	24.60	103.29	34.43	568.08
1.2.2	地圈梁模板	m²	44.73	530.50	383.78	43.84	325.76	76.65	1360.53
1.2.3	单梁模板	m²	9.59	156.70	81.71	19.95	87.84	20.67	366.87
1.2.4	单梁支撑高度超1m	m²	6.7	30.08	4.96	7.04	14.31	3.37	59.76
1.2.5	平板模板	m²	169.33	2031.96	2456.98	186.26	1589.57	374.02	6638.79
1.2.6	板支撑高度超1m	m²	69.58	150.29	16.00	20.87	63.63	14.97	265.76
1.2.7	现浇圈梁模板	m²	108.84	1290.84	933.85	106.66	792.66	186.51	3310.52
1.2.8	圈梁支撑高度超1m	m²	42.99	193.06	31.81	45.14	91.79	21.60	383.37
1.2.9	挑檐模板	m²	18.49	209.75	447.03	16.45	228.90	53.86	955.99
1.2.10	挑檐侧模	m²	50.44	500.87	198.23	48.93	254.33	59.84	1062.2
1.2.11	现浇雨篷模板	m²	3.15	39.09	52.57	7.28	33.64	7.92	140.5
1.2.12	现浇混凝土台阶模板	m²	3.48	29.65	44.44	1.64	25.75	6.06	107.54
1.3	垂直运输								
1.3.1	垂直运输	m²	225.63			3846.99	1307.98	307.76	5462.73
1.4	环境保护费	综合	1						略
1.5	临设设施费	综合	1						略
1.6	文明、安全施工费	综合	1						略
	合计								略

主要材料价表（略）

工程名称：土建工程

序号	材料编码	名称规格	单位	数量	单价（元）	合价（元）

思 考 题

1. 为什么说工程量清单计价是一种综合单价法？
2. 简述工程量清单计价模式下的费用组成？
3. 简述工程量清单计价的基本程序？

4. 如何进行分部分项工程量清单计价？
5. 措施项目清单如何计价？
6. 规费与税金如何计价？
7. 计算题

某工程基础土方为三类土，基础为红砖大放脚带形基础，C10 混凝土垫层，厚度 300mm，宽度为 1000mm，红砖基础室外地坪以下体积为 200m³，基础总长 210m，挖土深度为 1.8m，施工方案为：

(1) 每边留工作面 300mm，放坡系数为 0.33；
(2) 采用人工挖土，双轮车运土，运距为 60m；
(3) 余土外运，采用装载机装，自卸汽车运土，运距 3km。

试列出挖基础土方、基础土方回填及砖基础的工程量清单，然后根据当地的消耗量定额与基价表进行工程量清单计价。

第七章 建筑工程前期阶段的投资控制

【本章学习提要】 工程项目建设投资控制贯穿于从投资决策到竣工验收的全过程，建设工程前期的投资控制是重要和关键环节，各阶段的投资控制相互衔接，前者制约后者，后者补充前者。一个建设项目的建设程序是指从策划、比选、评估、决策、设计、施工到竣工验收、投入生产或使用的整个建设过程，在过程中各项工作必须遵循一定的先后工作次序。本章主要学习设计阶段与工程招投标阶段投资控制要点。

设计阶段是整个建设过程工程投资控制的关键环节。提高设计经济合理的途径有执行设计标准、推行标准设计、推行限额设计、设计方案优选等方法。初步设计阶段需编制设计概算（有技术修正设计阶段还要编制修正概算）；施工图设计阶段编制施工图预算。设计阶段的计价是经济技术评价的基础；是实现限额设计的基础；也是施工阶段投资控制的重要依据。

招投标是业主通过市场竞争择优选择承包商。招投标阶段是控制投资的重要环节。建设工程项目投标报价方式有施工图预算报价方式和工程量清单报价方式；建设工程施工合同的类型有固定合同价、可调合同价、成本加酬金合同价，采用不同合同形式对投资控制有重要影响。

招投标法规定，重要材料设备采购必须进行招投标。招投标方式有公开招标和邀请招标。材料设备采购因其重要性和批量大小可采用不同的采购方式，合同内容细致全面是材料设备采购合同价控制和采购成功的关键。

第一节 项目设计阶段的投资控制

一、工程设计与工程投资费用的关系

工程项目投资控制贯穿于项目建设的全过程。在全过程的投资控制过程中，要以设计阶段为控制重点。工程设计是工程建设的重要环节，它决定整个工程建设项目的规模、建筑方案、结构方案。设计方案的优化工作是整个建设过程工程投资控制的关键环节。设计方案的优劣，直接影响着工程建设的综合效益。我们可以通过图 7-1 建设过程各阶段对投资的影响关系，看到工程设计阶段对投资控制的重要性。

从图可以看出，项目决策阶段对工程建设投资的影响程度最大；其次是初

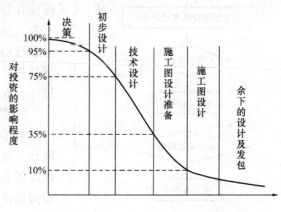

图 7-1 建设过程各阶段对投资的影响

步设计阶段,对投资的影响程度约为75%~95%;技术设计阶段对投资的影响程度约为35%~75%;施工图设计阶段对投资的影响程度约为5%~35%;施工阶段通过设计措施节约投资的可能性只有5%~10%。

提高设计经济合理的途径有:执行设计标准、推行标准设计、推行限额设计、设计方案优选,另外,采用设计监理提高设计阶段投资控制,越来越受到人们的重视。

二、限额设计

限额设计就是按照设计任务书批准的投资估算额进行初步设计,按照初步设计概算造价限额进行施工图设计,按施工图预算造价对施工图设计的各个专业设计文件做出决策。即将审定的投资额和工程量先行分解到各专业,然后再分解到各单位工程。各专业在保证使用功能的前提下,按分配的投资限额控制设计,并严格控制技术设计和施工图设计中的不合理设计变更,以确保总投资限额不被突破。

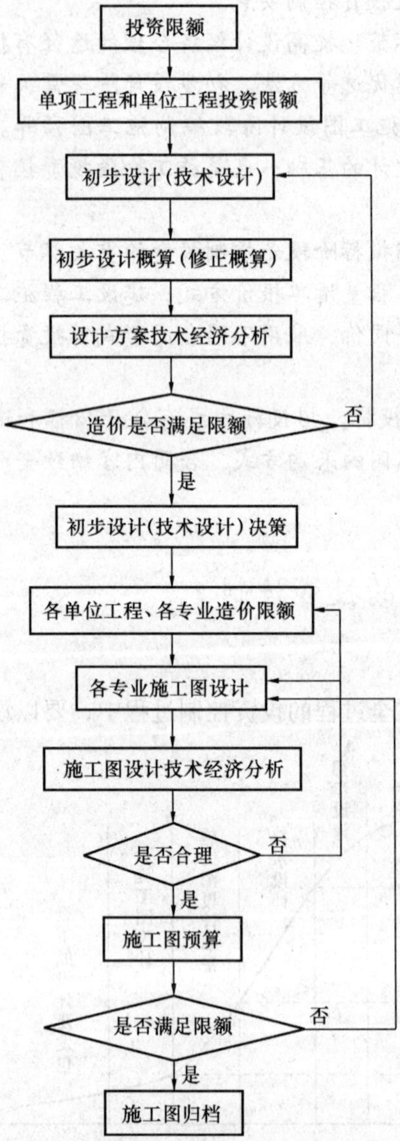

(一)限额设计的目标

限额设计目标是在初步设计开始前,根据批准的可行性研究报告及其投资估算确定的。限额设计指标经项目经理或总设计师提出,经主管院长审批下达。总额度一般控制在工程费用的90%,以便项目经理或总设计师和室主任留有一定的调节指标,限额指标用完后,必须经批准才能调整。专业之间或专业内部节约下来的单项费用,未经批准,不能相互调用。

(二)限额设计的全过程

限额设计的全过程实际上就是建设项目投资目标管理的过程,即目标分解与计划、目标实施、目标实施检查、信息反馈的控制循环过程。这个过程可用图7-2表示。

1. 投资分配

投资分解是实行限额设计的有效途径和主要方法。设计任务书获批准后,设计单位在设计之前应在设计任务书的总框架内将投资先分解到各专业,然后再分配到各单项工程和单位工程,作为进行初步设计的造价控制目标。这种分配往往不是只凭设计任务书就能办到,而是要进行方案设计,在此基础上做出决策。

2. 限额进行初步设计

初步设计应严格按分配的造价控制目标进行设计。在初步设计开始之前,项目总设计师应将设计任务书规定的设计原则、建设方针和投资限额向设计人员交底,将投资限额分专业下达到设计人员,发动设计人员认真研究实现投资限额的

图7-2 限额设计框图

可能性，切实进行多方案比选，对各个技术经济方案的关键设备、工艺流程、总图方案、总图建筑和各项费用指标进行比较和分析，从中选出既能达到工程要求，又不超过投资限额的方案，作为初步设计方案。

3. 施工图设计的造价控制

已批准的初步设计及初步设计概算是施工图设计的依据，在施工图设计中，无论是建设项目总造价，还是单项工程造价，均不应该超过初步设计概算造价。

进行施工图设计应把握两个标准，一个是质量标准，一个是造价标准，并应做到两者协调一致，相互制约。在设计过程中，要对设计结果进行技术经济分析，看是否有利于造价目标的实现。每个单位工程施工图设计完成后，要做出施工图预算，判断是否满足单位工程造价限额要求，如果不满足，应修改施工图设计，直到满足限额要求。只有施工图预算造价满足施工图设计造价限额时，施工图才能归档。

4. 设计变更

施工图设计阶段，甚至施工过程中的局部修改和变更在一定范围内是允许的，但必须经过核算和调整。

限额设计控制工程造价可以从两个角度入手，一种是按照限额设计过程从前往后依次进行控制，称为纵向控制；另外一种途径是对设计单位及其内部各专业、部门及设计人员进行考核，实施奖惩，进而保证设计质量的一种控制方法，称为横向控制。

（三）限额设计的要点

（1）严格按建设程序办事。限额设计的前提是严格按建设程序办事，将设计任务书的投资额作为初步设计造价的控制限额，将初步设计概算造价作为施工图设计的造价控制限额，以施工图预算造价作为施工图决策的依据。

（2）在投资决策阶段，要提高投资估算的准确性，据以确定限额设计。

（3）充分重视、认真对待每个设计环节及每项专业设计。

（4）加强设计审核。要把审核设计作为造价动态控制的一项重要措施。

（5）建立设计单位经济责任制。

（6）施工图设计应尽量吸收施工单位人员意见，使之符合施工要求，以尽量减少施工过程中的设计变更，避免造成造价失控。

（四）限额设计的完善

1. 限额设计的不足

在积极推行限额设计的同时，应清醒认识到它的不足，从而在实践过程中不断加以改进和完善。限额设计的不足主要有：

（1）限额设计的理论及其操作技术有待于进一步发展；

（2）限制了设计人员在这两方面的创造性，有一些新颖别致的设计往往受设计限额的限制不能得以实现；

（3）限额设计对项目建成后的维护使用费、项目使用期满后的报废拆除费用则考虑较少，这样就可能出现限额设计效果较好，但项目的全寿命费用不一定很经济的现象。

2. 限额设计的完善

（1）合理确定和正确理解设计限额

为合理确定设计限额，要在各设计阶段运用价值工程原理进行设计，尤其在限额设计目标值确定之前的可行性研究、方案设计时,加强价值工程活动分析,认真选择出工程造价与功能合理匹配的设计方案。

(2) 合理分解和使用投资限额

现行限额设计一般按工程费的 90% 下达限额设计任务,留下 10% 是为调节使用。也可以根据项目的具体情况适当调节使用比例。如留 15%~20% 作调节使用,按 80%~85% 下达分解限额。这样为设计过程中出现的具有创造性、确有成效的设计方案脱颖而出创造了有利条件,也为好的设计变更提供了方便。

三、设计方案的优选

设计方案选择就是通过对工程设计方案的经济分析,从若干设计方案中选出最佳方案的过程。由于设计方案的经济效果不仅取决于技术条件,而且还受到不同地区的自然条件和社会条件的影响,设计方案选择时,须综合考各方面因素,对方案进行全方位技术经济分析与比较,须结合当时当地的实际条件,选择功能完善、技术先进、经济合理的设计方案。

设计方案优选的方法是比较分析方法。常用的方法有多指标评价法(包括多指标对比法、多指标综合评分法),着重于项目差异不太大的结构部件等方案的比选;经济评价指标评价法(包括静态经济指标评价法和动态经济评价指标评价法)着重于差异较大的项目设计方案的优选。

下面是一个多指标评价法的方案优选实例。

某建筑工程有四个设计方案,选定评价指标为:实用性、平面布置、经济性、美观性四项,各指标的权重及各方案的得分(100 分制)见表 7-1,选择最优设计方案的计算结果见表 7-1。

多指标综合评分法计算表　　表 7-1

评价指标	权重	方案 A		方案 B		方案 C		方案 D	
		得分	加权得分	得分	加权得分	得分	加权得分	得分	加权得分
实用性	0.4	90	36	70	28	80	32	75	30
平面布置	0.2	70	14	80	16	80	16	90	18
经济性	0.3	90	27	70	21	70	21	65	19.5
美观性	0.1	80	8	90	09	90	9	80	8
合　计		—	85	—	74	—	78	—	75.5

由上表可知:方案 A 的加权得分最高,因此方案 A 最优。

为了提高工程建设投资效果,从选择建设场地和工程总平面布置开始,直到最后结构零件的设计,都应进行多方案比选,从中选取技术先进、经济合理的最佳设计方案。设计方案优选应遵循以下原则:

(1) 设计方案必须要处理好经济合理性与技术先进性之间的关系。一般情况下,要在满足使用者要求的前提下,尽可能降低工程造价。但是,如果资金有限制,也可以在资金限制范围内,尽可能提高项目功能水平。

(2) 设计方案必须兼顾建设与使用,考虑项目全寿命费用。工程在建设过程中,控制造价是一个非常重要的目标。但是造价水平的变化,又会影响到项目将来的使用成本。如果单纯降低造价，建造质量得不到保障，就会导致使用过程中的维修费用很高，甚至有可能发生重大事故，给社会财产和人民安全带来严重损害。一般情况下，项目技术水平与工程造价及使用成本之间的关系见图 7-3。在设计过程中应兼顾建设过程和使用过程，力求项目全寿命费用最低。

(3) 设计必须兼顾近期与远期的要求。设计者要兼顾近期和远期的要求，选择项目合理的功能水平。同时也要根据远景发展需要，适当留有发展余地。

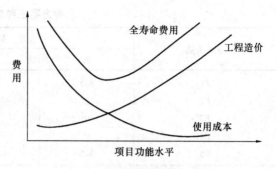

图 7-3 工程造价、使用成本与项目功能水平之间的关系

四、运用价值工程进行设计方案优选

（一）价值工程原理

价值工程其目的是以研究对象的最低寿命周期成本可靠地实现使用者所需的功能，以获取最佳的综合效益。价值工程的目标是提高研究对象的价值，这里的"价值"定义可用下列公式表示：

$$V = \frac{F}{C} \tag{7-1}$$

式中，V 为价值（value）、F 为功能（function）、C 为成本或费用（cost）。这里的功能和成本都不是绝对量，而是相对量，是抽象了的功能和成本。在产品功能价值工程分析中，评价对象的价值为功能权重与成本权重的比值。在运用价值工程方案比选中，各评价对象的价值是一种性价比的相对值。

根据公式，可得五种提高价值的途径：

(1) 在提高功能水平的同时，降低成本；
(2) 在保持成本不变的情况下，提高功能水平；
(3) 在保持功能水平不变的情况下，降低成本；
(4) 成本稍有增加，但功能水平大幅度提高；
(5) 功能水平稍有下降，但成本大幅度下降。

（二）在设计阶段实施价值工程的意义

在研究对象寿命周期的各个阶段都可以实施价值工程，但是在设计阶段实施价值工程意义重大。具体表现在如下几个方面：

(1) 可以使建筑产品的功能更合理；
(2) 可以有效地控制工程造价；
(3) 可以节约社会资源。

【例 7-1】 某监理公司设计监理对设计院提出的某写字楼的 A、B、C，三个设计方案，进行了技术经济分析和专家调查，得到如表 7-2 所示数据。

问题：在表 7-3 中计算各方案成本系数、功能系数和价值系数，计算结果保留小数点后 4 位（其中功能系数要求列出计算式），并确定最优方案。

三种方案五种功能评分表　　　　　　　　　　　　　　　　　表 7-2

方案功能	方 案 功 能			方案功能重要系数
	A	B	C	
$F1$	8.5	9	8	0.15
$F2$	8	10	10	0.20
$F3$	10	7	9	0.25
$F4$	9	8	9	0.30
$F5$	8.5	8	7	0.10
单方造价（元/m²）	1825.00	1518.00	1626.00	1.0

价值系数计算表　　　　　　　　　　　　　　　　　表 7-3

方案名称	单方造价（元/m²）	成本系数	功能系数	价值系数	最优方案
A					
B					
C					
合 计					

【解】　（1）功能得分计算

$$F_A = 8.5 \times 0.15 + 8 \times 0.20 + 10 \times 0.25 + 9 \times 0.30 + 8.5 \times 0.10 = 8.93$$

$$F_B = 9 \times 0.15 + 10 \times 0.20 + 7 \times 0.25 + 9 \times 0.30 + 8 \times 0.10 = 8.60$$

$$F_C = 8 \times 0.15 + 10 \times 0.20 + 9 \times 0.25 + 9 \times 0.30 + 7 \times 0.10 = 8.85$$

总得分：$\Sigma F_i = F_A + F_B + F_C = 26.38$

（2）功能系数

$$\phi_A = 8.93/26.38 = 0.3385 \quad \phi_B = 8.60/26.38 = 0.3260 \quad \phi_C = 8.85/26.38 = 0.3355$$

成本系数和价值系数的计算见表 7-4。

价值系数计算表　　　　　　　　　　　　　　　　　表 7-4

方案名称	单方造价（元/m²）	成本系数	功能系数	价值系数	最优方案
A	1825.00	0.3673	0.3385	0.9216	
B	1518.00	0.3055	0.3260	1.0671	最 优
C	1626.00	0.3272	0.3355	1.0254	
合 计	4969.00	1.0000	1.0000		

第二节　项目招投标阶段的投资控制

建设工程招标是指招标人在发包建设项目之前，公开招标或邀请投标人，根据招标人的意图和要求提出报价，于招标文件规定的投标截止日当场开标，从中择优选定中标人的一种经济活动。

建设工程招标按其招标的内容可分为建设项目总承包招标、建设工程勘察招标、建设工程设计招标、建设工程施工招标、建设工程监理招标、建设工程材料设备采购招标等。本节以建设工程施工招标阶段的投资控制为主要内容。有关招投标的一般知识在专门的课程中介绍，这里就一些与投资控制有关的重要环节做一阐述。

一、建设工程项目投标报价方式

投标人为了得到工程施工承包任务，按照招标人文件中的要求进行估价，然后根据投标策略确定投标价格，以争取中标并通过工程实施取得经济效益。目前，主要的评标方法有综合评分法和最低价（低于成本价的除外）中标法。前者商务标的分值一般占到40%~70%，后者则是在满足招标文件的技术条件下，中标与否完全取决于投标报价。

（一）施工图预算报价方式

这种投标报价的编制方法就是用定额计价的方法来确定投标的价格，是2003年前我国大量采用的形式。与此匹配的评标办法为综合评分法。施工图预算报价方法采用统一的预算定额，统一的单位估价表来编制，投标单位各自根据定额和图纸对分部分项工程子目逐项计算工程量，套用定额基价确定直接费，然后再按规定的费用定额计取各项费用，最后汇总形成价格。通常投标人根据当时的评分办法和招标人的要求，对所报标价要进行一定浮度的调整，以求高分中标。

该计价方式依赖于有统一的定额、单位估价表和取费标准，以及地区造价部门材料价格信息发布系统。这个体系存在是施工图预算报价方式（定额计价方式）存在的基础。好处是经历了几十年，方法熟，好控制。缺点则是，在招投标中，编制标底和编制投标报价的人员从熟悉图纸列项计算工程量，到套价取费完全是独立作业，依据一致，那么标价的差异则是比预算人员的水平，不利于竞争。

（二）工程量清单报价方式

工程量清单报价对应的是清单计价招投标，适用的评标方法有两种：综合评分法（定额计价到清单计价过渡阶段使用）、最低（合理）价中标法。

工程量清单报价是投标人根据招标文件中的工程量清单、图纸、相应条件和有关要求，依据企业定额、企业成本、企业竞争目标及竞争对手情况填报各清单项目综合单价，并完成招标文件要求的单价分析和价格汇总等的相应表格，形成具有价格竞争力的投标报价文件。该文件是投标中最重要的文件，在评标中起着关键的作用，中标后，又是合同文件的重要组成部分，成为工程结算的主要依据。工程量清单计价模式投标报价是与市场经济相适应的投标报价方法，也是国际通用的竞争性招标方式所要求的。

工程量清单计价的单价按所综合的内容不同，可以划分为工料单价法、完全费用单价法、完全单价法、综合单价法四种形式。综合单价法是我国《清单计价规范》颁布后针对我国计价管理而产生的一种新的单价法。

《清单计价规范》对综合单价给出的描述是：是完成一个规定计量单位的工程量清单项目所需的人工费、材料费、机械费、管理费和利润，并考虑了风险因素。2003年7月1日执行《清单计价规范》后，采用清单计价工程须按照《清单计价规范》执行。用工程量清单计价法编制标底，应采用综合单价法。

二、施工图预算报价的审查

一般审查预算方法有全面审查法、重点审查法、分解对比审查法、运用"统筹计算原理"匡算审查等。

1. 全面审查法

全面审查就是按照编制施工图预算的要求，根据设计图纸内容和定额有关规定，对某份工程的全部内容进行审查。这种审查方法的优点是全面、细致，审查的质量比较高，差错比较少。不足的是工作量较大，不能做到快速。

2. 重点审查法

重点审查是相对全面审查而言的，也就是只审查预算中工程量大、单价高，对工程预算造价影响较大的项目进行重点审查；补充单价进行重点审查；对计取的各项费用进行重点审查。从而减少了审查的工作量。

3. 分解对比审查法

对同一地区而言，结构相近、装饰标准基本相同的单位工程，其单位建筑面积的各项技术经济指标出入不大。分解对比审查法就是把一个单位工程，按同类单位工程的综合技术经济指标进行分解，对比审查的方法。

4. 运用"统筹法计算原理"匡算审查

工业建筑工程，结构形式变化往往较大，在审查工程量时，不宜用工程量综合指标来审查预算工程量，而运用"统筹法计算原理"进行匡算审查，省时省力。

三、工程量清单计价的审查

对于工程量清单报价审查的方法，建议用重点审查法、分项对比审查法。

1. 重点审查法

清单报价的重点审查应着重于：

(1) 组量组价方法的审查（重点在清单工程量与全国统一工程量计算规则不同处）；

(2) 主要人工单价、主要材料单价和主要子目综合单价的审查；

(3) 管理费、利润定位与对手的权衡对比；

(4) 措施费的审查；

(5) 规费的审查；

(6) 甲控材料和暂控价材料报价的审查；

(7) 风险责任与风险系数的定位与审查。

2. 分项对比审查法

在清单计价的工程中注意积累资料。对完工工程认真分析所报综合单价是否合理。给后面清单投标的编审综合单价打基础。另一方面对完工工程进行人工费、材料费、机械费、管理费、利润、措施费、规费等分解，得出指标信息作为日后对比参考依据。

根据企业所积累的造价指标及其分解方法将工程报价进行分解，然后进行对比，找出差异大的仔细核对，将不合理的予以修改调整。

四、建设工程施工合同价的控制

根据《中华人民共和国合同法》、《建设工程施工合同（示范文本）》以及建设部的有关规定，双方应依据招标文件、投标文件签订施工合同。中标通知书作为承诺，中标单位的报价即为合同价，不能擅自改变，因此，工程合同价款的确定对招投标双方都关系重大。工程合同价的确定，有如下三种方式：固定合同价、可调合同价、成本加酬金确定的合同价。

（一）固定合同价

合同中确定的工程合同价在实施期间不因价格变化而调整。固定合同价可分为固定合同总价和固定合同单价两种。

1. 固定合同总价

固定合同总价是指承包整个工程的合同价款总额已经确定,在工程实施中不再因物价上涨而变化,所以,固定合同总价应考虑价格风险因素,并在合同中明确规定其包括的范围。

这类合同价可以使发包人对工程总开支做到心中有数,在施工过程中可以更有效地控制资金的使用,工程中双方结算方式较为简单,比较省事。在固定总价合同的招标中,承包商的索赔机会较少(但不能根除索赔)。通常可以免除业主由于要追加合同价款、追加投资带来的需上级审批的麻烦。

固定总价合同应用的前提有:

(1) 工程范围必须清楚明确,报价的工程量应准确而不是估计数字,对此承包商必须认真复核。

(2) 工程设计较细,图纸完整、详细、清楚。固定合同价类型对设计质量要求相对较高,基本上没有设计变更。若变更较多,固定总价合同的意义将会被大大削减。

(3) 工程量小、工期短,估计在工程过程中环境因素变化小,工程条件稳定并合理。

(4) 工程结构技术简单,风险小,报价估算方便。

(5) 工程投标期相对宽裕,承包商可以作详细的现场调查、复核工作量、分析招标文件、拟定计划。

(6) 合同条件完备,双方的权利和义务十分清楚。

固定总价,是总价优先,承包商报总价,通过招投标确定合同总价,最终按合同总价结算。为此,承包商要承担两个方面的风险:一是价格风险,二是工作量风险。通常只有设计变更,或符合合同规定的调价条件,才允许调整合同价格。

2. 固定合同单价

固定合同单价是指合同中确定的各项单价在工程实施期间不因价格变化而调整,而在每月(或每阶段)工程结算时,根据实际完成的工程量结算,在工程全部完成时以竣工图的工程量最终结算工程总价款。目前《清单计价规范》推行初始,主要采用的是该种合同形式。

这类合同中承包商仅按合同规定承担报价的风险,而工程量变化的风险由业主承担。该类合同单价优先,在招投标中,工程量按工程量清单,单价按承包商所报的单价计算。承包商所报的工程量有误可修正,但所报单价不得修正,如 500 元$/m^2$ 误写为 50 元$/m^2$,则实际工程中就按 50 元$/m^2$ 结算。

固定单价合同,承包商对所报单价要慎重。业主则应注意设计质量和工程量清单编制质量,使清单项尽可能正确反映设计,工程量尽可能准确。若有较大差异会引起承包商的不平衡报价,导致实际成本超支。

(二) 可调合同价

1. 可调合同总价

可调合同总价是指合同中确定的工程合同总价在实施期间可随价格变化而调整。发包人和承包人在商订合同时,以招标文件的要求及当时的物价计算出合同总价。如果在执行合同期间,由于通货膨胀引起成本增加达到某一限度时,合同总价则作相应调整。可调合同价使发包人承担了通货膨胀的风险,承包人则承担其他风险。一般适合于工期较长(如

1年以上）的项目。

2. 可调合同单价

合同单价可调范围，一般是在工程招标文件中规定。在合同中签订的单价，当在工程实施过程中物价发生变化时，根据合同约定的调整方法进行调整。另一种情况是：一些工程在招标或签约时，因某些不确定性因素而在合同中暂定某些分部分项工程的单价，在工程结算时，再根据实际情况和合同约定对合同单价进行调整，确定结算单价。

3. 可调合同价的控制

可调价合同中价格调整的范围包括：

（1）国家法律、行政法规和国家政策变化的影响；

（2）由国务院各有关部门、县以上各级人民政府建设行政主管部门或其授权的工程造价管理机构公布的价格调整；

（3）一周内非承包人原因停水、停电、停气造成停工累计超过8小时；

（4）双方约定的其他调整因素。

可调合同价的控制关键在于对工程范围内确定因素和不确定因素的约定。可调价合同不等于全部推倒重来。可调价合同仅对合同约定的可调范围按约定调整。可调价合同主要面对的不定因素是物价和不确定分项工程的定价。因此对于可调价合同的管理重点在于价格管理。调整方式可以在合同中约定的尽可能在合同中约定，不能在合同中约定的，如暂定价分项工程，在实际操作中应加强管理。

（三）成本加酬金合同价

以成本加酬金合同价确定的工程合同价，其工程成本部分按现行计价依据计算，酬金部分则由双方在合同中约定，两者共同组成合同价。一般分为以下几种形式：

1. 成本加固定百分比酬金确定的合同价

这种合同价是发包人对承包人支付的人工、材料和施工机械使用费、其他直接费、施工管理费等按实际直接成本全部据实补偿，同时按照实际直接成本的固定百分比会给承包人一笔酬金，作为承包方的利润。

这种合同价使得建筑安装工程总造价及付给承包人的酬金随着工程成本而水涨船高，不利于鼓励承包方降低成本，很少被采用。

2. 成本加固定金额酬金确定的合同价

这种合同价与上述成本加固定百分比酬金合同价相似。其不同之处仅在于发包人付给承包人的酬金是一笔固定金额的酬金。

采用上述两种合同价方式时，为了避免承包人企图获得更多的酬金而对工程成本不加控制，往往在承包合同中规定一些"补充条款"，以鼓励承包方节约资金，降低成本。

3. 成本加奖罚确定的合同价

首先根据粗略估算的工程量和单价表确定一个目标成本，根据目标成本来确定酬金的数额，可以是百分数的形式，也可以是一笔固定酬金。然后，根据工程实际成本支出情况另外确定一笔奖金，当实际成本低于目标成本时，承包人除从发包人获得实际成本、酬金补偿外，还可根据成本降低额得到一笔奖金。当实际成本高于目标成本时，承包人仅能从发包人得到成本和酬金的补偿。此外，视实际成本高出目标成本情况，若超过合同价的限额，则要处以一笔罚金。除此之外，还可设工期奖罚。

这种合同价形式可以促使承包商降低成本，缩短工期，而且目标成本随着设计的进展而加以调整，故应用较多。

4. 最高限额成本加固定最大酬金确定的合同价

在这种合同价中，首先要确定限额成本、报价成本和最低成本，当实际成本没有超过最低成本时，承包人花费的成本费用及应得酬金等都可得到发包人的支付，并与发包人分享节约额；如果实际工程成本在最低成本和报价成本之间，承包人只能得到成本和酬金；如果实际工程成本在报价成本与最高限额成本之间，则只能得到全部成本；实际工程成本超过最高限额成本时，则超过部分发包人不予支付。

这种合同价形式能鼓励承包人最大限度地降低工程成本，有利于控制工程造价。

五、材料设备采购合同价的控制

（一）正确选择设备、材料采购的招投标方式

设备、材料采购是建设工程施工中的重要工作之一。采购货物质量的好坏和价格的高低，对项目的投资效益影响极大。在国有投资项目中，《招标投标法》规定，在中华人民共和国境内进行与工程建设有关的重要设备、材料等的采购，必须进行招标。根据采购的标的物的具体特点，正确选择设备、材料的招投标方式，进而正确选择好设备、材料供应商。

1. 采用公开招标方式

设备、材料采购的公开招标是由招标单位通过报刊、广播、电视等公开发表招标广告，在尽量大的范围内征集供应商。公开招标对于设备、材料采购，能够引起最大范围内的竞争。

设备、材料采购的公开招标一般组织方式严密，涉及环节众多，所需工作时间较长，故成本较高。因此，一些紧急需要或价值较小的设备和材料的采购则不适宜这种方式。

2. 采用邀请招标方式

设备、材料采购的邀请招标是由招标单位向具备设备、材料制造或供应能力的单位直接发出投标邀请书，并且受邀参加投标的单位不得少于3家。这种方式也称为有限国际竞争性招标，是一种不需公开刊登广告而直接邀请供应商进行国际竞争性投标的采购方法。它适用于合同金额不大，或所需特定货物的供应商数目有限，或需要尽早交货等情况。

3. 采用其他方式

（1）设备、材料采购有时也通过询价方式选定设备、材料供应商。

一般是通过对国内外几家供货商的报价进行比较后，选择其中一家签定供货合同，这种方式一般仅适用于现货采购或价值较小的标准规格产品。

（2）在设备、材料采购时，有时也采用非竞争性采购方式直接订购。

这种采购方式一般适用于如下情况：增购与现有采购合同类似货物而且使用的合同价格也较低廉；保证设备或零配件标准化，以便适应现有设备需要；所需设备设计比较简单或属于专卖性质的；要求从指定的供货商采购关键性货物以保证质量；在特殊情况下急需采购的某些材料、小型工具或设备。

建筑材料和设备是建筑工程必不可少的物资，同样也是承包单位重点控制内容。所涉及的面广、品种多、数量大。材料和设备的费用在工程总投资中占很大比例，一般都在40%以上。建筑材料和设备按时、按质量、按量供应是工程施工顺利、按计划进行的前提。材料和设备的供应必须经过订货、生产（加工）、运输、储存、使用（安装）等环节。建筑材料和设备供应

合同是连接生产、流通和使用的纽带，是控制投资成本和质量的基础。

（二）关于建筑材料、设备采购合同

1．建筑材料、设备供应合同的内容

建筑材料、设备供应合同的主要内容包括：

（1）产品（成套设备）的名称、品种、型号、规格、等级、技术标准或技术性能指标；

（2）数量和计量单位；

（3）包装标准及包装物的供应与回收的规定；

（4）交货单位、交货方式、运输方式、到货地点（包括专用线、码头等）、接（提）货单位；

（5）交（提）货期限、验收方法；

（6）产品价格与结算方式、开户银行、账户名称、账号、结算单位；

（7）违约责任。

2．设备供应合同签订应注意的问题

此外，在设备供应合同签订时尚须注意如下问题：

（1）设备价格。设备合同价格应根据承包方式确定。按设备费包干的方式以及招标方式确定合同价格较为简捷，而按委托承包方式确定合同价格较为复杂。若在签订合同时确定价格有困难，可由供需双方协商暂定价格，并在合同中注明"按供需双方最后商定的价格（或物价部门批准的价格）结算，多退少补。"

（2）设备数量。除列明成套设备名称、套数外，还要明确地规定随主机的辅机、附件、易损耗备用品、配件和安装修理工具等，并于合同后附详细清单。

（3）技术标准。除应注明成套设备系统的主要技术性能外，还要在合同后附有关部分设备的主要技术标准和技术性能的文件。

（4）现场服务。供方应派技术人员进行现场服务，并要对现场服务的内容明确规定。合同中还要对供方技术人员在现场服务期间的工作条件、生活待遇及费用出处作出明确的规定。

（5）验收和保修。成套设备的安装是一项复杂的系统工程。安装成功后，试车是关键。需方应在项目成套设备安装后才能验收，因此合同中应详细注明成套设备验收办法。

对某些必须安装运转后才能发现内在质量缺陷的设备，除另有规定或当事人另行商订提出异议的期限外，一般可以在运转之日起6个月内提出异议。

成套设备是否保修、保修期限、费用负担者都应在合同中明确规定，不管设备制造企业是谁，保修都应由设备供应方负责。

（三）材料设备的采购合同价控制

在国内设备、材料采购招投标中的中标单位在接到中标通知后，应当在规定时间内由招标单位组织与设备需方签订合同，进一步确定合同价款。一般说，国内设备、材料采购合同价款就是评标后的中标价，但需要在合同签订中双方确认。按照国家经济贸易委员会1996年11月颁布的《机电设备招标投标管理办法》规定，合同签订时，招标文件和投标文件均为合同的组成部分，具有同等的法律效力。投标单位中标后，如果撤回投标文件拒签合同，可认定违约，应当向招标单位和设备需方赔偿经济损失，赔偿金额不超过中标金额的2%。可将投标单位的投标保证金作为违约赔偿金。中标通知发出后，设备需方如拒签合同,应当向招标单位和中标单位赔偿经济损失,赔偿金额为中标金额的2%,由招标单位负责处理。合同生效以后,双方都应当严格执行,不得随意调价或变更合同内容;如果发生纠纷,双方都应当按照《合同法》和国家有关规定解决。合同生效以后,接受委托的招标单位可向中标单位收取少量服务费,金额一般不超过中标设备金额的1.5%。

设备、材料的国际采购合同中,合同价款的确定应与中标价相一致,其具体价格条款应包括单价、总价及与价格有关的运输、保险费、仓储费、装卸费、各种捐税、手续费、风险责任的转移等内容。由于设备、材料价格的构成不同,价格条件也各有不同。设备、材料国际采购合同中常用的价格条件有离岸价格(FOB)、到岸价格(CIF)、成本加运费价格(CFR)。这些内容需要在合同签订过程中认真磋商、最终确认。

思 考 题

1. 为什么说设计阶段是投资控制的关键环节?
2. 什么是限额设计?如何实施限额设计?
3. 简述价值工程的基本原理?
4. 建筑工程的投标报价有哪几种方式?
5. 如何进行投标报价的审查工作?
6. 如何进行材料设备的采购合同价控制?
7. 在某开发公司的某幢公寓建设工程中,采用价值工程的方法对该工程的设计方案和编制的施工方案进行了全面的技术经济评价,取得了良好的经济效益和社会效益。有四个设计方案A、B、C、D,经有关专家对上述方案根据评价指标F1~F5进行技术经济分析和论证,得出资料见表7-5和表7-6。

功能重要性评分表　　　　　　　　　　　表7-5

方案功能	F1	F2	F3	F4	F5
F1	x	4	2	3	1
F2	0	x	1	0	2
F3	2	3	x	3	3
F4	1	4	1	x	1
F5	3	2	1	3	x

方案功能评分及单方造价　　　　　　　　表7-6

方案功能	方案功能得分			
	A	B	C	D
F1	8	9	10	9
F2	10	10	8	9
F3	9	9	10	9
F4	8	8	8	7
F5	9	7	9	6
单方造价(元/m²)	1220.00	1330.00	1180.00	1350.00

问题:
(1) 计算功能重要性系数。
(2) 计算功能系数、成本系数、价值系数并选择最优设计方案。

第八章 建筑工程施工阶段的投资控制

【本章学习提要】 施工阶段工程造价控制的主要任务是通过工程付款控制、工程变更费用控制、预防并处理好费用索赔等措施来实现实际发生的费用不超过计划投资。

施工阶段投资控制的前提是准确地编制投资资金使用计划。投资控制的关键工作有已完工程量的计量、工程设计变更控制与工程施工索赔控制等。工程计量的基本方法有均摊法、凭据法和估价法。工程变更包括设计变更、进度计划变更、施工条件变更及原招标文件和工程量清单中未包括的"新增工程"。按照我国现行规定，无论任何一方提出工程变更，均需由工程师确认并签发工程变更指令。引致索赔发生的干扰事件包括业主（或工程师）违约、合同错误、合同变更、工程环境的变化和不可抗力因素。索赔费用的组成包括：人工费、机械使用费、材料费、分包费用、工地（现场）管理费、利息、总部（公司）管理费和利润。费用索赔的计算方法包括总费用法和分项法。

按工程结算的时间和对象，工程价款结算的方式可分为按月结算、阶段结算、年终结算和竣工后一次结算等。工程价款结算的方式、内容和一般程序应符合《工程价款结算办法》及《建设工程施工合同（示范文本）》的相关规定。我国的工程结算包括工程预付款（预付备料款）的支付与扣回、工程进度款的结算、工程保留金（保修金）的预留和工程竣工结算。

投资偏差，是指投资的实际值与计划值的差异，投资偏差为已完工程实际投资减去已完工程计划投资，投资偏差结果为正，表示投资超支；结果为负，表示投资节约。进度偏差为拟完工程计划投资减去已完工程计划投资，进度偏差为正，表示工期拖延；结果为负，表示工期提前。

第一节 施工阶段投资控制概述

一、施工阶段投资控制的主要任务

施工阶段投资控制的基本原理是把计划投资额作为投资控制的目标值，在工程的施工过程中定期进行投资实际值与目标值的比较，发现和分析其间的偏差，找出原因，采取有效措施加以控制，以确保投资目标的实现。具体控制过程见图8-1所示的投资动态控制原理图。

二、施工阶段投资控制的工作内容

施工阶段是实现建设工程价值的主要阶段，也是资金投入量最大的阶段。在实践中，往往把施工阶段作为工程投资控制的重要阶段。施工阶段工程造价控制的主要任务是通过工程付款控制、工程变更费用控制、预防并处理好费用索赔、挖掘节约工程造价潜力来实现实际发生的费用不超过计划投资。

施工阶段工程投资控制的工作内容包括组织、经济、技术、合同等多个方面的内容。

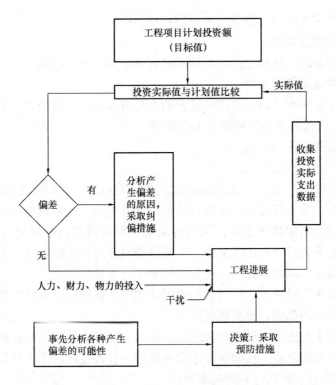

图 8-1 投资动态控制原理图

1．组织工作内容

(1) 在项目管理班子中落实进行施工跟踪的人员分工、任务分工和职能分工。

(2) 编制本阶段工程造价控制的工作计划和详细的工作流程图。

2．经济工作内容

(1) 编制资金使用计划，确定、分解工程造价控制目标。

(2) 对工程项目造价控制目标进行风险分析，并制定防范性对策。

(3) 进行工程计量。

(4) 复核工程付款账单，签发付款证书。

(5) 在施工过程中进行工程造价跟踪控制，定期进行造价实际支出值与计划目标值的比较。发现偏差，分析产生偏差的原因，采取纠偏措施。

(6) 协商确定工程变更的价款。

(7) 审核竣工结算。

(8) 对工程施工过程中的造价支出做好分析与预测，经常或定期向业主提交项目造价控制及其存在问题的报告。

3．技术工作内容

(1) 对设计变更进行技术经济比较，严格控制设计变更。

(2) 继续寻找通过设计挖潜节约造价的可能性。

(3) 审核承包人编制的施工组织设计，对主要施工方案进行技术经济分析。

4．合同工作内容

(1) 做好工程施工记录，保存各种文件图纸，特别是注有实际施工变更情况的图纸，注意积累素材,为正确处理可能发生的索赔提供依据。

(2) 参与处理索赔事宜。

(3) 参与合同修改、补充工作,着重考虑它对造价控制的影响。

三、施工阶段投资控制程序

建设工程施工阶段涉及的面很广,涉及的人员很多,与工程投资控制有关的工作也很多,图8-2为施工阶段工程造价控制的工作程序。

四、编制投资资金使用计划

(一) 编制投资资金使用计划的意义

通过编制资金使用计划,合理地确定造价控制目标值,包括造价的总目标值、分目标值、各详细目标值,为工程造价的控制提供依据,并为资金的筹集与协调打下基础。

通过资金使用计划的科学编制,可以对未来工程项目的资金使用和进度控制进行预测,消除不必要的资金浪费和进度失控,也能够避免今后在工程项目中由于缺乏依据,轻率判断所造成的损失,减少盲目性,让现有资金充分发挥作用。

在建设项目的实施过程中,通过资金使用计划的严格执行,可以有效地控制工程造价上升,最大限度地节约投资,提高投资效益。

对脱离实际的工程造价目标值和资金使用计划,应在科学评估的前提下,允许修订和修改,使工程造价更加合理,从而保障建设单位和承包人各自的合法利益。

(二) 编制投资资金使用计划的基本方法

根据造价控制目标和要求的不同,资金使用计划可按子项目或者按时间进度进行编制。

1. 按不同子项目编制资金使用计划

按不同子项目划分资金的使用,首先必须对工程项目进行合理划分,划分的粗细程度根据实际需要而定。一般来说,将投资目标分解到各单项工程和单位工程是比较容易办到的,结果也是比较合理可靠的。按这种方式分解时,不仅要分解建筑工程费用,而且要分解设备、工器具购置费用,工程建设其他费用,预备费,建设期贷款利息和固定资产投资方向调节税等。这样分解将有助于检查各项具体投资支出对象是否明确和落实,并可从数值上校核分解的结果有无错误。

在完成工程项目造价目标分解之后,应该具体地分配造价,编制工程分项的资金支出计划,从而得到详细的资金使用计划表,如表8-1所示。

资金使用计划表 表8-1

序号	工程分项编码	工程内容	计量单位	工程数量	计划综合单价	本分项总计	备注

在编制资金使用计划时,要在项目总的方面考虑总的预备费,也要在主要的工程分项中安排适当的不可预见费,避免在具体编制资金使用计划时,可能发现个别单位工程或工程量表中某项内容的工程量计算有较大的出入,使原来的资金使用预算失实,并在项目实施过程中对其尽可能地采取一些措施。

2. 按时间进度编制资金使用计划

为了编制资金使用计划,并据此筹措资金,尽可能减少资金占用和利息支付,有必要

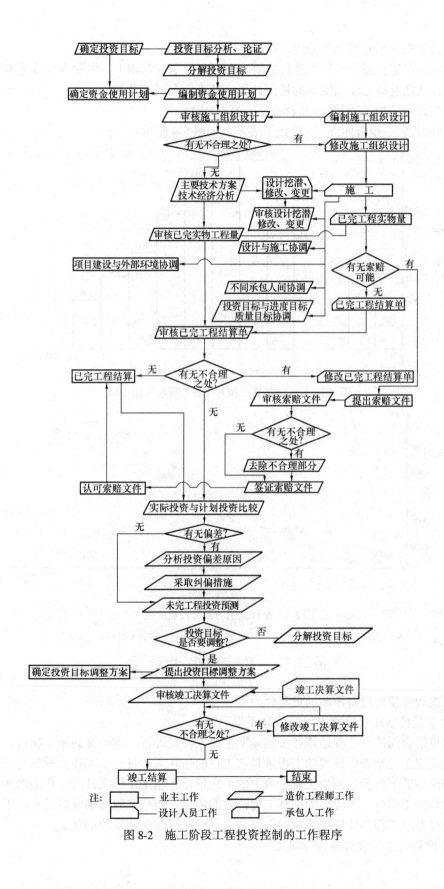

图 8-2 施工阶段工程投资控制的工作程序

将总造价目标按使用时间进行分解，确定分目标值。

通过对项目造价目标按时间进行分解，在网络计划的基础上，可获得项目进度计划的横道图，并在此基础上编制资金的使用计划。其表示方式有两种：

1) 在总体控制时标网络图上表示，如图 8-3 所示；
2) 利用时间—投资曲线（S 曲线）表示，如图 8-4 所示。

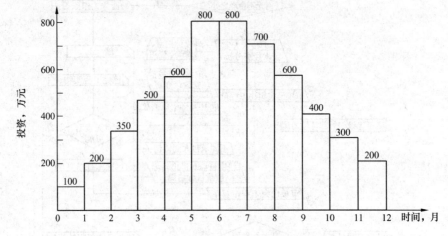

图 8-3 时标网络图上按月编制的资金使用计划

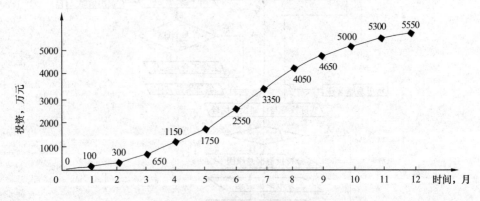

图 8-4 按月编制的累计投资曲线

第二节 已完工程量计量

一、工程计量对投资控制的重要性

1. 计量是控制项目投资支出的关键环节

采用单价合同进行工程结算和按实际发生的工程量进行工程结算的施工项目，合同条件中一般规定工程量表中开列的工程量是该工程的估算工程量，不能作为承包商应予完成的实际和确切的工程量。因为工程量表中的工程量是在制定招标文件时，在图纸和规范的基础上估算的工作量，不能作为结算工程价款的依据，监理工程师必须对已完的工程进行计量。经过监理工程师计量所确定的数量是向承包商支付任何款项的凭证。

2. 计量是约束承包商履行合同义务的手段

计量不仅是控制项目投资支出的关键环节，同时也是约束承包商履行合同义务，强化承包商的合同意识的手段。业主对承包商的付款，是以监理工程师批准的付款证书为凭据的，监理工程师对计量支付有充分的批准权和否决权。对于不合格的工程和超过设计标准完成的工作，监理工程师可以拒绝计量。同时，监理工程师通过按时计量，可以及时掌握承包商工作的进展情况和工程的进度。当监理工程师发现进度缓慢，他有权要求承包人采取措施加快进度。因此，在监理过程中，监理工程师可以通过计量支付的手段，控制工程按合同条件进行。

二、工程计量的依据与程序

（一）工程计量的依据

计量依据一般有质量合格证书，工程量清单前言，技术规范中的"计量支付"条款和设计图纸。也就是说，计量时必须以这些资料为依据。

1. 质量合格证书

对于承包商已完的工程，并不是全部进行计量，而只是质量达到合同标准的已完工程才予以计量。所以工程计量必须与质量监理紧密配合，经过监理工程师检验，工程质量达到合同规定的标准后，由监理工程师签发中间交工证书（质量合格证书），有了质量合格证书的工程才予以计量。所以说质量监理是计量监理的基础，计量又是质量监理的保障，通过计量，强化承包商的质量意识。

2. 工程量清单前言和技术规范

工程量清单前言和技术规范是确定计量方法的依据。因为工程量清单前言和技术规范的"计量支付"条款规定了清单中每一项工程的计量方法，同时还规定了按规定的计量方法确定的单价所包括的工作内容和范围。

3. 计量的几何尺寸要以设计图纸为依据

单价合同以实际完成的工程量进行结算，但被监理工程师计量的工程数量，并不一定是承包商实际施工的数量。监理工程师对承包商超出设计图纸要求增加的工程量和自身原因造成返工的工程量，不予计量。

（二）工程计量程序

按照建设部颁布的施工合同示范文本规定，工程计量的一般程序是：承包方按协议条款约定时间（承包方已获得质量验收合格证书）向监理工程师提交已完工程的报告，监理工程师接到报告后3天内按设计图纸核实已完工程数量，并在计量24小时前通知承包方，承包方必须为监理工程师进行计量提供便利条件，并派人参加予以确认。

承包方无正当理由不参加计量，由监理工程师自行进行的计量结果仍然视为有效，作为工程价款支付的依据。监理工程师收到承包方报告后3天内未进行计量，从第4天起，承包方开列的工程量即视为已被确认，作为工程价款支付的依据。

监理工程师不按约定时间通知承包方，使承包方不能参加计量，计量结果无效。

三、工程计量的基本方法

一般工程计量的方法有均摊法、凭据法和估价法。

1. 均摊法

所谓均摊法，就是对清单中某些项目的合同价款，按合同工期平均计量。如：为监理工程师提供宿舍和一日三餐，保养测量设备，保养气象记录设备，维护工地清洁和整洁等。这些项目都有一个共同的特点，即每月均有发生。所以可以采用均摊法进行计量支付。例如：保养气象记录设备，每月发生的费用是相同的，如本项合同款额为 2000 元，合同工期为 20 个月，则每月计量支付的合同款为：2000 元/20 月 = 100 元/月。

2. 凭据法

所谓凭据法，就是按照承包商提供的凭据进行计量支付。如提供建筑工程险保险费、提供第三方责任险保险费、提供履约保证金等项目，一般按凭据法进行计量支付。

3. 估价法

所谓估价法，就是按合同文件的规定，根据监理工程师估算的已完成的工程价值支付。例如为监理工程师提供办公设施和生活设施等项目。

4. 断面法

断面法主要用于取土坑或填筑路堤土方的计量。对于填筑土方工程，一般规定计量的体积为原地面线与设计断面所构成的体积。采用这种方法计量，在开工前承包商需测绘出原地形的断面，并需经监理工程师检查，作为计量的依据。

5. 图纸法

在工程量清单中，许多项目都采取按照设计图纸所示的尺寸进行计量。如混凝土构筑物的体积，钻孔桩的桩长等。按图纸进行计量的方法，称为图纸法。

6. 分解计量法

所谓分解计量法，就是将一个项目，根据工序或部位分解为若干子项。对完成的各子项进行计量支付。这种计量方法主要是为了解决一些包干项目或较大的工程项目的支付时间过长，影响承包商的资金流动。

第三节 工程变更的控制

一、现行工程变更处理程序

（一）正确认识工程变更

1. 施工中工程变更不可避免

所谓工程变更包括设计变更、进度计划变更、施工条件变更及原招标文件和工程量清单中未包括的"新增工程"等。在工程施工过程中，由于勘察设计工作粗糙，以致会出现原招标文件中没有考虑或工程量清单中估算不准确的工程量，或者由于发生不可抗力的事件导致停工与工期拖延等，这些因素会不可避免地造成工程变更。

工程变更常发生于工程项目实施过程中，一旦处理不好常会引起纠纷，损害业主或承包人的利益，对项目目标控制很不利。首先是投资容易失控，因为承包工程的实际造价等于合同价与索赔额的总和。承包人为了适应日益竞争的建设市场，通常在合同谈判时让步而在工程实施过程中通过索赔获取补偿；由于工程变更所引起工程量的变化、承包人的索赔等，都有可能使最终投资超出原来的预计投资，所以工程师应密切注意对工程变更价款的处理。其次，工程变更容易引起停工、返工现象，会延迟项目的竣工时间，对进度不利。最后，频繁的变更还会增加工程师的组织协调工作量。另外，对合同管理和质量控制也不利。

2. 工程变更的确认

由于工程变更会带来工程造价和工期的变化，为了有效地控制造价，无论任何一方提出工程变更，均需由工程师确认并签发工程变更指令。工程师确认工程变更的一般步骤是：

(1) 某方提出工程变更；

(2) 工程师分析提出的工程变更对项目目标的影响；

(3) 工程师分析有关的合同条款和会议、通信记录；

(4) 工程师向业主提交变更评估报告（初步确定处理变更所需的费用、时间范围和质量要求）；

(5) 工程师确认工程变更。

按照我国《建设工程施工合同（示范文本）》的有关规定，承包人按照工程师发出的变更通知及有关要求，可进行下列变更：

(1) 更改工程有关部分的标高、基线、位置和尺寸；

(2) 增减合同中约定的工程量；

(3) 改变有关工程的施工时间和顺序；

(4) 其他关于工程变更需要的附加工作等。

（二）我国现行工程变更控制程序

1. 发包人（建设单位）提出的工程变更

施工中发包人需对原工程设计进行变更，根据《建设工程施工合同（示范文本）》的规定，应提前14天以书面形式向承包人发出变更通知。变更超过原设计标准或批准的建设规模时，须经原规划管理部门和其他有关部门重新审查批准，并由原设计单位提供变更的相应图纸和说明。发包人办妥上述事项后，承包人根据工程师的变更通知要求进行变更。因变更导致合同价款的增减及造成承包人的损失，由发包人承担，延误的工期相应顺延。

合同履行中发包人要求变更工程质量标准及发生其他实质性变更，由双方协商解决。

2. 承包人提出的工程变更

承包人应严格按照图纸施工，不得随意变更设计。施工中承包人提出合理化建议涉及对设计图纸进行变更，须经工程师同意。工程师同意变更以后，必要的时候也须经原规划管理部门、图纸审查机构及其他有关部门审查批准，并由原设计单位提供变更的相应的图纸和说明。承包人擅自变更设计发生的费用和导致发包人的直接损失，由承包人承担，延误的工期不予顺延。工程师同意采用承包人合理化建议而同意变更的，所发生的费用和获得的收益，由发包人与承包人另行约定或分担。

3. 由施工条件引起的工程变更

施工条件的变更，往往是指在施工中遇到的现场条件同招标文件中描述的现场条件有本质的差异，或遇到未能预见的不利自然条件（不包括不利的气候条件），使承包人向业主提出施工单价和施工时间的变更要求。如基础开挖时发现招标文件未载明的流沙或淤泥层，隧洞开挖中发现新的断裂层等。承包人在施工中遇到这类情况时，要及时向工程师报告。施工条件的变更往往比较复杂，需要特别重视，否则会由此引起索赔的发生。

二、确定工程变更价款的方法

（一）确定工程变更价款的程序

《财政部、建设部共同发布的《建设工程价款结算暂行办法》（财建〔2004〕369号，以下简称《工程价款结算办法》）和我国《建设工程施工合同（示范文本）》中规定的工程合同变更价款的确定程序如下：

（1）施工中发生工程变更，承包人按照经发包人认可的变更设计文件，进行变更施工。其中，政府投资项目重大变更，需按基本建设程序报批后方可施工。

（2）承包人在工程变更确定后14日内，提出变更工程价款的报告，经工程师确认发包人审核同意后调整合同价款。

（3）承包人在确定变更后14日内不向工程师提出变更工程价款报告，则发包人可根据所掌握的资料决定是否调整合同价款和调整的具体金额。重大工程变更涉及工程价款变更报告和确认的时限由承发包双方协商确定。

（4）收到变更工程价款报告一方，应在收到之日起14天内予以确认或提出协商意见，自变更工程价款报告送达之日起14天内，对方未确认也未提出协商意见时，视为变更工程价款报告已被确认。

处理工程变更价款问题时应注意以下3个方面：

1）工程师不同意承包人提出的变更价款报告，可以协商或提请有关部门调解。协商或调解不成的，双方可以采用仲裁或向人民法院起诉的方式解决。

2）工程师确认增加的工程变更价款作为追加合同价款，与工程进度款同期支付。

3）因承包人自身原因导致的工程变更，承包人无权要求追加合同价款。

（二）确定工程变更价款的基本方法

1．一般规定

《建设工程价款结算暂行办法》和《建设工程施工合同（示范文本）》中都约定了确定工程变更价款的基本方法，其内容如下：

（1）合同中已有适用于变更工程的价格，按合同已有的价格变更合同价款；

（2）合同中只有类似于变更工程的价格，可以参照此类价格变更合同价款；

（3）合同没有适用或类似于变更工程的价格，由承包人或发包人提出适当的变更价格，经对方确认后执行；如双方不能达成一致的，双方可提请工程所在地工程造价管理机构进行咨询或按合同约定的争议或纠纷解决程序办理。

2．采用工程量清单计价的工程

采用工程量清单计价的工程，除合同另有约定外，其综合单价因工程量变更需调整时，应按下列办法确定：

（1）工程量清单漏项或设计变更引起新的工程量清单项目，其相应综合单价由承包人提出，经发包人确认后作为结算的依据。

（2）由于工程量清单的工程数量有误或设计变更引起工程量增减，属合同约定幅度以内的，应执行原有的综合单价；属合同约定幅度以外的，其增加部分的工程量或减少后剩余部分的工程量的综合单价由承包人提出，经发包人确认后，作为结算依据。由于工程量的变更，且实际发生了规定以外的费用损失，承包人可提出索赔要求，与发包人协商确认后，给予补偿。

3．协商单价和价格

协商单价和价格是基于合同中没有或者有但不合适的情况而采取的一种方法。在施工图预算定额中没有规定的"开口"项目或在工程量清单中的增补项目常采用双方协商的办法确定工程变更价款。

第四节 工程索赔控制

一、工程索赔概述

（一）工程索赔的含义

索赔是指在建设工程合同的实施过程中，合同当事人的一方因对方未履行或不能正确地履行合同所规定的义务而受到损失时，向对方提出补偿要求。

在建设过程中索赔是必然且经常发生的，是合同管理的重要组成部分。索赔是合同当事人的权利，是保护和捍卫自身正当利益的手段。索赔不但可行，而且十分必要。如果索赔运用得法，可变不利为有利，变被动为主动。索赔以合同为基础和依据。当事人双方索赔的权利是平等的。此外，索赔与反索赔相对应，被索赔方亦可提出合理论证和齐全的数据、资料，以抵御对方的索赔。

目前在许多国际承包工程中，由于建筑市场竞争激烈，承包人为了取得工程，只能以低价中标，而通过工程施工过程中的索赔来提高合同价格，减少或转移工程风险，避免亏本，争取赢利。索赔已成为许多承包人的经营策略之一，所以现代工程中索赔业务越来越多。在许多国际承包工程中，索赔额达到工程合同价的 10%～20%，甚至有些工程索赔要求超过合同额。因此，建设管理者必须重视索赔问题，提高索赔管理水平。

（二）产生工程索赔的原因

1. 业主（或工程师）违约

在工程实施过程中，由于业主（或工程师）没有尽到合同义务，导致索赔事件发生，如：①未按合同规定提供设计资料、图纸，未及时下达指令、答复请示等，使工程延期；②未按合同规定的日期交付施工场地、行驶道路，提供水电，提供应由业主供应的材料和设备，使承包人不能及时开工或造成工程中断；③未按合同规定按时支付工程款，或不再继续履行合同；④下达错误指令，提供错误信息；⑤业主（或工程师）协调工作不力等。

2. 合同错误

合同错误也有可能导致索赔事件的发生，如：①合同缺陷，如合同条文不全、不具体、错误，合同条款或合同文件之间存在矛盾；②工程地质与合同规定不一致，出现异常情况，如地下发现图纸上未标明的管线、暗渠、古墓或其他文物等；③设计错误，图纸上给定的基准点、基准线、标高错误，造成设计修改，工程报废，返工，窝工。

3. 合同变更

合同变更也有可能导致索赔事件发生，如：①业主指令增加、减少工作量，增加新的工程，提高设计标准、质量标准；②由于非承包人原因，业主指令中止工程施工；③业主要求承包人采取加速措施，其原因是非承包人责任的工程拖延，或业主希望在合同工期前交付工程；④业主要求修改施工方案，打乱施工顺序；⑤业主要求承包人完成合同规定以外的义务或工作。

4. 工程环境的变化

工程环境发生变化，如：①材料价格和人工工日单价的大幅度上涨；②国家法令的修改；③货币贬值；④外汇汇率变化等。

5. 不可抗力因素

异常事件或情况，如自然灾害、政局变化、战争状态、经济封锁、禁运等。

（三）工程索赔的分类

从不同的角度，按不同的方法和不同的标准，索赔有许多种分类方法，具体如表 8-2 所示。

索赔分类一览表　　　　　表 8-2

序号	类别	分类	内容
1	按索赔目的	（1）工期索赔 （2）费用索赔	要求延长合同工期 要求补偿费用，提高合同价格
2	按合同类型	（1）总承包合同索赔 （2）分包合同索赔 （3）合伙合同索赔 （4）供应合同索赔 （5）劳务合同索赔 （6）其他	总承包人与业主之间的索赔 总承包人与分包商之间的索赔 合伙人之间的索赔 业主（或承包人）与供应商之间的索赔 劳务供应商与雇佣者之间的索赔 向银行、保险公司的索赔等
3	按索赔起因	（1）当事人违约 （2）合同变更 （3）工程环境变化 （4）不可抗力因素	如业主未按合同规定提供施工条件（场地、道路、水电、图纸等），下达错误指令，拖延下达指令，未按合同支付工程款等 业主指令修改设计、施工进度、施工方案，合同条款缺陷、错误、矛盾和不一致等，双方协商达成新的附加协议、修正案、备忘录等 如地质条件与合同规定不一致 物价上涨，法律变化，汇率变化；反常气候条件、洪水、地震、政局变化、战争、经济封锁等
4	按干扰事件的性质	（1）工期的延长中断索赔 （2）工程变更索赔 （3）工程终止索赔 （4）其他	由于干扰事件的影响造成工程拖期或工程中断一段时间 干扰事件引起工程量增加或减少、变更施工次序 干扰事件造成工程被迫停止，并不再进行 如货币贬值，汇率变化，物价上涨，政策、法律变化等
5	按处理方式	（1）单项索赔 （2）总索赔（又叫一揽子索赔，或综合索赔）	在工程施工中，针对某一干扰事件的索赔 将许多已提出但未获解决的单项索赔集中起来，提出一份总索赔报告。通常在工程竣工前提出，双方进行最终谈判，以一个一揽子方案解决
6	按索赔依据	（1）合同之内的索赔 （2）合同之外的索赔 （3）道义索赔	索赔内容所涉及的均可在合同中找到依据 索赔的内容和权利虽然难于在合同条件中找到依据，但权利可以来自普通法律 承包人在合同中找不到依据，而业主也没有触犯法律事件，承包人对其损失寻求某些优惠性质的付款

二、工程索赔的基本程序

在工程项目施工阶段,每出现一个索赔事件,都应按照国家有关规定、国际惯例和工程项目合同条件的规定,认真及时地协商解决,一般索赔程序如图8-5所示。

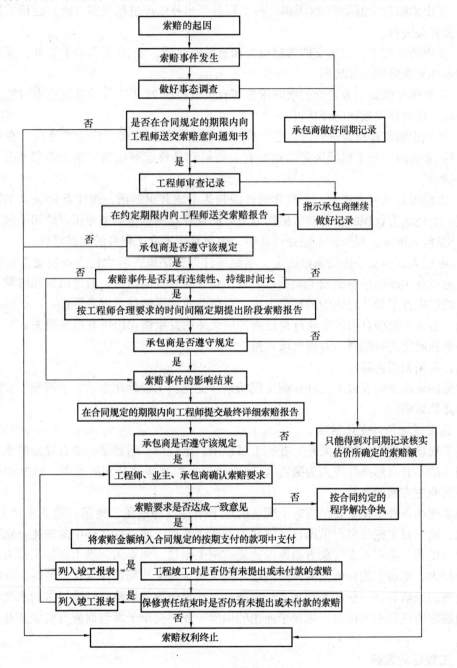

图 8-5 工程索赔程序

我国《建设工程施工合同(示范文本)》对索赔的程序和时间要求有明确的严格的限定,主要包括:

(1) 甲方未能按合同约定履行自己的各项义务或发生错误以及应由甲方承担责任的其

219

他情况，造成工期延误和（或）向乙方延期支付合同价款及乙方的其他经济损失，乙方可按下列程序以书面形式向甲方索赔。

　　1）索赔事件发生后28天内，向工程师发出索赔意向通知。

　　2）发出索赔意向通知后28天内，向工程师提出补偿经济损失和（或）延长工期的索赔报告及有关资料。

　　3）工程师在收到乙方送交的索赔报告和有关资料后，于28天内给予答复，或要求乙方进一步补充索赔理由和证据。

　　4）工程师在收到乙方送交的索赔报告和有关资料后28天内未予答复或未对乙方作进一步要求，视为该项索赔已经认可。

　　5）当该索赔事件持续进行时，乙方应当阶段性地向工程师发出索赔意向，在索赔事件终了后28天内，向工程师送交索赔的有关资料和最终索赔报告。索赔答复程序同3）、4）规定相同。

　　6）工程师与承包人谈判。若双方通过谈判达不成共识的话，按照条款规定工程师有权确定一个他认为合理的单价或价格作为最终的处理意见报送业主并相应通知承包人。

　　7）发包人审批工程师的索赔处理证明，决定是否批准工程师的索赔报告。

　　8）承包人如接受最终的索赔决定，索赔事件即告结束，若承包人不接受工程师的单方面决定或业主删减的索赔或工期顺延天数，就会导致合同纠纷。通过谈判和协调双方达成互让的解决方案是处理纠纷的理想方式，否则就只能诉诸仲裁或者诉讼。

　　(2) 乙方未能按合同约定履行自己的各项义务或发生错误给甲方造成损失，甲方也按以上各条款确定的时限向乙方提出反索赔。

三、常见索赔内容

　　常见的索赔主要有以下几种：施工现场条件变化、工程延期索赔、加速施工索赔、施工效率降低索赔。

　　1. 施工现场条件变化索赔

　　施工现场条件变化的含义是：在施工过程中，承包商"遇到了一个有经验的承包商不可能预见的不利自然条件或人为障碍"，因而导致承包商额外开支的费用。这些额外开支应该得到业主方面的补偿。

　　施工现场条件变化主要是指施工现场的地下条件（即地质、地基、地下水及土条件）的变化，给项目实施带来严重困难。这些地基或土条件，同招标文件中的描述差别很大或根本没有提到。至于水文气象方面原因造成的施工困难，如暴雨、洪水对施工带来的破坏或经济损失，则属于投标施工的风险问题，而不属于施工现场条件变化的范畴。在施工索赔中处理的原则是：一般的不利水文气象条件，是承包商的风险；特殊反常的水文气象条件，即通常所谓的不可抗力，则属于业主的风险，业主应给予承包商应有的经济补偿和工期延长。

　　2. 工程延期索赔

　　工程延期索赔的前提是延期的责任在于业主，或由于客观影响，而不是承包商的责任。工程延期索赔通常在下列情况下发生：

　　(1) 由于业主的原因

　　如未按规定时间向承包商提供施工现场或施工道路；干涉施工进展；大量地提出工程

变更或额外工程；提前占用已完工的部分建筑物等。

(2) 由于工程师的原因

如修改设计，不按规定时间向承包商提供施工图纸，图纸错误引起返工等。

(3) 由于客观原因

有些客观原因是业主和承包商都无力扭转的：如政局动乱，战争或内乱，特殊恶劣的气候，不可预见的现场不利自然条件等，根据双方承担的原则承包商可对非自身承担的风险提出工程延期索赔。

3．加速施工索赔

业主在决定采取加速施工时，应向承包商发出书面的加速施工指令，并对承包商拟采取的加速施工措施进行审核批准，并明确加速施工费用的支付问题。承包商为加速施工所增加的成本开支，将提出书面的索赔文件，这就是加速施工索赔。

4．施工效率降低索赔

在工程的施工过程中，经常会受到意外的干扰或影响，使施工效率降低，引起工程成本增加，因而形成了索赔问题。

5．施工变更引起的索赔

在工程施工过程中，由于工地上不可预见的情况，环境的改变，或为了节约成本等，在工程师认为有必要时，可以对工程任何部分的外形、质量或数量作出变更。工程师有下列变更权力：

(1) 增加或减少合同中所包含的任何工作或工程量；

(2) 取消某一个工作项目；

(3) 更改合同中的任何工作性质、质量和种类；

(4) 更改工程任何部分的标高、基线、位置和尺寸；

(5) 实施工程所必要的各种附加工作；

(6) 改变工程任何部分任何规定的施工顺序或时间安排。

任何此类变更，承包商都有权对这些变更所引起的附加费用进行索赔。

四、索赔的计算

(一) 工期索赔的计算

1. 网络分析法

网络分析法即为关键线路分析法。通过分析干扰事件发生前后不同的网络计划，对比两种工期计算结果来计算索赔值。网络分析法适用于各种干扰事件的索赔，但它以采用计算机网络技术进行工期计划和控制作为前提，否则分析极为困难。因为稍微复杂的工程，网络事件可能有几百个甚至几千个，人工分析和计算将十分烦琐。

2. 比例计算法

在实际工程中，干扰事件常常仅影响某些单项工程、单位工程或分部分项工程的工期，要分析它们对总工期的影响，可以采用更为简单的比例分析方法，即以某个技术经济指标作为比较基础，计算工期索赔值。比例计算法在实际工程中用得较多，因计算简单、方便，不需作复杂的网络分析，易被人们接受。但严格地说，比例计算法是近似计算的方法，对有些情况并不适用。例如业主变更工程施工次序，业主指令采取加速措施，业主指令删减工程量或部分工程等。如果仍用这种方法，会得到错误的结果，在实际工作中应予以注意。

(1) 以合同价所占比例计算

以合同价所占比例计算的总工期索赔公式为

$$总工期索赔 = \frac{附加工程或新增价格}{原合同总价} \times 原合同总工期 \qquad (8-1)$$

【例 8-1】 某工程合同总价 380 万元，总工期 15 个月。现业主指令增加附加工程的价为 76 万元，则承包人提出工期索赔为多少月？

【解】 工期索赔 = (76/380) × 15 = 3 个月

(2) 按单项工程工期拖延的平均值计算

这是一揽子索赔的方式。当某干扰事件引起多项单项工程的工期拖延时，将干扰事件对各单项工程工期拖延总值按单项工程数量进行平均，得到每个单项工程工期的平均影响值，再综合考虑各单项工程之间施工工期的不均匀性，得到总延长时间，即为工期索赔值。

【例 8-2】 某工程有 A、B、C、D、E 共 5 个单项工程。在实际施工中，业主未能按合同规定的日期供应水泥，造成工程停工待料。根据现场工程资料和合同双方的通信等证明，由于业主提供水泥不及时对工程施工造成如下影响：

A 单项工程 500m^3 混凝土基础推迟 21 天施工；

B 单项工程 850m^3 混凝土基础推迟 7 天施工；

C 单项工程 225m^3 混凝土基础推迟 10 天施工；

D 单项工程 480m^3 混凝土基础推迟 10 天施工；

E 单项工程 120m^3 混凝土基础推迟 27 天施工。

则承包人可提出的索赔工期为多少天？

【解】 承包人在一揽子索赔中，对业主供应材料不及时造成工期延长。

总延长天数 = 21 + 7 + 10 + 10 + 27 = 75（天）

平均延长天数：75 ÷ 5 = 15（天）

考虑单项工程之间的不均匀性对总工期的影响为 5 天，则

索赔工期 = 15 + 5 = 20（天）

(二) 费用索赔的计算

1. 索赔费用的组成

工程索赔费用的组成主要有：

(1) 人工费；

(2) 机械使用费；

(3) 材料费；

(4) 分包费用；

(5) 工地（现场）管理费；

(6) 利息；

(7) 总部（公司）管理费；

(8) 利润。

2. 费用索赔的计算方法

(1) 总费用法

该方法计算简单，以承包人的额外成本为基点，加上管理费和利息等附加费作为索赔值。

该方法较少使用，不易被对方和仲裁人认可，它的使用必须满足以下条件：

1) 合同实施过程中的总费用核算较为准确，实际总成本与报价所包括的内容一致；
2) 承包人的报价是合理的；
3) 费用损失的责任，或干扰事件的责任全在于业主或其他人；
4) 合同争议的性质不适用其他计算方法。

计算过程中应注意：第一，索赔值计算中的管理费率一般采用承包人总部的实际管理费分摊率，这符合赔偿实际损失的原则。但也可用合同报价中的管理费用率，由双方共同商讨；第二，一般在索赔中不计利润，而以保本为原则；第三，在索赔中可以计算利息支出。

【例 8-3】 某工程原合同报价如下：

总成本（直接费 + 工地管理费）	4000000 元
公司管理费（总成本 × 10%）	400000 元
利润 =（总成本 + 公司管理费）× 5%	220000 元
合同价	4620000 元

在实际工程中，由于非承包人原因造成实际总成本增加至 4500000 元，则费用索赔额为多少元？

【解】 现用总费用法计算索赔值为

总成本增加量（4500000 - 4000000）	500000 元
公司管理费（总成本增量 × 10%）	50000 元
利润（仍为 5%，550000 × 5%）	37500 元
利息支付（按实际时间和利率计算）	4000 元
索赔值	591500 元

(2) 分项法

分项法是按照引起损失的干扰事件，以及这些事件所引起损失的费用项目，分别分析计算索赔值的方法。它的特点有：比总费用法复杂，处理起来困难；索赔报告的分析与评价较详细，为双方责任的划分、双方谈判和最终解决提供方便；应用面广，人们在逻辑上容易接受。实际工程中绝大多数的索赔都采用分项法计算。

分项法计算通常分三步：

① 分析干扰事件影响的费用项目，即干扰事件引起哪些项目的费用损失；
② 计算各费用项目的损失值；
③ 将各费用项目的计算值列表汇总，得到总费用索赔值。

【例 8-4】 某工程项目合同工期为 200 天，合同价为 500 万元（其中含现场管理费 60 万元）。根据投标书附件规定，现场管理费率为 10%。

在施工过程中，由于不利的现场条件，引起人工费、材料费、施工机械费分别增加 2 万元、4 万元、3 万元；另因设计变更，新增工程款 100 万元，引起工期延误 55 天。请问承包人可提出的现场管理费索赔应是多少万元?

【解】 现场管理费索赔额由两个部分组成。

①由于不利的现场条件引起的现场管理费索赔额:
$$(2+4+3) \times 10\% = 0.9 万元$$

②由于设计变更引起的现场管理费索赔额:

新增工程款相当于原合同40天的工作量,即$200 \times (100 \div 500) = 40(天)$,而新增加的工程款包括了现场管理费等其他取费,因此尽管引起工期延误55天,但仅应考虑15天($55-40=15$)工期延误引起的现场管理费,即:
$$60 \div 200 \times 15 = 4.5 万元。$$

③现场管理费的索赔金额:$0.9 + 4.5 = 5.4$ 万元

第五节 工程结算款的确定与支付

一、施工阶段工程价款结算的编制依据

《工程价款结算办法》规定:工程价款结算应按合同约定办理,合同未作约定或约定不明的,承发包双方应依照下列规定与文件协商处理:

(1) 国家有关法律、法规和规章制度;

(2) 国务院建设行政主管部门、省、自治区、直辖市或有关部门发布的工程造价计价标准、计价办法等有关规定;

(3) 建设项目的合同、补充协议、变更签证和现场签证,以及经业主、承包人认可的其他有效文件;

(4) 其他可依据的材料。

二、工程价款结算的类别

建设产品单件性、生产周期长等特点,决定了其工程价款的结算应采用不同的方式、方法单独结算。工程性质、建设规模、资金来源和施工工期、承包内容不同,所影响的结算方式也不同。按工程结算的时间和对象,可分为按月结算、年终结算、阶段结算和竣工后一次结算等,如图8-6所示。

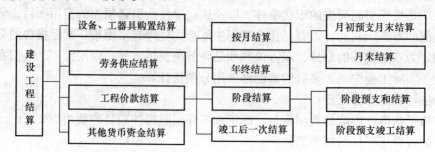

图 8-6 工程价款结算的类别

三、工程价款结算程序

工程价款结算的一般程序如图8-7所示,主要包括以下内容:

(1) 按工程承包合同或协议预支工程预付款;

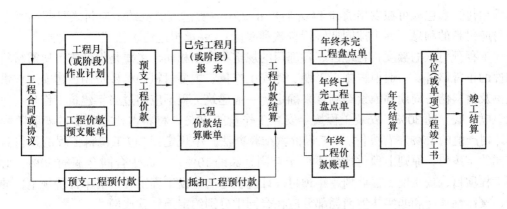

图 8-7 工程价款结算的一般程序

(2) 按照双方确定的结算方式开列月（或阶段）施工作业计划和工程价款预支单，预支工程价款；

(3) 月末（或阶段完成）呈报已完工程月（或阶段）报表和工程价款结算账单，提出支付工程进度款申请；

(4) 跨年度工程年终进行已完工程、未完工程盘点和年终结算；

(5) 单位工程竣工时，编写单位工程竣工书，办理单位工程竣工结算；

(6) 单项工程竣工时，办理单项工程竣工结算；

(7) 最后一个单项工程竣工结算审查确认后 15 天内，汇总编写建设项目竣工总结算，送发包人后 30 天内审查完成；发包人根据确认的竣工结算报告向承包人支付工程竣工结算价款，保留 5% 左右的质量保证（保修）金，待工程交付使用一年质保期到期后清算（合同另有约定的，从其约定），质保期内如有返修，发生费用应在质量保证（保修）金内扣除。

四、工程价款结算内容

(一) 工程预付款（预付备料款）的支付与扣回

1. 工程预付款支付

工程预付款是建设工程施工合同订立后由发包人按照合同约定，在正式开工前预先支付给承包人的工程款。它是施工准备和所需要材料、结构件等流动资金的主要来源，国内习惯上又称为预付备料款。预付工程款的具体事宜由承发包双方根据建设行政主管部门的规定，结合工程款、建设工期和包工包料情况在合同中约定。

《建设工程施工合同（示范文本）》中，有关工程预付款作了如下约定："实行工程预付款的，双方应当在专用条款内约定发包人向承包人预付工程款的时间和数额，开工后按约定的时间和比例逐次扣回。预付时间应不迟于约定的开工日期前 7 天。发包人不按约定预付，承包人在约定预付时间 7 天后向发包人发出要求预付的通知，发包人收到通知后仍不能按要求预付，承包人可在发出通知后 7 天停止施工，发包人应从约定应付之日起向承包人支付应付款的贷款利息，并承担违约责任。"

《工程价款结算办法》中规定："在具备施工条件的前提下，发包人应在双方签订合同后的一个月内或不迟于约定的开工日期前 7 天内预付工程款，发包人不按约定预付，承包人应在预付时间到期后 10 天内向发包人发出要求预付的通知，发包人收到通知后仍不按要求预付，承包人可在发出通知 14 天后停止施工，发包人应从约定应付之日起向承包人支付应付款的利息（利率按同期银行贷款利率计），并承担违约责任。"

工程预付款的额度，各地区、各部门的规定不完全相同，主要是保证施工所需材料和构件的正常储备。一般根据施工工期、建安工作量、主要材料和构件费用占建安工作量的比例及材料储备周期等因素经测算来确定。一般建筑工程不应超过当年建筑工作量（包括水、电、暖）的 30%，安装工程按年安装工作量的 10%，材料占比重较多的安装工程按年计划产值的 15% 左右拨付。《工程价款结算办法》中规定："包工包料工程的预付款按合同约定拨付，原则上预付比例不低于合同金额的 10%，不高于合同金额的 30%，对重大工程项目，按年度工程计划逐年预付。计价执行《建设工程工程量清单计价规范》的工程，实体性消耗和非实体性消耗部分应在合同中分别约定预付款比例。"

在实际工作中，工程预付款的数额，要根据各工程类型、合同工期、承包方式和供应体制等不同条件而定。例如，工业项目中钢结构和管道安装占比重较大的工程，其主要材料所占比重比一般安装工程要高，因而备料款数额也要相应提高；工期短的工程比工期长的要高；材料由施工单位自购的比由建设单位供应主要材料的要高。对于包工不包料的工程项目，则可以不预付备料款。

工程预付款的数额可以采用以下 3 种方法计算。

(1) 按合同中约定的数额

发包人根据工程的特点、工期长短、市场行情、供求规律等因素，招标时在合同条件中约定工程预付款的百分比，按此百分比计算工程预付款数额。

(2) 影响因素法

影响因素法是将影响工程预付款数额的每个因素作为参数，按其影响关系，进行工程预付款数额的计算，计算公式为

$$A = \frac{B \times K}{T} \times t \tag{8-2}$$

式中　A——工程预付款数额；

　　　B——年度建筑安装工作量；

　　　K——材料比例，即主要材料和构件费占年度建筑安装工作量的比例；

　　　T——计划工期；

　　　t——材料储备时间，可根据材料储备定额或当地材料供应情况确定。

【例 8-5】　某住宅工程计划完成年度建筑安装工作量为 286 万元，计划工期为 310 天，材料比例为 60%，材料储备期为 100 天，试确定工程预付款数额。

【解】　工程预付款数额 = $\frac{286 \times 0.6}{310} \times 100 = 55.35$ 万元

(3) 额度系数法

为了简化工程预付款的计算，将影响工程预付款数额的因素进行综合考虑，确定为一个系数，即工程预付款额度系数 λ，其含义是工程预付款数额占年度建筑安装工作量的百分比。其计算公式为

$$\lambda = \frac{A}{B} 100\% \tag{8-3}$$

式中　λ——工程预付款额度系数；

A——工程预付款数额；

B——年度建筑安装工作量。

于是得出工程预付款数额，即

$$A = \lambda \cdot B \tag{8-4}$$

根据预付款额度系数可以推算出工程预付款。一般情况下，各地区的工程预付款额度按工程类别、施工期限、建筑材料和构件生产供应情况统一测定。通常取 $\lambda = 20\% \sim 30\%$。对于装配化程度高的项目，需要的预制钢筋混凝土构件、金属构件、木制品、铝合金和塑料配件等较多，工程预付款的额度适当增大。

【例 8-6】 某建设项目，计划完成年度建筑安装工作量为 800 万元。按地区规定，工程预付款额度为 30%，试确定该项目的工程预付款的数额。

【解】 工程预付款数额 = 800 × 30% = 240 万元

2. 工程预付款扣回

工程预付款是建设单位为了保证施工生产的顺利进行而预支给承包人的一部分垫款。当施工进行到一定程度之后，材料和构配件的储备量将随工程的顺利进行而减少，需要的工程预付款也随之减少，此后在办理工程价款结算时，可以开始扣还工程预付款。

(1) 工程预付款扣回的方法

1) 由发包人和承包人通过洽商用合同的形式予以确定。采用等比率或等额扣款的方式，也可针对工程实际情况具体处理。如有些工程工期较短、造价较低，就无需分期扣还；有些工期较长，如跨年度工程，预计次年承包工程价值大于或相当于当年承包工程价值时，可以不扣回当年的预付备料款；如小于当年承包工程价值时，应按实际承包工程价值进行调整，在当年扣回部分预付备料款，并将未扣回部分，转入次年，直到竣工年度，再按上述办法扣回。

2) 累计工作量法。从未施工工程尚需的主要材料及构件的价值相当于工程预付款数额时扣起，从每次中间结算工程价款中，按材料及构件比重扣抵工程价款，至竣工之前全部扣清。因此，确定起扣点是工程预付款起扣的关键。

3) 工作量百分比法。在承包人完成工程款金额累计达到合同总价的一定百分比后，由承包人开始向发包人还款，发包人从每次应付给承包人的金额中扣回工程预付款，发包人至少在合同规定的完工期前一定时间内将工程预付款的总计金额按逐次分摊的办法扣回。

(2) 工程预付款起扣点的确定

工程预付款开始扣还时的工程进度状态称为工程预付款的起扣点。工程预付款的起扣点，可以用累计完成建筑安装工作量的数额表示，称为累计工作量起扣点；也可以用累计完成建筑安装工作量与年度建筑安装工作量百分比表示，称为工作量百分比起扣点。根据未完成所需主要材料和构件的费用等于工程预付款数额的原则，可以确定用下述两种方法表示的起扣点。

第一种方法是确定累计工作量起扣点，由未施工工程尚需的主要材料及构件的价值相当于工程预付款数额这一含义可知：

$$(B - W) \cdot K = A \tag{8-5}$$

式中 W——累计工作量起扣点，其他字母含义参见式 (8-3)。

于是得出

$$W = B - A/K \tag{8-6}$$

【例 8-6】 某工程计划完成年度建筑安装工作量为 800 万元，根据合同规定工程预付款额度为 25%，材料比例为 50%，试计算累计工作量起扣点。

【解】 (1) 工程预付款数额为

$$800 \times 25\% = 200 \text{ 万元}$$

(2) 累计工作量表示的起扣点为

$$800 - 200/50\% = 400 \text{ 万元}$$

第二种方法是确定工作量百分比起扣点。根据百分比起扣点的含义，即建筑安装工程累计完成的建筑安装工作量 W，占年度建筑安装工作量的百分比达到起扣点的百分比时，开始扣还工程预付款，设其为 R，则有

$$R = W/B \times 100\% \tag{8-7}$$

将式 (8-7) 代入式 (8-6) 可得

$$R = \left(1 - \frac{A}{K \times B}\right) \times 100\% \tag{8-8}$$

【例 8-7】 某工程计划完成年度建筑安装工作量为 800 万元，按合同规定工程预付款额度为 25%，材料比例为 50%，试计算工作量百分比起扣点。

【解】 (1) 工程预付款数额为

$$800 \times 25\% = 200 \text{ 万元}$$

(2) 工作量百分比起扣点为：

$$1 - 200/(800 \times 50\%) = 50\%$$

按这种方法求出工作量百分比起扣点为 50%。此时，累计完成的建筑安装工作量为

$$800 \times 50\% = 400 \text{ 万元}$$

上述两例所求出的累计工作量起扣点相同。可见，对于同一份合同在约定付款比例一定的条件下，两种起扣点只是表示法和计算法不同，起扣工程预付款时的工程进度状态是一定的，即起扣点只有一个。

(3) 应扣工程预付款数额

应扣工程预付款数额有分次扣还法和一次扣还法两种方法。

按工程预付款起扣点进行扣还工程预付款时，应自起扣点开始，在每次工程价款结算中扣回工程预付款，这就是分次扣还法。抵扣的数量，应该等于本次工程价款中材料和构件费的数额，即工程价款数额和材料比的乘积。但是，一般情况下工程预付款的起扣点与工程价款结算间隔点不一定重合。因此，第一次扣还工程预付款数额计算公式与其各次工程预付款扣还数额计算式略有区别。

1) 第一次扣还工程预付款数额按下式 (8-9) 计算。

$$a = \left(\sum_{i=1}^{n} W_i - W\right) \cdot K \tag{8-9}$$

式中 a_1——第一次扣还工程预付款数额；

$\sum_{i=1}^{n} W_i$——累计完成建筑安装工作量之和。

2）第二次及以后各次扣还工程预付款数额按下式计算，即
$$a_i = W_i \cdot K \tag{8-10}$$
式中 a_i——第 i 次扣还工程预付款数额（$i>1$）；
W_i——第 i 次扣还工预付款时，当次结算完成的建筑安装工作量。

【例 8-8】 某建设项目计划完成年度建筑安装工作量为 800 万元，工程预付款为 200 万元，材料比例工作量为 50%，工程预付款起扣点为累计完成建筑安装工作量 400 万元，7 月份累计完成建筑安装工作量 510 万元，当月完成建筑安装工作量 112 万元；8 月当月完成建筑安装工作量 108 万元。试计算 7 月份和 8 月份月终结算时应扣回工程预付款数额。

【解】 （1）7 月份应扣回工程预付款数额为
$$(510 - 400) \times 50\% = 55 \text{ 万元}$$
（2）8 月份应抵扣工程预付款数额为
$$108 \times 50\% = 54 \text{ 万元}$$

（二）工程进度款的结算

1. 工程进度款的计算

每期应支付给承包人的工程进度款的款项包括：

（1）经过确认核实的已完工程量对应的的工程款；
（2）设计变更应调整的合同价款；
（3）本期应扣回的工程预付款；
（4）根据合同中允许调整合同价款的规定，应补偿给承包人的款项和应扣减的款项；
（5）经过工程师批准的承包人的索赔款；
（6）其他应支付或扣回的款项等。

2. 工程进度款支付的规定

我国《建设工程施工合同（示范文本）》和《工程价款结算办法》中对工程进度款支付做了如下详细规定。

（1）工程款（进度款）在双方确认计量结果后 14 天内，发包人应按不低于工程价款的 60% 和不高于工程价款的 90% 向承包人支付工程进度款。按约定时间发包方应扣回的预付款，与工程款（进度款）同期结算。

（2）符合规定范围的合同价款的调整，工程变更调整的合同价款及其他条款中约定的追加合同价款，应与工程款（进度款）同期调整支付。

（3）发包方超过约定的支付时间不支付工程款（进度款），承包方可向发包方发出要求付款通知，发包方收到承包方通知后仍不能按要求付款，可与承包方协商签订延期付款协议，经承包方同意后可延期支付。协议须明确延期支付时间和从发包方计量结果确认后第 15 天起计算应付款的贷款利息（利率按同期银行贷款利率计）。

（4）发包方不按合同约定支付工程款（进度款），双方又未达成延期付款协议，导致施工无法进行，承包方可停止施工，由发包方承担违约责任。

（三）工程保修金（保留金）的预留

按照有关规定，工程项目总造价中应预留一定比例的工程保修金〔国际《FIDIC 施工合同条件》称保留金〕作为质量保修费用，待工程项目保修期结束后最后支付。工程保修

金的预留有以下两种方法。

1. 进度款支付余额法

当工程进度款支付累计额达到工程造价的一定比例（通常为95%~97%左右）时停止支付，预留剩余部分作为保修金。《工程价款结算办法》规定："发包人根据确认的竣工结算报告向承包人支付工程竣工结算价款，保留5%左右的质量保证（保修）金，待工程交付使用一年质保期到期后清算（合同另有约定的，从其约定），质保期内如有返修，发生费用应在质量保证（保修）金内扣除。"

2. 进度款比例法

国家颁布的《招标文件范本》中规定，保修金的扣留，可以从发包人向承包人第一次支付的工程进度款开始，在每次承包人应得的工程款中扣留投标书附录中规定的金额作为保修金，直至保修金总额达到投标书附录中规定的限额为止。

（四）工程竣工结算

竣工结算是在工程竣工并经验收合格后，在原合同造价的基础上，将有增减变化的内容，按照施工合同约定的方法与规定，对原合同造价进行相应的调整，编制确定工程实际造价并作为最终结算工程价款的经济文件。

在实际工作中，当年开工、竣工的工程，只需办理一次性结算。跨年度的工程，在年终办理一次年终结算，将未完工程转到下一年度，此时竣工结算等于各年度结算的综合。

在调整合同造价中，应把施工中发生的设计变更、费用签证、费用索赔等使工程价款发生增减变化的内容加以调整。办理工程竣工结算的一般计算公式为：

竣工结算工程价款 = 预算(或概算)或合同价款 + 施工过程中预算或合同价款调整数额 − 预付及已结算工程价款 − 质量保证(保修)金 (8-11)

【例8-9】 某建安工程施工，合同总价为600万元，其中有78万元的主材由业主直接供应，合同工期为7个月。

（1）合同规定：①业主应向承包人支付合同价25%的预付工程款；②预付工程款应从未施工工程尚需的主要材料及构配件价值相当于预付工程款时起扣，每月以抵充工程款的方式陆续扣回，主材费比重按62.5%考虑；③业主每月从给承包人的工程进度款金额中按2.5%的比例扣留工程保留金，通过竣工验收后结算给承包人；④由业主直接供应的主材款应在发生当月的工程款中扣回其费用；⑤每月付款证书签发的最低限额为50万元等。

（2）第1个月主要是完成土方工程的施工，由于施工条件复杂，土方工程量发生了较大变化时（招标文件中规定的工程量为2800m³，承包人填报的综合单价为80元/m³）单价应作出调整，实际工程量超过或少于估计工程量15%以上时，单价乘以系数0.9或1.05。

（3）经工程师签证确认：①承包人在第1个月完成的土方工程量为3300m³；②其他各月实际完成的建安工作量及业主直接提供的主材价值如表8-3所示。

建安工程量与业主供应主材价值表 表8-3

月 份	1	2	3	4	5	6	7
工程进度款		90	110	100	100	80	70
业主供应主材价值（万元）		18	20			30	

问题（1）第1个月土方工程实际工程进度款为多少万元？

（2）该工程预付工程款是多少万元？预付工程款在第几个月份开始起扣？

（3）1~7月工程师应签证的工程款各是多少万元？应签发付款证书金额是什么？并指明该月是否签发付款证书。

（4）竣工结算时，工程师应签发付款证书金额是多少万元？

【解】 问题（1）

1）超过15%以内的工程进度款：2800×（1+15%）×80 = 3220×80 = 25.76万元

2）超过15%的剩余部分的工程进度款：(3300-3220)×80×0.9 = 0.58万元

3）土方工程进度款：25.76+0.58 = 26.34万元

问题（2）

1）预付工程款金额：600×25% = 150万元

2）预付工程款起扣点：600-150/62.5% = 360万元

3）开始起扣预付工程款的时间为第5个月，因为第5个月累计实际完成的工程量：26.34+90+110+100+100 = 426.34 > 360

问题（3）

1月份 应签证的工程款：26.34×（1-2.5%）= 25.68万元

应签发付款证书金额：25.68万元，但本月不签发付款证书。

2月份 应签证的工程款：90×（1-2.5%）= 87.75万元

应签发付款证书金额：87.75-18+25.68 = 95.43万元，本月应签付证书。

3月份 应签证的工程款：110×（1-2.5%）= 107.25万元

应签发付款证书金额：107.25-20 = 87.25万元，本月应签发付款证书。

4月份 应签证的工程款：100×（1-2.5%）= 97.5万元

应签发付款证书金额：97.5万元，本月应签发付款证书。

5月份 应签证的工程款：100×（1-2.5%）= 97.5万元

本月应扣预付款：（426.5-360）×62.5% = 41.56万元

应签发付款证书金额：97.6-41.56 = 56.04万元，本月应签发付款证书。

6月份 应签证的工程款：80×（1-2.5%）= 78万元

本月应扣预付款：80×62.5% = 50万元

应签发付款证书金额：78-50-30 = -2万元，本月不签付款证书。

7月份 应签证的工程款：70×（1-2.5%）= 68.25万元

本月应扣预付款：150-41.56-50 = 58.44万元

应签发付款证书金额：68.25-58.44-2 = 7.81万元，本月不签发付款证书。

问题（4）竣工结算时，工程师应签发付款证书金额：7.81+（26.34+550）×2.5% = 22.22万元。

（五）工程价款的动态结算

在经济发展过程中，物价水平是动态的、经常不断变化的，有时上涨快、有时上涨慢，有时甚至表现为下降。工程建设项目中合同周期较长的项目，随着时间的推移，经常要受到物价浮动等多种因素的影响，其中主要是人工费、材料费、施工机械费、管理费等动态影响。这样就有必要在工程价款结算中充分考虑动态因素，也就是要把多种动态因素纳入到结算过程中认真加以计算，使工程价款结算能够基本上反映工程项目的实际消耗费用。这对避免承包商（或业主）遭受不必要的损失，获取必要的调价补偿，从而维护合同双方的正当权益是十分必要的。下面介绍几种常用的动态结算办法。

工程价款调整的方法有工程造价指数调整法、实际价格调整法、调价文件计算法、调值公式法等。下面分别加以介绍。

(1) 工程造价指数调整法

这种方法是甲乙方采用当时的预算（或概算）定额单价计算出承包合同价，待竣工时，根据合理的工期及当地工程造价管理部门所公布的该月度（或季度）的工程造价指数，对原承包合同价予以调整。

【例 8-10】 某市某建筑公司承建一幢写字楼，工程合同价款为 600 万元，2004 年 1 月签订合同并开工，2004 年 11 月竣工，合同约定采用工程造价指数调整法予以动态结算。根据该市建筑工程造价指数表知，写字楼 2004 年 1 月的造价指数为 100.02，2004 年 11 月的造价指数为 100.25。求价差调整的款额应为多少？

【解】 价差调整的款额 = 工程合同价 × $\dfrac{\text{竣工时工程造价指数}}{\text{签订合同时工程造价指数}}$

= 600 × 100.25 ÷ 100.02

= 601.34 万元

(2) 按实际价格结算法

在我国，由于建筑材料需市场采购的范围越来越大，有些地区规定对钢材、木材、水泥等三大材的价格采取按实际价格结算的办法。工程承包商可凭发票按实报销。这种方法方便。但由于是实报实销，因而承包商对降低成本不感兴趣，为了避免产生副作用，造价管理部门要定期公布最高结算限价，同时合同文件中应规定建设单位或工程师有权要求承包商选择更廉价的供应来源。

(3) 按调价文件计算法

按当地造价管理部门颁布的调价文件可调人工、材料价差。发包人在招标文件中列出需要调整价差人工与主要材料表及其基期价格（一般采用当时当地工程价格管理机构公布的信息价或结算价），工程竣工结算时按竣工当时当地工程价格管理机构公布的材料信息价或结算价，与招标文件中列出的基期价比较计算材料差价。

(4) 调值公式法（又称动态结算公式法）

根据国际惯例，对建设工程已完成投资费用的结算，一般采用此法。事实上，绝大多数情况是发包方和承包方在签订的合同中就明确规定了调值公式。

1）利用调值公式进行价格调整的工作程序及工程师应做的工作价格调整的计算工作比较复杂，其程序是：

首先，确定计算物价指数的品种，一般地说，品种不宜太多，只确立那些对项目投资影响较大的因素，如设备、水泥、钢材、木材和工资等。这样便于计算。

其次，要明确以下两个问题：一是合同价格条款中，应写明经双方商定的调整因素，在签订合同时要写明考核几种物价波动到何种程度才进行调整。一般都在 ±10% 左右。二是考核的地点和时点，地点一般在工程所在地，或指定的某地市场价格；时点指的是某月某日的市场价格。这里要确定两个时点价格，即基准日期的市场价格（基础价格）和与特定付款证书有关的期间最后一天的 49 天前的时点价格。这两个时点就是计算调值的依据。

最后，确定各成本要素的系数和固定系数，各成本要素的系数要根据各成本要素对总造价的影响程度而定。各成本要素系数之和加上固定系数应该等于 1。

2) 建筑安装工程费用的价格调值公式

建筑安装工程费用价格调值公式与货物及设备的调值公式基本相同。它包括固定部分、材料部分和人工部分三项。但因建筑安装工程的规模和复杂性增大，公式也变得更长更复杂。典型的材料成本要素有钢筋、水泥、木材、钢构件、沥青制品等，同样，人工可包括普通工和技术工。调值公式一般为：

$$P = P_0 \left(a_0 + a_1 \frac{A}{A_0} + a_2 \frac{B}{B_0} + a_3 \frac{C}{C_0} + a_4 \frac{D}{D_0} \right) \tag{8-11}$$

式中　　　　　P——调值后合同价款或工程实际结算款；

　　　　　　　P_0——合同价款中工程预算进度款；

　　　　　　　a_0——固定要素，代表合同支付中不能调整的部分；

a_1, a_2, a_3, a_4——代表有关成本要素（如：人工费用、钢材费用、水泥费用、运输费等）在合同总价中所占的比重，其中 $a_1 + a_2 + a_3 + a_4 = 1$

A_0、B_0、C_0、D_0——基准日期与 a_1, a_2, a_3, a_4 对应的各项费用的基期价格指数或价格；

　　A、B、C、D——与特定付款证书有关的期间最后一天的 49 天前与 a_1, a_2, a_3, a_4 对应的各成本要素的现行价格指数或价格。

各部分成本的比重系数在许多标书中要求承包方在投标时即提出，并在价格分析中予以论证。但也有的是由发包方在标书中即规定一个允许范围，由投标人在此范围内选定。因此，工程师在编制标书中，尽可能要确定合同价中固定部分和不同投入因素的比重系数和范围，招标时以给投标人留下选择的余地。

【例 8-11】　某工程合同总价为 100 万元。其组成为：土方工程费 10 万元，占 10%，砌体工程费 40 万元，占 40%；钢筋混凝土工程费 50 万元，占 50%。这三个组成部分的人工费和材料费占工程价款 85%，人工材料费中各项费用比例如下：

(1) 土方工程：人工费 50%，机具折旧费 26%，柴油 24%。

(2) 砌体工程：人工费 53%，钢材 5%，水泥 20%，骨料 5%，空心砖 12%，柴油 5%。

(3) 钢筋混凝土工程：人工费 53%，钢材 22%，水泥 10%，骨料 7%，木材 4%，柴油 4%。

假定该合同的基准日期为 2004 年 1 月 3 日，2004 年 9 月完成的工程价款占合同总价的 10% 即 10 万元。有关月报的工资、材料物价指数如表 8-4 所示。（注：A、B、C、D 等应采用 8 月份的物价指数。）

工资、物价指数　　　　　　　　　　表 8-4

费用名称	代号	2004 年 1 月指数	代号	2004 年 8 月指数
人工费	A_0	100.0	A	116.0
钢材	B_0	153.4	B	187.6
水泥	C_0	154.8	C	175.0

续表

费用名称	代 号	2004年1月指数	代 号	2004年8月指数
骨　料	D_0	132.6	D	169.3
柴　油	E_0	178.3	E	192.8
机具折旧	F_0	154.4	F	162.5
空心砖	G_0	160.1	G	162.0
木　材	H_0	142.7	H	159.5

问题：(1) 计算各项参加调值的费用占工程价款的比例。

(2) 计算9月份应支付的工程价款。

【解】 (1) 该工程其他费用，即不调值的费用占工程价款的15%，各项参加调值的费用占工程价款比例如下：

人工费：$(50\% \times 10\% + 53\% \times 40\% + 53\% \times 50\%) \times 85\% = 45\%$

钢　材：$(5\% \times 40\% + 22\% \times 50\%) \times 85\% = 11\%$

水　泥：$(20\% \times 40\% + 10\% \times 50\%) \times 85\% = 11\%$

骨　料：$(5\% \times 40\% + 7\% \times 50\%) \times 85\% = 5\%$

柴　油：$(24\% \times 10\% + 5\% \times 40\% + 4\% \times 50\%) \times 85\% = 5\%$

机具折旧：$26\% \times 10\% \times 85\% = 2\%$

空心砖：$12\% \times 40\% \times 85\% = 4\%$

木　材：$4\% \times 50\% \times 85\% = 2\%$

(2) 2001年9月的工程价款经过调值后为：

$$P = P_0 \times \left(0.15 + 0.45\frac{A}{A_0} + 0.11\frac{B}{B_0} + 0.11\frac{C}{C_0} + 0.05\frac{D}{D_0} + 0.05\frac{E}{E_0} + 0.02\frac{F}{F_0} + 0.04\frac{G}{G_0} + 0.02\frac{H}{H_0}\right)$$

$= 10\% \times 100[0.15 + 0.45 \times (116/100) + 0.11 \times (187.6/153.4) + 0.11 \times (175.0/154.8) + 0.05 \times (169.3/132.6) + 0.05 \times (192.8/178.3) + 0.02 \times (162.5/154.4) + 0.04 \times (162.0/160.1) + 0.02 \times (159.5/142.7)]$

$= 11.33$ 万元

由此可见，通过调值，2004年9月实得工程款比原价款多1.33万元。

第六节 投资偏差分析

一、投资偏差含义

在确定了投资控制目标之后，为了有效地进行投资控制，就必须定期地进行投资计划值与实际值的比较，当实际值偏离计划值时，分析产生偏差的原因，采取适当的纠偏措施，以使投资超支尽可能小。

在投资控制中，把投资的实际值与计划值的差异叫做投资偏差，即：

投资偏差 = 已完工程实际投资 − 已完工程计划投资

其中：

$$已完工程计划投资 = 已完工程量 \times 计划单价$$
$$已完工程实际投资 = 已完工程量 \times 实际单价$$

投资偏差结果为正，表示投资超支；结果为负，表示投资节约。但是由于进度偏差对投资偏差分析的结果有着重要影响，如：某一阶段的投资超支，可能是由于进度超前导致的，也可能由于物价上涨导致的。因此，必须引入进度偏差才能正确反映投资偏差的实际情况。

$$进度偏差1 = 已完工程实际时间 - 已完工程计划时间$$

与投资偏差联系起来，进度偏差也可表示为：

$$进度偏差2 = 拟完工程计划投资 - 已完工程计划投资$$

所谓拟完工程计划投资，是指根据进度计划安排在某一确定时间内所应完成的工程内容的计划投资，即：

$$拟完工程计划投资：拟完工程量（计划工程量）\times 计划单价$$

进度偏差为正值，表示工期拖延；结果为负值，表示工期提前。用进度偏差2公式来表示进度偏差，其思路是可以接受的，但表达并不十分严格。在实际应用时，为了便于工期调整，还需将用投资差额表示的进度偏差转换为所需要的时间。

在实际进行投资偏差分析时，主要考虑的投资偏差参数有局部偏差和累计偏差、绝对偏差和相对偏差等。

1. 局部偏差和累计偏差

所谓局部偏差，有两层含义：一是对于整个项目而言，指各单项工程、单位工程及分部分项工程的投资偏差；另一含义是对于整个项目已经实施的时间而言，是指每一控制周期所发生的投资偏差。累计偏差是一个动态的概念，其数值总是与具体的时间联系在一起，第一个累计偏差在数值上等于局部偏差，最终的累计偏差就是整个项目的投资偏差。

局部偏差的引入，可使项目投资管理人员清楚地了解偏差发生的时间、所在的单项工程，这有利于分析其发生的原因。而累计偏差所涉及的工程内容较多、范围较大，且原因也较复杂，因而累计偏差分析必须以局部偏差分析为基础。从另一方面来看，因为累计偏差分析是建立在对局部偏差进行综合分析的基础上，所以其结果更能显示出代表性和规律性，对投资控制工作在较大范围内具有指导作用。

2. 绝对偏差和相对偏差

绝对偏差是指投资实际值与计划值比较所得到的差额。绝对偏差的结果很直观，有助于投资管理人员了解项目投资出现偏差的绝对数额，并依此采取一定措施，制定或调整投资支付计划和资金筹措计划。

相对偏差是指投资偏差的相对数或比例数，通常是用绝对偏差与投资计划值的比值来表示，即：

$$相对偏差 = \frac{绝对偏差}{投资计划值} = \frac{投资实际值 - 投资计划值}{投资计划值}$$

绝对偏差和相对偏差一样，可正可负，且两者符号相同，正值表示投资超支，负值表示投资节约。二者都只涉及投资的计划值和实际值，既不受项目层次的限制，也不受项目实施时间的限制，因而在各种投资比较中均可采用。但是，绝对偏差有其不容忽视的局限性。如同样是1万元的投资偏差，对于总投资1000万元的项目和总投资10万元的项目而言,其严重性显然是不同的。而相对偏差就能较客观地反映投资偏差的严重程度或合理程度,从对投资控制工作的要求来看,相对偏差比绝对偏差更有意义。

3. 偏差程度

偏差程度是指投资实际值对计划值的偏离程度,其表达式为:

$$投资偏差程度 = \frac{投资实际值}{投资计划值}$$

偏差程度可参照局部偏差和累计偏差分为局部偏差程度和累计偏差程度。注意累计偏差程度并不等于局部偏差程度的简单相加。以月为一控制周期,则二者公式为:

$$投资局部偏差程度 = \frac{当月投资实际值}{当月投资计划值}$$

$$投资累计偏差程度 = \frac{累计投资实际值}{累计投资计划值}$$

将偏差程度与进度结合起来,引入进度偏差程度的概念,则可得到以下公式:

$$进度偏差程度 = \frac{已完工程实际时间}{已完工程计划时间}$$

或

$$进度偏差程度 = \frac{已完工程计划投资}{已完工程计划投资}$$

上述各组偏差和偏差程度变量都是投资比较的基本内容和主要参数。投资比较的程度越深,为下一步的偏差分析提供的支持就越有力。

二、偏差原因分析及纠偏措施

对偏差原因进行分析的目的是为了有针对性地采取纠偏措施,从而实现投资的动态控制和主动控制。纠偏首先要确定纠偏的主要对象,纠偏的主要对象是由于业主原因和设计原因造成的投资偏差。在进行偏差原因分析时,首先应当将已经导致和可能导致偏差的各种原因逐一列举出来。导致不同工程项目产生投资偏差的原因具有一定共性,因而可以通过对已建项目的投资偏差原因进行归纳、总结,为该项目采取预防措施提供依据。

一般来说,产生投资偏差的原因有以下几种,如图8-8所示。

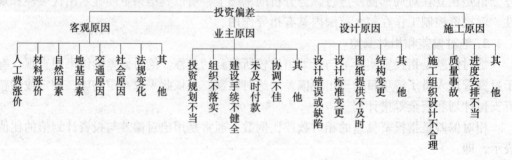

图 8-8 投资偏差

建设工程的投资主要发生在施工阶段,在这一阶段需要投入大量的人力、物力、资金等,是工程项目建设费用消耗最多的时期,浪费投资的可能性比较大。因此,精心地组织施工,挖掘各方面潜力,节约资源消耗,仍可以收到节约投资的明显效果。对施工阶段的投资控制应给予足够的重视,仅仅靠控制工程款的支付是不够的,应从组织、经济、技术、合同等多方面采取措施，控制投资。

思 考 题

1. 简述施工阶段投资控制的基本原理。
2. 简述投资控制的基本工作程序。
3. 施工阶段资金使用计划的编制方法有哪几种？
4. 简述工程变更项目价款的确定方法。
5. 简述索赔的分类及索赔的程序。
6. 我国现行工程价款的结算方式有哪些？
7. 何为投资偏差？如何表示投资偏差？
8. 如何进行工程保修金的管理？
9 简述工程计量的基本方法。
10. 简述工程价款的动态结算方式。
11. 投资偏差分析的方法有哪些？
12. 某土方工程发包方提出的估计工程量为 $1500m^3$，合同中规定土方工程单价为 18 元/m^3，实际工程量超过估计工程量 10% 时，调整单价为 16 元/m^3。结算时实际完成土方工程量为 $1800m^3$，则土方工程结算款应为多少？
13. 某施工单位承包某内资项目，甲、乙双方签定的关于工程价款的合同内容有：
(1) 建筑安装工程造价 660 万元，建筑材料及设备费占施工产值的比重为 60%；
(2) 预付工程款为建筑安装工程造价的 20%，工程实施后，预付工程款从未施工工程尚需的主要材料及构件的价值相当于预付工程款数额时起扣；
(3) 工程进度款逐月计算；
(4) 工程保修金为建筑安装工程造价的 3%，竣工结算月一次扣留；
(5) 材料价差调整按规定进行，按有关规定上半年材料价差上调 10%，在 6 月份一次扣增。
(6) 工程各月实际完成产值如表 8-5 所示。

各月实际完成产值表　　　　　　　　　　　　　　　表 8-5

月份	2	3	4	5	6
完成产值（万元）	55	110	165	220	110

问题（1）该工程预付工程款起扣点是多少？
(2) 该工程 2 月至 5 月每月拨付工程款为多少？累计工程款为多少？
(3) 6 月份办理工程竣工结算，该工程结算造价为多少？甲方应付工程款为多少？

第九章 竣工结算与竣工决算

【本章学习提要】 竣工结算是承包方向发包单位进行的最终工程价款结算的经济活动。

竣工结算必须遵守合同及有关法规规定的结算程序和规定,竣工结算的编制方法主要有:固定合同总价结算编制方法、固定合同单价结算的编制方法、可调价合同结算的编制方法。竣工结算审查的组织形式有中介机构审查和财政投资审核机构审查。竣工结算的审查方法有全面审查法、重点审查法、分解对比审查法、运用"统筹计算原理"匡算审查法,审查中必需重视实际内容的核实。

竣工决算是建设单位财务人员编制的反映项目从筹建到竣工投产全过程中发生的所有实际支出,包括设备工器具购置、建筑安装工程费和其他费用的文件。竣工决算由竣工财务决算报表、竣工财务决算说明书、竣工工程平面示意图、工程造价比较分析四部分组成。

第一节 竣 工 结 算

一、竣工结算的相关法规

竣工结算是工程施工全部完工交付之后,承包方将所承包的工程按照合同有关付款条件的规定,按照规定的程序,向发包单位进行的最终工程价款结算的经济活动。竣工结算由承包方的预算部门负责编制,按规定程序进行核定。

竣工结算是施工阶段造价控制的重要环节之一。《建设工程施工合同文本(范本)》通用条款对竣工结算有相应的规定:

(1) 工程竣工验收报告经发包人认可后 28 天内,承包人向发包人递交竣工结算报告及完整的结算资料,双方按照协议书约定的合同价款及专用条款约定的合同价款调整内容,进行工程竣工结算。

(2) 发包人收到承包人递交的竣工结算报告及结算资料后 28 天内进行核实,给予确认或者提出修改意见。发包人确认竣工结算报告通知经办银行向承包人支付工程竣工结算价款。承包人收到竣工结算价款后 14 天内将竣工工程交付发包人。

(3) 发包人收到竣工结算报告及结算资料后 28 天内无正当理由不支付工程竣工结算价款,从第 29 天起按承包人同期向银行贷款利率支付拖欠工程价款的利息,并承担违约责任。

(4) 发包人收到竣工结算报告及结算资料后 28 天内不支付工程竣工结算价款,承包人可以催告发包人支付结算价款。发包人在收到竣工结算报告及结算资料后 56 天内仍不支付的,承包人可以与发包人协议将该工程折价,也可以由承包人申请人民法院将该工程依法拍卖,承包人就该工程折价或者拍卖的价款优先受偿。

(5) 工程竣工验收报告经发包人认可后28天内,承包人未能向发包人递交竣工结算报告及完整的结算资料,造成工程竣工结算不能正常进行或工程竣工结算价款不能及时支付,发包人要求交付工程的,承包人应当交付;发包人不要求交付工程的,承包人承担保管责任。

(6) 发包人承包人对工程竣工结算价款发生争议时,按本通用条款第37条关于争议的约定处理。

为加强结算管理,建设部107号文件《建筑工程施工发包与承包计价管理办法》中对结算的相关规定如下:

建筑工程发承包双方应当按照合同约定定期或者按照工程进度分段进行工程款结算。工程竣工验收合格,应当按照下列规定进行竣工结算:

(1) 承包方应当在工程竣工验收合格后的约定期限内提交竣工结算文件。

(2) 发包方应当在收到竣工结算文件后的约定期限内予以答复。逾期未答复的,竣工结算文件视为已被认可。

(3) 发包方对竣工结算文件有异议的,应当在答复期内向承包方提出,并可以在提出之日起的约定期限内与承包方协商。

(4) 发包方在协商期内未与承包方协商或者经协商未能与承包方达成协议的,应当委托工程造价咨询单位进行竣工结算审核。

(5) 发包方应当在协商期满后的约定期限内向承包方提出工程造价咨询单位出具的竣工结算审核意见。

发承包双方在合同中对上述事项的期限没有明确约定的,可认为其约定期限均为28日。

发承包双方对工程造价咨询单位出具的竣工结算审核意见仍有异议的,在接到该审核意见后一个月内可以向县级以上地方人民政府建设行政主管部门申请调解,调解不成的,可以依法申请仲裁或者向人民法院提起诉讼。

二、竣工结算的编制

(一) 竣工结算的编制依据

竣工结算的编制依据主要有以下内容:

(1) 发包方与承包方签订的工程施工合同及相关文件(包含9项)。

(2) 经监理工程师审批的施工进度计划、月旬作业计划。

(3) 施工图纸及其有关资料、会审纪要、设计变更通知书和现场工程变更签证。

(4) 施工过程中索赔事项及其现实相关记录。

(5) 其他经济签证。

(6) 若为定额计价的,应有与工程时期相匹配的计价依据:预算定额、地区单位估价汇总表和各项费用取费标准。

(7) 国家和当地建设主管部门的有关政策规定。

(二) 竣工结算的编制方法

竣工结算的编制方法取决于合同对计价方法及对合同种类的选定。相应的竣工结算方法有:

1. 固定合同总价结算的编制方法

$$竣工结算总价 = 合同总价 \pm 设计变更增减价 \pm 工程以外的技术经济签证$$
$$+ 批准的索赔额 \pm 工期质量奖励与罚金 \qquad (9-1)$$

一般地，固定价合同主要是对物价上涨因素进行控制，风险由施工单位承担，价款不因物价变动而变化。但设计变更变化了合同的范围，需要调整。发生了由业主承担的风险损失，承包企业应当按照索赔程序对增加的费用和损失向业主提出索赔。

2. 按固定合同单价结算的编制方法

目前推行的清单计价，大部分为固定单价合同，这里的单价以中标单位的所报的工程量清单综合单价为合同单价。该类型结算价计算公式为：

$$竣工结算总价 = \Sigma（分部分项（核实）工程量 \times 分部分项工程综合单价）$$
$$+ 措施项目费 + \Sigma（据实核定的）$$
$$其他项目金额 + 规费 + 税金 \qquad (9-2)$$

其中：承包合同范围内的工程的措施项目费为包干费用。当有新增减工程涉及到措施费的按价格比例或工程量比例进行增减，方法应在合同中事先约定。业主风险导致措施费用增加按索赔程序进行费用索赔。变更价款、索赔、经济签证可作为预备金支出的实际发生额，计入其他项目金额。与人工有关的签证，应以零星用工合同综合单价乘以核定的人工用量计算。

固定单价合同，与固定总价合同，若在风险规定一致时，他们的差异在于对工程量风险划定的不同。固定总价合同工程量风险归施工单位，而固定单价合同，工程量风险由业主承担，即工程量清单计算疏漏的工程量按实结算。所以也可以用固定总价结算公式，再加上范围内工程的工程量出入增减额，得到这一结算的总价。此时的追加合同部分应分别计取规费和税金。

$$竣工结算总价 = 合同总价 \pm 设计变更增减价 \pm 工程以外的技术经济签证$$
$$+ 批准的索赔额 \pm 工期质量奖励与罚金$$
$$\pm（增减工程范围内工程量错误量$$
$$\times 综合单价 + 相应规费 + 相应税金） \qquad (9-3)$$

3. 可调价合同结算的编制方法

可调价合同主要是考虑人材机市场变动可能较大，难以预测。而对物价变动允许按合同约定调价方式进行调整。

4. 成本加酬金合同结算

目前我国还较少使用。但随着劳务分包制度的建立与完善，项目管理实力强的业主，可选择运用成本加酬金的结算方式。

(三) 竣工结算书的内容

竣工结算书通常包括：

(1) 封面及编制说明；
(2) 竣工结算费用计算程序表；
(3) 工程设计变更费用计算明细表；
(4) 各种材料价差明细表；
(5) 发包方供料计算表等。

三、竣工结算的审查

（一）审查的组织形式

1. 中介机构审查

为了确保竣工结算审查的公平、合理，以充分反映发包方和承包方的经济利益，通常将竣工结算委托具有工程造价审核资质的中介机构进行审查。或者当发包方与承包方在工程结算的某些问题上经协商未能达成协议的，应当委托工程造价中介机构进行审核。

2. 财政投资审核机构审查

对于由政府投资建设的工程项目，其投资渠道主要由国家财政投资。因此，工程项目竣工后，竣工结算必须由各地区的财政投资审核机构审查，以确保国有资金的合理使用，充分发挥投资效益。

（二）结算的审查

结算审查的方法一般有全面审查法、重点审查法、分解对比审查法、运用"统筹计算原理"匡算审查法。要重视实际内容的核实，一般从以下几方面入手：

(1) 核对合同条款；
(2) 检查隐蔽验收记录；
(3) 落实设计变更签证；
(4) 按图核实工程数量；
(5) 认真核实单价；
(6) 注意各项费用计取；
(7) 防止各种计算误差。

第二节 竣 工 决 算

一、竣工决算的概念

1. 竣工决算的含义

竣工决算是建设项目竣工验收阶段，由建设单位财务人员编制的反映项目从筹建到竣工投产全过程中发生的所有实际支出，包括设备工器具购置、建筑安装工程费和其他费用等。

竣工决算由竣工财务决算报表、竣工财务决算说明书、竣工工程平面示意图、工程造价比较分析四部分组成。

2. 竣工决策与竣工结算的区别

竣工决算与竣工结算的区别如表9-1所示。

工程竣工结算和工程竣工决算　　　　　　表9-1

区别项目	工程竣工结算	工程竣工决算
编制单位及其部门	承包方的预算部门	项目业主的财务部门
编制阶段	施工阶段（工程竣工验收阶段）	项目竣工验收阶段
编制对象	建筑安装工程	建设项目或工程项目
内容	承包方承包施工的建筑安装工程的全部费用。它最终反映承包方完成的施工产值。	建设工程从筹建开始到竣工交付使用为止的全部建设费用，它反映建设工程的投资效益

续表

区别项目	工程竣工结算	工程竣工决算
性质和作用	1. 承包方与业主办理工程价款最终结算的依据 2. 双方签订的建筑安装工程承包合同终结的凭证 3. 业主编制竣工决算的主要资料	1. 业主办理交付、验收、运用新增各类资产的依据 2. 竣工验收报告的重要组成部分

二、竣工决算的内容

竣工决算由竣工决算报告情况说明书、竣工财务决算报表、竣工工程平面示意图、工程造价比较分析四部分组成。

（一）竣工决算报告情况说明书

竣工决算报告情况说明书主要反映竣工工程建设成果和经验，是对竣工决算报表进行分析和补充说明的文件，是全面考核分析工程投资与造价的书面总结，其内容主要包括：

（1）建设项目概况，对工程总的评价。一般从进度、质量、安全和造价、施工方面进行分析说明。进度方面主要说明形式和竣工时间，对照合理工期和要求工期分析是提前还是延期；质量方面主要根据竣工验收委员会或相当一级质量监督部门的验收评定等级、合格率和优良品率；安全方面主要根据劳动工资和施工部门的记录，对有无设备和人身事故进行说明；造价方面主要对照概算造价，说明节约还是超支，用金额和百分率进行分析说明。

（2）资金来源及运用等财务分析。主要包括工程价款结算、会计账务的处理、财产物资情况及债权债务的清偿情况。

（3）基本建设收入、投资包干结余、竣工结余资金的上交分配情况。通过对基本建设投资包干情况的分析，说明投资包干数、实际支用数和节约额、投资包干节余的有机构成和包干节余的分配情况。

（4）各项经济技术指标的分析。概算执行情况分析，根据实际投资完成额与概算进行对比分析；新增生产能力的效益分析，说明支付使用财产占总投资额的比例、占支付使用财产的比例，不增加固定资产的造价占投资总额的比例，分析有机构成和成果。

（5）工程建设的经验及项目管理和财务管理工作以及竣工财务决算中有待解决的问题。

（6）需要说明的其他事项。

（二）竣工财务决算报表

建设项目竣工财务决算报表要根据大、中型建设项目和小型建设项目分别制定。

大、中型建设项目竣工决算报表包括：建设项目竣工财务决算审批表，大、中型建设项目概况表，大、中型建设项目竣工财务决算表，大、中型建设项目交付使用资产总表；小型建设项目竣工财务决算报表包括：建设项目竣工财务决算审批表，竣工财务决算总表，建设项目交付使用资产明细表。具体情况按照主管部门相应文件执行。

（三）建设工程竣工图

建设工程竣工图是真实地记录各种地上、地下建筑物、构筑物等情况的技术文件，是工程进行交工验收、维护改建和扩建的依据，是国家的重要技术档案。国家规定：各项新建、扩建、改建的基本建设工程，特别是基础、地下建筑、管线、结构、井巷、桥梁、隧道、港口、水坝以及设备安装等隐蔽部位，都要编制竣工图。为确保竣工图质量，必须在施工过程中（不能在竣工后）及时做好隐蔽工程检查记录，整理好设计变更文件。其具体要求有：

（1）按图竣工没有变动的，由施工单位（包括总包和分包施工单位，下同）在原施工图上加盖"竣工图"标志后，即作为竣工图。

（2）凡在施工过程中，有一般性设计变更，但能将原施工图加以修改补充作为竣工图的，可不重新绘制，由施工单位负责在原施工图（必须是新蓝图）上注明修改的部分，并附以设计变更通知单和施工说明，加盖"竣工图"标志后，作为竣工图。

（3）凡结构形式改变、施工工艺改变、平面布置改变、项目改变及有其他重大改变，不宜再在原施工图上修改、补充时，应重新绘制改变后的竣工图。由原设计原因造成的，由设计单位负责重新绘制；由施工原因造成的，由施工单位负责重新绘图；由其他原因造成的，由建设单位自行绘制或委托设计单位绘制，施工单位负责在新图上加盖"竣工图"标志，并附以有关记录和说明，作为竣工图。

（4）为了满足竣工验收和竣工决算需要，还应绘制反映竣工工程全部内容的工程设计平面示意图。

（四）工程造价比较分析

对控制工程造价所采取的措施、效果及其动态的变化进行认真的比较对比，总结经验教训。批准的概算是考核建设工程造价的依据。在分析时，可先对比整个项目的总概算，然后将建筑安装工程费、设备工器具费和其他工程费用逐一与竣工决算表中所提供的实际数据和相关资料及批准的概算、预算指标、实际的工程造价进行对比分析，以确定竣工项目总造价是节约还是超支，并在对比的基础上，总结先进经验，找出节约和超支的内容和原因，提出改进措施。在实际工作中，应主要分析的内容：

（1）主要实物工程量。对于实物工程量出入比较大的情况，必须查明原因。

（2）主要材料消耗量。考核主要材料消耗量，要按照竣工决算表中所列明的三大材料实际超概算的消耗量，查明是在工程的哪个环节超出量最大，再进一步查明超耗的原因。

（3）考核建设单位管理费、建筑及安装工程其他直接费、现场经费和间接费的取费标准。建设单位管理费、建筑及安装工程其他直接费、现场经费和间接费的取费标准要按照国家和各地的有关规定，根据竣工决算报表中所列的建设单位管理费与概预算所列的建设单位管理数额进行比较，依据规定查明是否多列或少列的费用项目，确定其节约、超支的数额，并查明原因。

思 考 题

1. 竣工结算应遵循的法律法规有哪些？
2. 竣工结算有哪些编制方法？
3. 竣工结算的审查有哪些方法？审查的主要内容有哪些？
4. 竣工决算由哪些内容组成？
5. 简述竣工结算与竣工决策的区别与联系。

附录：某小区住宅楼设计图纸

一、设计说明

（一）本工程建筑面积：225.63m²。

（二）建筑构造及用料，做法：中南标 88ZJ001。

(1) 屋面：屋5，二毡三油改为SBS改性沥青防水卷材。

(2) 地面：地7。

(3) 楼面：楼11，卫生间、厨房瓷砖颜色自定，楼梯抹1:2水泥砂浆。

(4) 内墙：内墙3，加刷白仿瓷涂料，卫生间、厨房白瓷砖做到顶棚。顶棚做法同内墙3。

(5) 外墙：外墙8，部位及颜色见立面（北立面、东西立面全为外墙8）。

(6) 油漆：漆1用于木构件、外墙，漆12用于铁构件。

（三）室外装修及配件 88ZJ901。

(1) 散水：88ZJ901-3-4 宽1000

(2) 踏步：88ZJ901-5-5

(3) 踢脚：88ZJ501-3-2

（四）厨房、卫生间、楼梯进户平台均低于同层室内地面。

（五）门窗表 88ZJ601。

（六）基础计算按地基容许承载力标准值：200kPa，土质为坚土。

（七）采用材料：

混凝土：基础垫层为C10级。

钢筋：Ⅰ（中）级，Ⅱ（中）级。

砌体：砖用MU7.5黏土砖，±0.000以下用M5水泥砂浆砌，±0.000以上用M5.0混合砂浆砌。

（八）梁、柱箍筋的末端应做成不小于135°弯钩，弯钩端头平直段长度应小于10d（d为箍筋直径）。

（九）凡无梁通过的洞口均按92ZG313相应洞口的二级过梁。

（十）板留洞及基础留洞详见水施图。

（十一）未注明分布钢筋及架立筋均为 $\phi6$（Ⅻ）250。

（十二）内外墙均设240mm×240mm圈梁，配筋同地圈梁。

二、门窗表（88ZJ601，96SJ713）

门　窗　表

编号	洞口尺寸（mm）		数量	采用图集		备　注
	宽	高		图集号	型号	
C-1	2100	1800	1	92SJ713（四）	TCL-13	合金90系列，壁厚1.5mm，白铝白玻，一层外墙及门亮子加护铁，$\phi12$（Ⅻ）140，外墙窗带纱
C-2	1200	800	4	92SJOI713（四）	TCL-07	
C-3	1000	800	4	92SJI713（四）	仿TCL-07	
C-4	1500	1800	4	92SJI713（四）	仿TCL-0	

续表

编号	洞口尺寸（mm）		数量	采用图集		备 注
	宽	高		图集号	型 号	
C-5	1200	1500	1	92SJ713（四）	仿 TCL-0	合金 90 系列，壁厚 1.5mm，白铝白玻，一层外墙及门亮子加护铁，$\phi 12$（Ⅻ）140，外墙窗带纱
C-6	1000	1500	1	92SJ713（四）	仿 TCL-0	
M-1	1500	2800	1	建施		
M-2	900	2100	6	中南标 88ZJ601	M22-1021	
M-3	800	2500	4	中南标 88ZJ601	M22-0925	

三、土建施工图纸

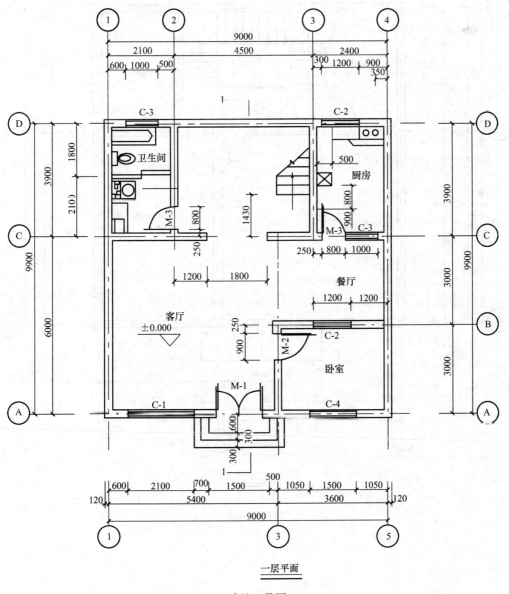

一层平面

建施 1 号图

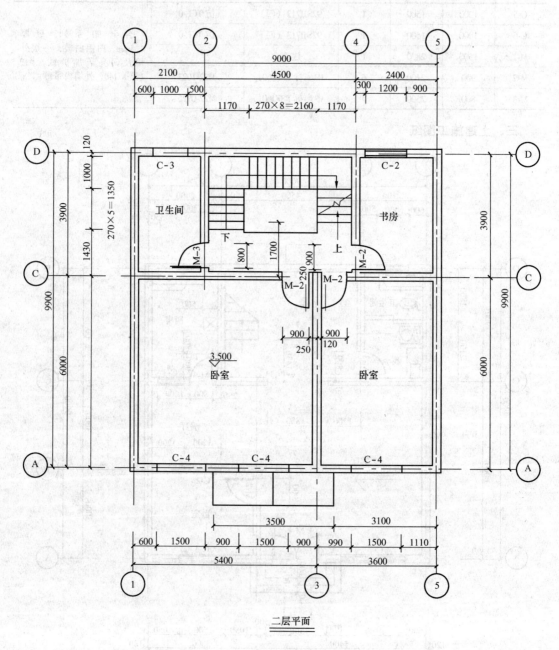

二层平面

建施 2 号图

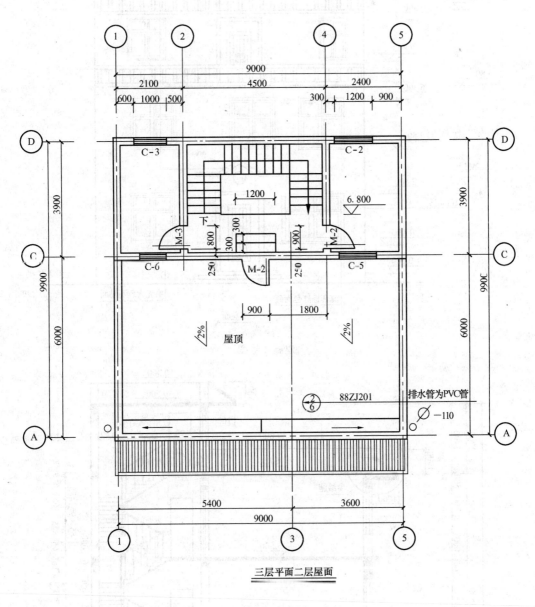

三层平面二层屋面

建施3号图

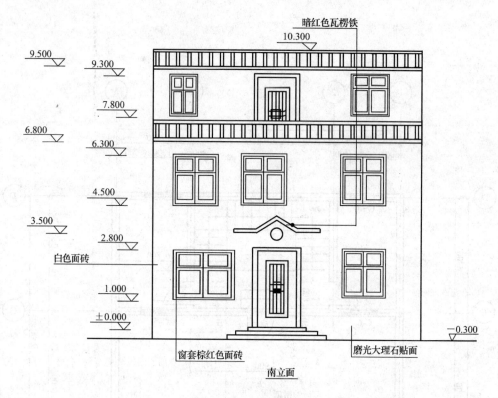

建施 4 号图

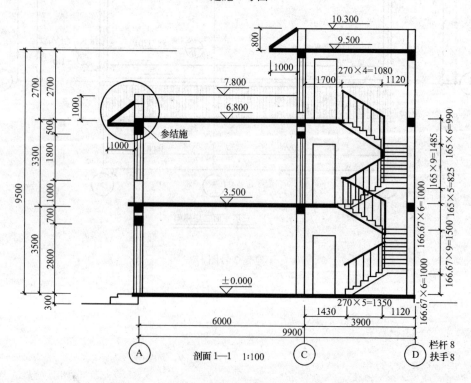

建施 5 号图

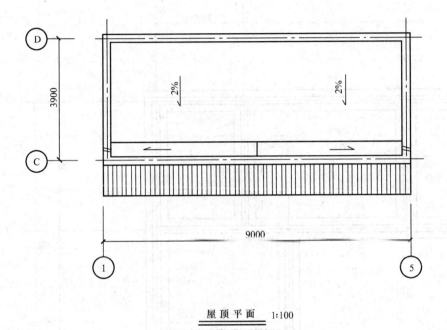

屋 顶 平 面 1:100

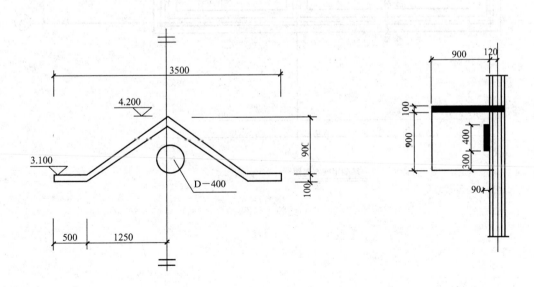

建施6号图

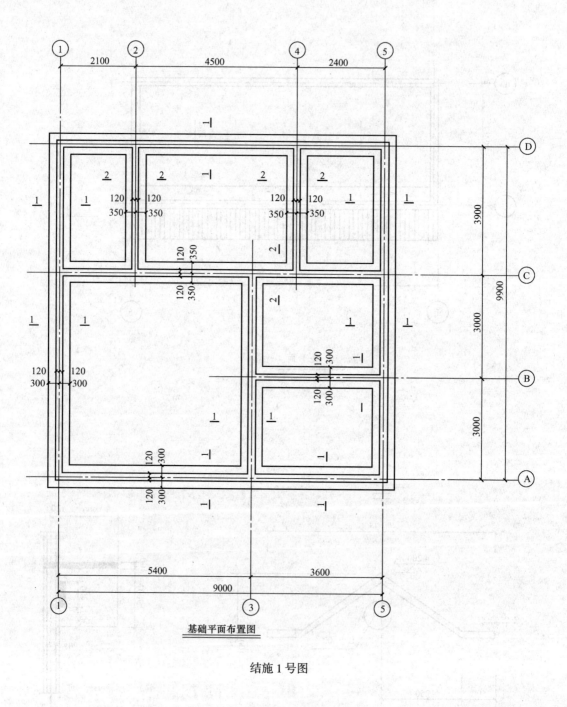

基础平面布置图

结施1号图

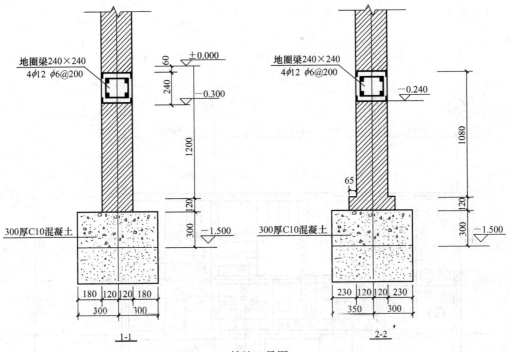

结施 2 号图

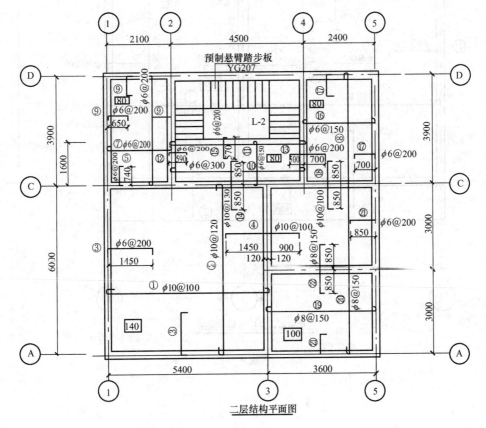

二层结构平面图

结施 3 号图

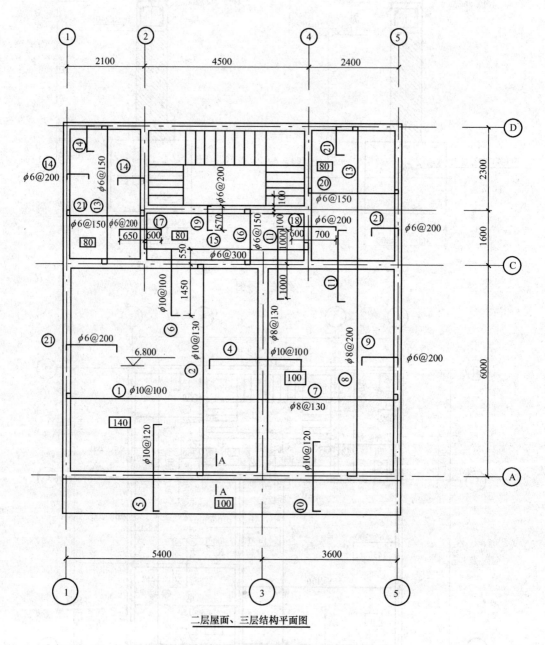

二层屋面、三层结构平面图

结施4号图

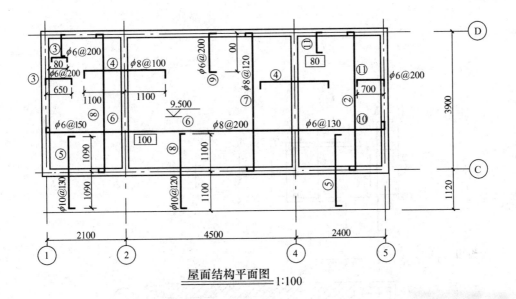

屋面结构平面图 1:100

结施 5 号图

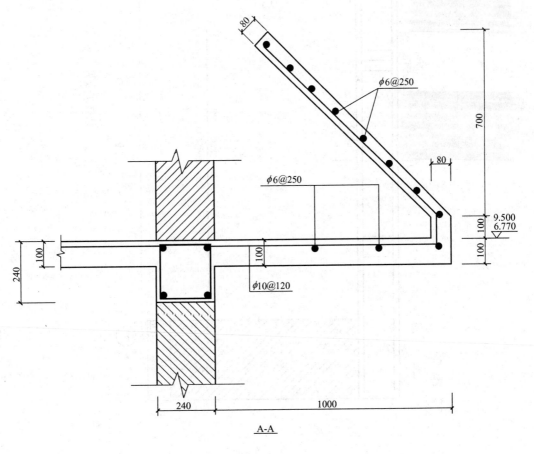

A-A

结施 6 号图

253

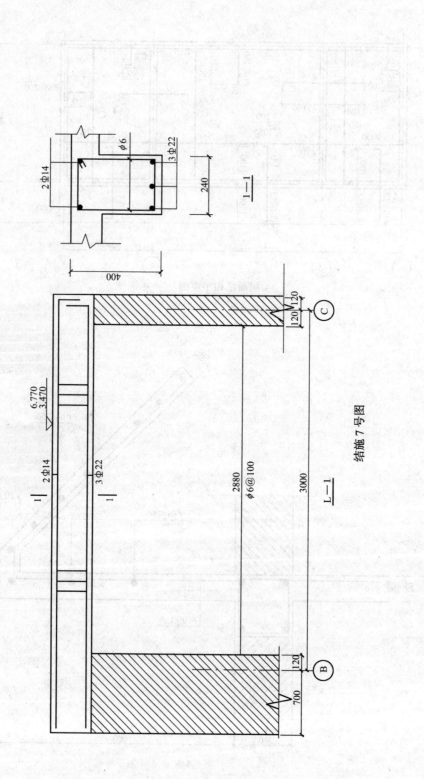

结施 7 号图

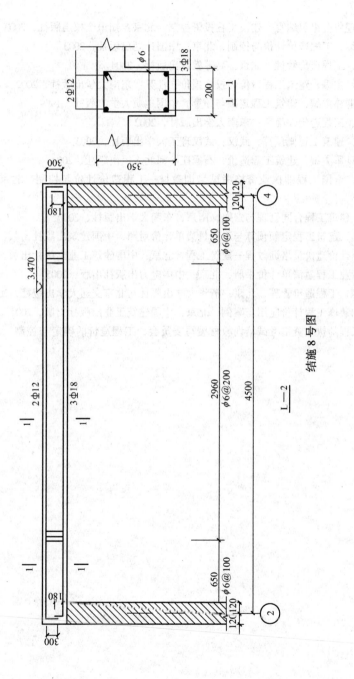

结施 8 号图

参 考 文 献

1. 中国建设监理协会组织编写. 建设工程投资控制. 北京：知识产权出版社，2003
2. 尹贻林等主编. 工程造价计价与控制. 北京：中国计划出版社，2003
3. 袁建新主编. 工程造价管理. 北京：高等教育出版社，2004
4. 刘钟莹，徐红主编. 建筑工程造价与投标报价. 江苏：东南大学出版社，2002
5. 袁卫国，张群祎主编. 建筑工程定额与预算，中国地质大学出版社，1999
6. 刘钟莹主编. 工程造价. 南京：东南大学出版社，2002
7. 沈祥华主编. 建筑工程概预算. 武汉：武汉理工大学出版社，2003
8. 方纳新，刘良军主编. 建筑工程造价. 石家庄：河北人民出版社，2004
9. 尹贻林主编. 全国工程师执业资格考试培训教材—工程造价计价与控制. 北京：中国计划出版社，2003
10. 成虎主编. 建筑工程合同管理与索赔，南京，东南大学出版社，2000
11. 肖桃李主编. 建筑工程定额预算与工程量清单计价对照. 中国建筑出版社出版，2000
12. 工程量清单计价造价员培训教程—建筑工程. 北京：中国建筑工业出版社出版，2004
13. 建筑工程专业工程量清单计价手册. 北京：中国电力出版社出版，2005
14. 郭婧娟主编. 工程造价管理. 北京：清华大学出版社与北京交通大学出版社，2005
15. 建筑与装饰装修工程计价应用与案例. 北京：中国建筑工业出版社出版，2004
16. 全国造价工程师执业资格考试培训教材编写委员会. 工程造价的确定与控制. 北京：中国计划出版社，2003